时代教育·国外高校优秀教材精选

机械工程概论

（原书第 3 版）

An Introduction to Mechanical Engineering

［美］ 乔纳森·维克特（Jonathan Wickert）
肯珀·路易斯（Kemper Lewis） 著

盛忠起 谢华龙 刘永贤 译

U0240623

机械工业出版社

北京市版权局著作权合同登记号　图字 01-2014-3560 号。

图书在版编目（CIP）数据

机械工程概论：原书第 3 版/（美）乔纳森·维克特（Jonathan Wickert），肯珀·路易斯（Kemper Lewis）著；盛忠起，谢华龙，刘永贤译．—北京：机械工业出版社，2017.12（2024.9 重印）
（时代教育. 国外高校优秀教材精选）
书名原文：An Introduction to Mechanical Engineering
ISBN 978-7-111-58154-3

Ⅰ.①机…　Ⅱ.①乔…②肯…③盛…④谢…⑤刘…　Ⅲ.①机械工程-高等学校-教材　Ⅳ.①TH

中国版本图书馆 CIP 数据核字（2017）第 241785 号

机械工业出版社（北京市百万庄大街 22 号　邮政编码 100037）
策划编辑：刘小慧　责任编辑：刘小慧　王勇哲　王海霞　任正一
责任校对：张　征　封面设计：张　静
责任印制：邓　博
北京盛通数码印刷有限公司印刷
2024 年 9 月第 1 版第 2 次印刷
184mm×260mm · 19.75 印张 · 503 千字
标准书号：ISBN 978-7-111-58154-3
定价：72.00 元

电话服务　　　　　　　　网络服务
客服电话：010-88361066　机　工　官　网：www.cmpbook.com
　　　　　010-88379833　机　工　官　博：weibo.com/cmp1952
　　　　　010-68326294　金　书　网：www.golden-book.com
封底无防伪标均为盗版　机工教育服务网：www.cmpedu.com

译者序

在我国，高等工科院校针对机械工程学科大都设置了机械工程及自动化专业。如何设置好机械工程专业的入门课程，使学生一入学就能了解专业、热爱专业，如何使他们更早地了解机械工程主要学什么课程，各个学校的做法都不尽一样。有的是专设一门课程，名为机械工程概论（或者导论），或机械工程入门等，有的是请本专业的知名教授结合自己的研究领域及成果讲授几个专题。然而译者在阅读了这本圣智学习出版公司出版的由爱荷华州立大学乔纳森·维克特教授和布法罗大学肯珀·路易斯教授合著的《机械工程概论》后，觉得很适合我国机械工程专业刚入学的学生使用。实际上，美国的部分大学也正在使用这本书。

书中讲述了机械工程专业的目标是培养机械工程师，首先回答什么是机械工程师，他们做什么，他们所做的一切对构建人类社会和促进社会进步的伟大作用，介绍了美国机械工程协会所推荐的机械工程专业最具代表性的前十项伟大成就，其目的是使学生认识到机械工程专业对人类社会的贡献，以及美国国家工程院（NAE）整理的21世纪全球工程领域及行业所面临的14个巨大挑战，使学生们认识到自己的责任重大，从事本专业任重而道远。书中的大量插图和案例研究都是从实际应用中选择出来的，其中包括实际应用案例，以及让人难以忘却的、给人类带来灾难的实例，展示给正在学习的学生们；书中内容以实践为基础，更为生动、易懂，并且对于学生毕业后的职业道路也进行了基于实际调查数据的描述，这一切都是为了引起学生们学习机械工程的兴趣，激发他们的学习热情。正像作者在序言中所说的那样，一个重要的问题仍然是吸引学生，激发他们为今后的学习和将来的职业生涯而学习的热情。

本书共7章，对机械工程专业学习内容的主要元素进行了介绍，各章形式一致，介绍的方法新颖，从实际应用的实例开始，逐步展开，通俗易懂，而且采用图示方式说明各个元素与整个机械工程课程的关系，正像作者在序言中所阐述的那样，可通过研究机械工程里的一些"树木"，进而了解机械工程这片"森林"。本书还采用了巧妙的方法，即每章都设有叫"关注……"的部分，在这里介绍新概念、新发展、与本元素相关的内容以及新的应用等，这样既扩展了每一元素的内容，又没有影响内容的连贯性。每章后面都有自学和复习的习题，用以巩固所学内容。

另外，本书对学生的基础要求是具备高中的代数、几何、三角等基础知识，并不涉及微积分等数学知识，因此非常适合大一学生入学使用。

本书也有不足之处。以前的版本采用的是美国的通用单位制（英尺、磅、秒），而本版又加入了国际单位制（米、千克、秒），因此书中采用了两种单位制，且给出了两者的转换关系，这对于我国只用一种国际单位制的学生来说，这样安排内容显得啰嗦，但不影响本书的使用；对于一位学者来说，多懂一种单位制也没有坏处。个别实例标准也有采用美国标准的，但无大碍。

　　基于上述原因，我们翻译了这本教材，为开好机械工程专业入门课程提供参考。当然，本书完全可以作为机械工程专业的入门教材和参考书。

　　本书的翻译得到了东北大学的支持，机械工业出版社确定了选题，并给予了大量的支持，在此表示衷心的感谢。

　　本书由东北大学盛忠起、谢华龙组织翻译及统稿工作，东北大学刘永贤教授对全书进行了审阅，参加本书翻译的人员还有东北大学的许之伟、沈阳理工大学的邵伟平、沈阳航空航天大学的赵立杰、辽宁工程技术大学的郭辰光、中国计量大学的王斌锐、沈阳工业大学的李飞、北京理工大学珠海学院的王劫苏、深圳吉兰丁智能科技有限公司的毕雪峰。

　　此外，由于本书内容广泛，译者水平有限，翻译中难免会有差错，欢迎读者批评指正。

译　者

本书已将国际单位制（SI）编入全书中。

◉ 国际单位制

美国通用单位制（USCS）使用 FPS（英尺-磅-秒）单位制（也称为英制单位）。SI 单位主要是指 MKS（米-千克-秒）单位制。然而，CGS（厘米-克-秒）单位制常常被作为 SI 国际单位，特别是在教科书中。

◉ 本书采用了 SI 国际单位制

本书使用了 MKS 和 CGS 两种单位制，已将美国版本中课文和问题的 USCS 单位或 FPS 单位转换为 SI 国际单位制。但是，来源于手册、国家标准的数据，所采用的 USCS 单位并没有转换，这是因为将所有的值转换为 SI 不仅非常困难，而且会侵犯该数据来源的知识产权。此外，在第 3 章的一些小节中还讨论了 USCS 和 SI 单位制及其转换。对工程师来说，了解两个单位制之间的关系非常有用，因此这些内容都保留在这个版本中。在图形、表格、实例和参考文献中，一些数据仍然保留 FPS 单位制。

为了解决有关源数据使用的问题，可在将这些数据用于计算之前，将数据的源值从 FPS 单位转换为 SI 单位。为了在 SI 单位制中获得标准化的数据和制造厂商的数据，读者可以联系所在国家/地区的相关政府机构或部门。

◉ 教师资源

可按需要提供以 SI 单位制印刷出版的教师方案手册。教师方案手册的电子版以及来自 SI 课文中图表的 PowerPoint 幻灯片，都可以通过 http://login.cengage.com 网址得到。

非常希望收到读者对 SI 版的反馈意见，它将帮助我们改进后续的版本。

出版商

致学生

◉ 目的

本书将介绍机械工程不断涌现的领域，并帮助读者了解工程师是如何设计产品的，这些产品在世界范围内构建和改善着我们的社会。正如书名暗示，本书既不是一本百科全书，也不是对本学科的一个全面综述。要全面阐述机械工程这门学科，一本教科书是不可能实现的。但不管怎样，我们的观点是，传统的四年制工程课程学习仅仅是终身教育中的一小步。通过阅读本书，将通过研究机械工程里的一些"树木"而了解机械工程这片"森林"，在其中你会逐步接触到机械工程专业中一些有趣且实用的内容。

◉ 方法和内容

本书是为普通高等院校机械工程或相关专业的大一或大二学生准备的。纵观全书章节，我们尝试着均衡对待解决问题的技能、设计、工程分析和现代技术。本书在最开始以叙述性语言介绍机械工程师，包括他们在做什么，以及他们给社会所带来的影响（第1章）；接着详述了机械工程的七个方面，即机械设计（第2章）、技术问题解决和沟通能力（第3章）、结构与机械中的力（第4章）、材料和应力（第5章）、流体工程（第6章）、热和能源系统（第7章）以及运动和动力传递（第8章）；随后会看到一些相关的应用，包括支持城市发展的基础设施、虚拟制造和快速成形制造、纳米机械、内燃机、机器人、运动技术、磁共振成像、先进材料、喷气发动机、微流体装置、自动变速器以及可再生能源等。

从书中应该能学到哪些东西呢？首先，你能了解谁是机械工程师，他们在做什么。面对技术、社会和环境方面的挑战，他们利用所创造的技术解决了哪些问题。在1.3节详细介绍了机械工程专业的前十大成就，通过这些成就，你能认识到本专业在世界范围内为人们的日常生活做出的贡献。其次，你会发现，工程学是一门实践性很强的学科，它的目标是设计出能应用、有效益、可以安全使用且环保的产品。最后，你能学到机械工程师解决技术问题并交流他们的成果时所做的一些计算、预测和估算。为了更好、更快地完成工作，机械工程师要掌握数学、技术、计算机辅助工具，还应具备实际经验和动手技能。

在学习本书后，你也许不会成为机械工程方面的专家，这不是我们的本意，也不应该是你想达到的境界。但是，你会在解决问题、设计和分析能力等方面奠定坚实的基础，而这些恰巧可以构成未来你对机械工程做出贡献的基础。

致教师

◉ 方法

本书是供大一或者大二学生学习机械工程概论所使用的教材。在过去的十年中，许多高校都在工程课程中安排了导论课，目的是给学生提前定位学习内容。特别是对于大学的第一年，课表安排差异很大，可以包括"谁是机械工程师""他们做什么"的研讨会、创新设计实践、解决问题的技能、基础工程分析和案例研究等。大学二年级的课程往往强调项目设计，会接触到计算机辅助工程、工程科学原理以及适量的机械工程硬件。

自第二次世界大战以后，工程学的核心内容（如材料强度、热力学、流体力学、动力学）已发展得比较成熟、稳定。另一方面，在机械工程入门课程中几乎没有任何标准化的东西，只有有限的特定学科的教学材料可用于此类课程，这是个缺欠。我们认为这方面的工作仍然会吸引学生，激发他们为后来的学习计划和将来的职业生涯而学习，并为他们奠定合理的工程分析、技术问题求解和设计技能的基础。

◉ 目标

在编著本书的第 3 版时，我们的目标是为广大教师提供一个可以借鉴的资源，供他们为大一、大二学生讲授机械工程入门课程时参考。我们期望大多数此类课程将包括以下各章节：第 1 章机械工程专业、第 2 章机械设计、第 3 章技术问题的解决和沟通能力。根据学生所学课程的等级和接触时间，教师可以从第 4 章结构与机械中的力、第 5 章材料和应力、第 6 章流体工程、第 7 章热和能源系统及第 8 章运动和动力传递中选择进一步的主题。例如，5.5 节"关于材料的选择"在很大程度上是独立呈现的，它给所有的入门学生概述了不同种类的工程材料。同样，7.6 节~7.8 节对内燃机、发电机和喷气发动机的描述是解释性的，材料可以被纳入案例研究，演示一些重要的机械工程硬件的操作。4.6 节、8.3 节和 8.6 节中讨论了滚动接触轴承、齿轮、带传动和链传动。

本书反映了我们的经验和理念：向学生介绍词汇术语、技能和应用，进而激发学生学习机械工程专业的热情。本书是编者们在各自的大学里讲授机械工程课程时取得的成果。总的来说，这些课程包括讲座、计算机辅助设计与制造项目、产品解剖实验室（其中一个例子在 2.1 节讨论）和团队设计项目（其示例在 2.4 节和 2.5 节的概念设计背景下叙述），大量插图和案例研究是给学生们展示的，其中包括由机械工程师协会提供的"十大"发展成就的列表（1.3 节）、来自美国国家工程院（NAE）的十四项"巨大挑战"（2.1 节）、设计创新及专利（2.2 节）、城市电网基础设施（2.5 节）、集成计算机辅助工程（2.6 节）、火星气候轨道航天器的损耗和加拿大航空 143 航班事故（3.1 节）、跨洋深水地平线石油泄漏灾难（3.6 节）、挑战者号灾难（3.7 节）、堪萨斯城凯悦酒店灾难（4.5 节）、马斯达尔城的设计（5.2 节）、新材料的研发（5.5 节）、微流体装置（6.2 节）、人体中的血流量（6.5 节）、运动技术（6.6 节和 6.7 节）、可再生能源（7.5 节）、内燃机（7.6 节）、太阳能发电（7.7 节），以及纳米机器（8.3 节）。

每一章中的"关注……"小标题用来重点介绍机械工程中一些有趣的主题和其他新兴概念。

◉ 内容

当然，我们并没有打算使本书成为机械工程的一个论述详尽的专著，我们也相信读者不会有这样的期望。恰恰相反，在教大一和大二的学生时，我们总是遵循"少即是多"的原则，尽可能地精简每一章节的内容，只是对某一特定的主题才增加部分内容，使内容从读者的角度更易于理解，更有吸引力。的确，还有许多对于机械工程师来说是很重要的主题，本书恰恰没有包括进来，这也是作者有意而为之（或许是我们的疏忽）。然而我们深信，学生将会在整个工程课程体系中适当的课程里接触到这些省略掉的主题。

在第 2 章~第 8 章，我们将机械工程的各方面做了一些小结，这些内容定会为初学者提供有用的设计理念、技术问题分析技巧和解决办法。

由于不同的课程有不同的形式，我们适当地选择了编排范围，以促进本书的最大化使用。本书所包含的内容远非一个学期所能教完，教师应从中筛选出一个合理的教学目录。可以根据以下方面选择内容：

1）在早期的工程学习中，与学生们相应的背景、成熟度以及兴趣相匹配。

2）让学生接触到整个人类社会所面临的技术挑战，去了解机械设计原理在开发创新的解决方案中的重要性。

3）帮助学生积极主动地思考和学习良好的解决问题的技能，特别是确定合理的假设，进行数量级的近似，并进行双重检查和记录合适的单位。

4）讲述适用于大一和大二学生的机械工程学和实践方面的知识。

5）让学生接触到广泛的设备硬件、创新设计、工程技术以及机械工程的实践本质。

6）通过介绍包括城市基础设施、纳米机器、飞机、太空飞行、机器人、发动机、消费产品、传动装置、再生能源制造等开发中的应用实例来激发学生的兴趣。

尽可能地，对于大学一、二年级的学生，选定的展览会、案例和作业都来自现实的应用。在书中，你将发现斜板或者滑车设备是没有质量的，因为工程是一个视觉和图形化的活动，我们重点关注近三百张照片和插图，其中许多是我们在工业界、联邦政府和研究院的同事提供的。我们的观点是通过现实应用和有趣的实例来激励学生，这些实例将对他们在以后的课程中或者他们从业生涯的实践中有所帮助。

◎ 第3版的新内容

在准备第3版时，我们做了很多方面的改动：部分章节已经重新组织或改写，补充了新的材料，删除了部分材料，增添了新的实例，更正了少量的错误，大约增加了90个习题，其中包括60多张新图。

我们力图忠实于前两个版本的编撰思想，强调机械工程专业对于解决全球问题的重要性，包括第1章中关于专业发展趋势、技术发展、机械工程的职业生涯和知识领域等的最新信息。另外，在第1章，我们在这一版以及在典型的机械工程课程里以图示方式介绍了机械工程课程的组织，这个图被用在每一章中，生动地描述了每章内容怎样融入机械工程的全部学习过程中。

本版最显著的变化是对第1章机械设计内容的改变，更加体现了在研发产品和系统中设计原则的重要性。在第1章增加了一些新的材料，包括设计创新、美国国家工程院提出的大挑战、设计过程、定制生产，以及关于一个城市的电力基础设施的案例研究。以下新材料都归并到保留的章节里：技术问题解决方案、图文交流、重要图片（第3章）、牛顿运动定律（第4章）、运动技术（第6章）、最新概念设计和太阳能设计实例（第7章）。

每一章的实例都被安排成适合教师讲授的形式，即问题陈述、方法、答案和讨论。讨论部分重在阐述为什么数值答案很有趣且有很直观的感觉。符号公式写在数值计算旁边。整个教材中出现在这些计算中的尺寸，明确地被处理或者被删除，其目的是方便技术问题的求解。

"关注……"小标题所述的话题，不管是概念性的还是应用性的，都拓宽了本书的范围，但没有打乱行文思路。在"关注……"小标题里，包含机械工程动力学，产品考古学，利用深水地平线灾难的估算工程，效率低的沟通实践，可持续发展的城市设计，先进材料技术，微流体装置，大面积表面的流体流动，全球能源消耗，可再生能源，设计、政策及创新，纳米机器，清洁能源车辆等内容。

像前两版一样，我们试图使第3版的内容也适用于任何已具有中学数学和物理背景的学生学习。本书中，我们只使用代数、几何和三角的数学知识，而没有用任何向量叉乘、积分、导数或微分方程。基于此想法，我们有意没有单列一章来介绍动力学、动态系统以及机械振动。一些高年级工程专业的学生正在学习微积分，如果要考虑这些学生，将增加数学的复杂性，这有可能会影响本书的总体任务。

◉ 补充

为教师提供的补充材料可以从教师指南网站（www.cengagebrain.com）获取。

1）教师方案手册（完全修改版）。

2）PPT 演示文稿（完全修改版，包括书中所有的照片、图表）。

3）演讲者的 PPT 报告（书中新增的公式和实例）。

◉ 课程伙伴

来自圣智学习出版公司的课程伙伴，是一款价值很高的学生互动式学习工具。每个课程伙伴网站都包含电子书和互动式学习工具。要获取更多的课程材料（包括课程伙伴），请访问 www.cengagebrain.com 网站。

在 www.cengagebrain.com 的首页，用页面顶部的搜索栏搜寻 ISBN 编号（在书的封底），就会转到产品页面，在这里你就能很容易地发现需要的资源。

致谢

没有众多朋友和组织的帮助，出版本书无异于异想天开。因此首先向他们表达我们的谢意。

玛莎和菲利普·多德学院奖学金提供了慷慨支持，它鼓励工程领域的教育创新；美国国家科学基金会对本书第 2 章的产品考古项目给予了支持；凯蒂·米娜都（Katie Minardo）和史达西·米切尔（Stacy Mitchell）为本书绘制了许多插图；吉恩·斯泰尔（Jean Stiles）女士在初校本书时提供了专家指导，并帮助出版了第 1 版的教师解题手册，我们非常感谢她所做的贡献。

在编写本书时，来自卡内基梅隆大学、爱荷华州立大学和纽约州立大学布法罗分校的同事、研究生和助教提供了许多宝贵意见和建议。还要特别感谢如下诸位对本书的评论及所提的意见：阿德南·阿卡（Adnan Akay），杰克·贝斯（Jack Beuth），保罗·斯蒂夫（Paul Steif），艾伦·鲁宾逊（Allen Robinson），谢莉·安娜（Shelley Anna），奥尔德·雷宾（Yoed Rabin），布雷克·奥之斗干拉（Burak Ozdoganlar），帕克·林（Parker Lin），伊丽莎白·欧文（Elizabeth Ervin），文卡塔拉曼·卡蒂克（Venkataraman Kartik），马太福音·布雷克（Matthew Brake），约翰·科林格尔（John Collinger），安妮·堂鹏（Annie Tangpong），马太福音·安纳斯（Matthew Iannacci），埃里克·德文多夫（Erich Devendorf），菲尔·卡莫艾尔（Phil Cormier），阿齐兹·那爱姆（Aziz Naim），大卫·范·霍尔恩（David Van Horn），布莱恩·莱特曼（Brian Literman），以及卫士瓦·卡兰阿苏大耳曼（Vishwa Kalyanasundaram）。我们也同样感谢我们下述课程的学生：机械工程基础（卡内基梅隆大学），机械工程实践导论以及设计过程和方法（纽约州立大学布法罗分校）。他们共同的兴趣、反馈和热情一直是我们前进的动力。感谢乔·埃利奥特（Joe Elliot）和约翰·外思（John Wiss）提供的发动机测力计和气缸压力数据，使我们得以组织并完成第 7 章内燃机的讨论。布拉德·莱森（Brad Lisien）和艾伯特·科斯塔（Albert Costa）汇集了许多习题解答，我们感谢他们的辛勤工作和努力。另外还要感激菲利普·奥东科尔（Philip Odonkor），他起草了附加的作业问题和答案，并组织了第 3 版"关注……"小节的编写。

此外，还要感谢第 1、第 2 及第 3 版的书评作者，他们的观点和从教经验让我们受益匪浅。他们是莫纳什大学的特里·巴登（Terry Berreen），加州州立科技大学的约翰·R·比德尔（John R. Biddle），科技大学（悉尼）的特里·布朗（Terry Brown），斯德维尔大学的彼得·波本（Peter Burban），乔治华盛顿大学的大卫·F·契卡（David F. Chichka），亚利桑那州国家大学的斯科特·丹尼尔森（Scott Danielson），渥太华大学的威廉·霍尔莱特（William Hallett），肯塔基大学的大卫·W·赫尔因

（David W. Herrin），北卡罗来那大学（夏洛特）的罗伯特·侯肯（Robert Hocken），乔治亚理工学院的达米尔·尤里克（Damir Juric），密歇根大学的布鲁斯·卡努波（Bruce Karnopp），韦恩州立大学的肯尼思·A·克兰（Kenneth A. Kline），佛罗里达理工大学的皮埃尔·M·拉洛歇尔（Pierre M. Larochelle），乔治亚理工学院的史蒂文·Y·良（Steven Y. Liang），皇家理工学院（斯德哥尔摩）的皮尔·伦德奎斯特（Per Lundqvist），肯塔基大学的威廉·E·墨菲（William E. Murphy），康奈尔大学的彼得鲁·佩特里娜（Petru Petrina），哥伦比亚大学的安东尼·伦肖（Anthony Renshaw），宾夕法尼亚州立大学的蒂莫西·W·辛普森（Timothy W. Simpson），北卡罗来纳大学（夏洛特）的 K·史葛·史密斯（K. Scott Smith），圣母大学的迈克尔·M·斯塔尼希奇（Michael M. Stanisic），爱荷华州立大学的格洛里亚·斯塔恩斯（Gloria Starns），加州州立理工大学（圣·路易斯·奥比斯波）的戴维·J·萨姆（David J. Thum），南卫理公会大学的戴维·A·威利斯（David A. Willis）。我们感谢他们细心的评论和有益的建议。

　　在众多方面，我们都得到圣智学习出版公司出版人员的协助。出版商克莉丝·肖特（Chris Shortt）和策划编辑兰德尔·亚当斯（Randall Adams）仍像出版第 1 版时那样，担负起开发高质量图书的责任。希尔达·高恩（Hilda Gowans）、艾米·希尔（Amy Hill）和克里斯蒂娜·保罗（Kristiina Paul）监督了这本书的出版进程，同时罗斯·凯南（Rose Kernan）以及他在 RPK 编辑服务的同事依旧结合技能和职业水准，耐心地进行本书的排版。对这一切，我们由衷地表示感谢。

　　以下企业、大学、政府机关的同事给我们提供的照片、例证和技术信息是非常有帮助的，他们是通用汽车、英特尔公司、通用电气、安然风力、波士顿齿轮、机械动力学公司、卡特彼勒公司、美国宇航局、美国宇航局格伦研究中心、W·M·贝尔格、发那科机器人公司、美国垦务局、尼亚加拉齿轮、速度 11、斯特塔西有限公司、国家机器人工程协会、洛克希德马丁（Lockheed-Martin）、Algor、MTS（机械试验系统）系统、西屋电气公司、铁姆肯公司、桑迪亚国家实验室、日立环球存储科技、赛格威公司、美国劳工部和美国能源部。美德瑞达的萨姆·德多拉（Sam Dedola）和约翰·豪里（John Haury）为 2.6 节计算机辅助设计的讨论收集并绘制了大量插图，他们的成果出人意料。当然，不可能在此列出所有帮助过我们的人，对于任何无意的疏漏我们深表歉意。

乔纳森·维克特

肯珀·路易斯

乔纳森·维克特 现任爱荷华州立大学工程学院的院长，此前就职于爱荷华州立大学的机械工程系，并在卡内基梅隆大学从事教学及管理工作。他在动力学与机械振动、机械程序入门、工程导论和发展战略等领域开展教学及研究。

作为研究员和顾问，他在多种技术问题和应用领域的不同范围与企业和联邦机构合作，其中包括计算机数据存储，金属、玻璃、聚合物和工业化学品制造，制动器，径向流涡轮和消费产品。乔纳森·维克特博士在加州大学伯克利分校获得机械工程学士、硕士和博士学位，他也是剑桥大学的博士后研究员。汽车工程师协会、美国工程教育协会和信息存储行业协会都已经认可了他的教学和研究。他还是美国机械工程师协会的会员。

肯珀·路易斯 现任纽约州立大学布法罗分校机械和航空航天工程学院教授，在机械设计、系统优化和决策建模等领域进行教学和研究。作为研究员和顾问，他与一些公司和联邦机构在工程设计领域进行过广泛的合作，包括涡轮发动机产品和工艺设计，工业气体系统的优化，空中和地面车辆的设计，消费产品设计的创新，薄膜电阻器、热交换器及医疗电子制造工艺控制等。路易斯博士获得了杜克大学机械工程学士和数学学士学位、佐治亚理工学院机械工程硕士和博士学位。他曾担任ASME（美国机械工程师协会）《机械设计》杂志副主编，ASME设计自动化执行委员会成员，国家科学院关于美国机械工程科研竞争力的研究成员。他还担任过纽约州工程设计和产业创新中心的执行董事。他从汽车工程师协会、工程教育美国学会、美国航空航天学院和美国国家科学基金会获得过多个奖项，以表彰他的教学和研究。他也是美国机械工程师协会的会员。

目录

译者序
序言
致学生
致教师
致谢
关于作者

第1章 ◉ 机械工程专业 1

1.1 概述 1
1.2 什么是工程学 3
1.3 谁是机械工程师 7
1.4 职业道路 17
1.5 典型的学习程序 19
本章小结 22

第2章 ◉ 机械设计 26

2.1 概述 26
2.2 设计过程 29
2.3 制造工艺 39
2.4 概念设计案例研究：捕鼠器动力车 45
2.5 城市电力基础设施案例研究 48
2.6 计算机辅助设计案例研究：无创医学影像 52
本章小结 55

第3章 ◉ 技术问题的解决和沟通能力 59

3.1 概述 59
3.2 通用技术问题的解决方法 63
3.3 计量单位系统及其转换 64
3.4 有效数字 73
3.5 量纲一致性 75
3.6 工程估值 81
3.7 工程中的沟通能力 84
本章小结 90

第4章 ◉ 结构与机械中的力 97

4.1 概述 97
4.2 直角坐标和极坐标表示力 99
4.3 力系的合力 101

4.4　力的力矩　105

4.5　力和力矩的平衡　110

4.6　设计应用：滚动轴承　117

本章小结　123

第 5 章 ◉ 材料和应力　136

5.1　概述　136

5.2　拉应力和压应力　138

5.3　材料响应　143

5.4　剪切　152

5.5　工程材料　155

5.6　安全系数　160

本章小结　163

第 6 章 ◉ 流体工程　175

6.1　概述　175

6.2　流体的性质　177

6.3　压强和浮力　182

6.4　层流和湍流流体流动　186

6.5　管道中的流体流动　189

6.6　阻力　194

6.7　升力　200

本章小结　205

第 7 章 ◉ 热和能源系统　212

7.1　概述　212

7.2　机械能、功和功率　214

7.3　热能转换　218

7.4　能量守恒与转换　225

7.5　热发动机和效率　229

7.6　实例分析 1：内燃机　232

7.7　实例分析 2：发电机　238

7.8　实例分析 3：喷气发动机　244

本章小结　246

第 8 章 ◉ 运动和动力传递　252

8.1　概述　252

8.2　旋转运动　254

8.3　设计应用：齿轮　258

8.4　齿轮副的速度、转矩和功率　266

8.5　简单和复合齿轮系　269

8.6　设计应用：带传动和链传动　274

8.7　行星齿轮系　278

本章小结　284

附录 ◉

附录 A 希腊字母表 295
附录 B 三角函数一览 296

第1章

机械工程专业

- 介绍工程师、数学家和科学家的区别。
- 讨论机械工程师的工作类型，列出他们所专注的技术问题，以及他们在解决全球的社会、环境和经济问题中所起到的作用。
- 了解雇用机械工程师的一些产业和政府机构。
- 列出机械工程师所设计的一些产品、工艺及硬件。
- 认识机械工程专业促进社会进步，改善人们日常生活的前十大成就。
- 了解机械工程专业学生的课程目标和典型课程安排。

1.1 概述

本章中，我们将介绍哪些人是机械工程师，他们做什么，他们所面临的挑战及回报是什么，他们给全球带来了何种影响以及他们已经取得了哪些显著的成就。工程学是一门实际的应用学科，它以数学和科学为工具，面向整个社会，基于成本效益去解决技术问题。工程师设计了许多你每天使用的消费产品，他们还创造了大量你不一定看到或听到过的产品，因为这些产品被应用于商业和工业环境。尽管如此，他们为我们的社会、世界乃至地球做出了重要贡献。工程师开发机械装置用来生产大量产品，设计建造生产机械装置的工厂，以及保证产品安全和性能的质量控制系统。工程师致力于制造有用的产品供人们使用，并且影响着人类日常生活。

机械工程要素

机械工程学科在某种程度上会涉及以下"要素"：

- 设计（第 2 章）
- 专业实践（第 3 章）
- 力学（第 4 章）

- 材料学（第 5 章）
- 流体力学（第 6 章）
- 能源学（第 7 章）
- 运动学（第 8 章）

机械工程师能够利用这些要素解决工程问题，发明机器和装置，并使其发挥有益的作用。任何工程背后都涉及新颖的设计，以及创造出有实际用途的物品，即创造出一台机器或一种产品。工程师可以从一张白纸开始，构思出一些新的东西，并不断地发展使其完善，使其可以可靠地工作，而且由始至终要满足安全性、成本和工艺性的要求。

机器人焊接系统（图 1-1）、内燃机、运动装备、计算机硬盘驱动器、假肢、汽车、飞机、喷气发动机、外科手术工具和风力涡轮机等，只是机械工程所涵盖的成千上万种技术中的一部分。可以毫不夸张地说，你可以想象到的每一个产品，在其设计、材料选择、温度控制、质量保证和生产的各个环节中，必然会有机械工程师的参与。即使机械工程师没有构思或设计产品本身，在机器的制造、测试以及产品交付过程中也一定会有机械工程师的身影。

图 1-1

自动化工业装配流水线上的机器人

注：当有精度要求、执行重复性任务时使用，如机器人被广泛应用于电弧焊中（由 FANUC 机器人北美公司授权转载）。

机械工程被定义为这样一种专业，该专业研究、设计并制造产生能量和消耗能量的机器。事实上，机械工程师设计出的这些机器可在非常广的范围内生产或消耗功率，如图 1-2 所示，从毫瓦（mW）到千兆瓦（GW）。其他专业中物理量的数量级（万亿倍或万亿的因数）很少跨越如此大的幅度，但机械工程就有这种要求。在功率范围的最低端，比如相机的自动对焦镜头中使用的小型精密超声波马达，产生约 0.02 瓦（W）的机械功率。向上一个功率水平，运动员使用的健身器材，比如划船机或者爬梯，其产生的功率可以达到几百瓦（0.25~0.5hp）。在较长的一段时间内，工业钻床中的电动马达可能产生 1000W 的功率，而一辆越野车的发动机能够产生的功率约为电动马达的 100 倍。航天飞机主发动机中的高压燃料涡轮泵如图 1-3 所示，其功率就可达到 73000hp（注意：不是发动机本身，而只是燃料泵的功率），这接近功率范围的最高端。最后，商业电力发电厂可以产生十亿瓦的电力，这相当于一个社区80 万个家庭的供电量。

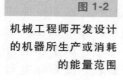

图 1-2

机械工程师开发设计的机器所生产或消耗的能量范围

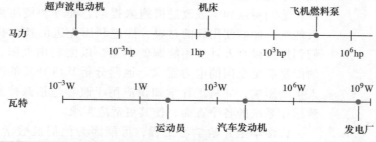

图 1-3

测试中的航天飞机主发动机特写图

注：测试目的是评估飞行条件下主发动机的旋转性能（美国航空航天局提供）。

◎1.2 什么是工程学

"工程学"一词由拉丁语词根 ingeniere 派生而来，它的意思是设计或发明，它同时也是"ingenious"（巧妙的/灵巧的）一词的基础组成部分。这些含义正是对一名优秀工程师所具有的特质最合适的概括。在最基本的层面上，工程师们运用他们的数学、科学和材料的知识以及他们的沟通和业务技能，研究开发新的和更好的技术，而不只是进行单纯的模仿。工程师们受过高等教育，他们以数学、科学原理以及计算机模拟为工具，产生更快、更精确及更经济的设计。

从这个意义上说，工程师的工作不同于科学家。科学家通常会强调物理定律的发现，而不是应用这些发现来开发新产品。工程学本质上是科学发现和产品应用之间的桥梁。工程不是为了推动或运用数学、科学和计算而存在的。相反，工程是社会和经济发展的驱动力，是商业周期的一个必要组成部分。从这个角度，美国劳工部门对工程专业（行业）概述如下：工程师应用科学和数学的理论和原理来研究和制定技术问题的最经济的解决方案，他们的工作是研究其所感知的社会需求和商业应用之间的联系。工程师设计产品，构建制造这些产品的机械装置，建造生产这些产品的工厂，以及开发为了保证产品的质量、劳动力和制造过程效率的系统。工程师设计、规划和监督建筑物及公路和交通系统的建设。他们制定和实施改进措施来提取、处理和使用原材料，比如石油和天然气。他们使用新的材料，推进利用先进的技术提高产品的性能。他们创造数以百万计使用能源的产品，以便利用太阳、地球、原子和电力的能量满足全国的电力需求。他们分析其所开发的产品和系统对环境和人类的影响，并将工程学知识应用于改善包括医疗质量、食品安全与财政运作系统的各个方面，使其更适应需求。

许多学生开始学习工程，可能因为他们被数学和科学领域所吸引，还有些学生转至工程专业，是因为他们被技术上的兴趣所驱使，或者被日常用品神奇的运作方式所激发，或者充满更多的热情，对非日常产品是如何工作的感兴趣。而越来越多的人对工程学充满激情，是由于工程师对全球性问题能够产生显著的影响，比如净水、可再生能源、可持续的基础设施和赈灾等。

不管学生如何被工程学所吸引，工程与数学和科学是不相同的。在一天结束时，工程师的目标是建造一台设备，使其可以执行一项以前不能完成的任务或不可能完成得如此精确、迅速或安全的任务。数学和科学提供了一些工具和方法，在任何金属被切削或硬件被制造之前，工程师能够在纸上或计算机上进行模拟，即用较少的模拟测试来完善设计。正如图 1-4 所示，"工程"可以被定义为涉及数学、科学、计算机模拟和硬件等活动的交叉点。

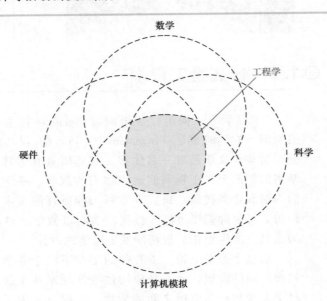

图 1-4

工程师们兼有数学、科学、计算机和硬件的技能

在美国，大约有 1500000 人的职业是工程师。他们中的绝大多数人任职于工业领域，不到 10% 的人受聘于联邦、州和地方政府。身为联邦雇员的工程师往往与以下国家机构有关，如美国航空和航天局（NASA）、国防部（DOD）、交通运输部（DOT）和能源部（DOE）。有 3%~4% 的工程师是自由职业者，他们大多在咨询和企业服务领域工作。而更多工程学位培养的学生在一系列有影响力的领域中工作。在最近一次财富 500 强的 CEO 名单中，23% 的人拥有工程学本科学位，这是获得工商管理或经济学学位人数的 2 倍。类似的调查显示，在标准普尔（S&P）500 中，22% 的 CEO（首席执行官）获得了工程学本科学位。在 13 个主要工业领域中，有 9 个领域，工程学 CEO 是最受欢迎的[1]，它们是：

- 商务服务
- 化学品
- 通信
- 电力、煤气、公共卫生
- 电子元件
- 工业和商业机械
- 测量仪器
- 石油和天然气开采
- 运输设备

世界各地的领导者都意识到，在日益扁平的世界里，无论是软科学还是硬科学，广泛的技能都是治理国家所必备的。因此，工程领域正在发生变化，这本书包含了许多类似的变化：工程师需要知道如何从全球的角度看待创新、分析、解决、传播技术，以及如何面对社会、环境、经济和市政方面的挑战。

大多数工程师，在获得一个主要分支学位的同时，还要进行专业化学习。虽然联邦政府的标准职业分类（SOC）系统涵盖了 17 个工程专业，但还有许多其他专业被工程专业领域所认可。此外，工程的主要分支有很多细分专业，例如，土木工程细分为结构、运输、城市和建筑工程；电气工程可细分为动力、控制、电子和电信工程。图 1-5 所示为工程师在主要分支以及其他细分专业中的分布情况。

终身学习　　　工程师首先通过正式的学士学位课程来培养自己的技能，接着通过更高一级学位或在有成就和资深工程师的指导下在实际工作中积累经验。当开始一个新的项目时，工程师们往往依赖于他们的推理、物理直觉和动手能力，并通过之前的技术及积累的经验做出判断。工程师经常做出近似的粗略计算来回答如下问题：10 马力的发动机有足够的动力来驱动空气压缩机吗？涡轮增压器的叶片需要承受多少 g 的加速度？

当某一特定问题的答案不为所知或需要更多信息来完成任务时，工程师将利用以下资源进行额外的研究：书籍、专业杂志、科技图书馆（工艺数据库）的商业出版物、网站、工程会议及产品博览会、专利及行业供应商提供的数据。成为一名优秀工程师的过程是一项终身事业，是教育和经验的结合。毫无疑问，只用大学时学到的东西是不可能发展这一终身事业的。随着技术、市场及经济的快速成长和发展，工程师们也不断地学习新的方法和解决问题的技术，并告知他人自己的发现。

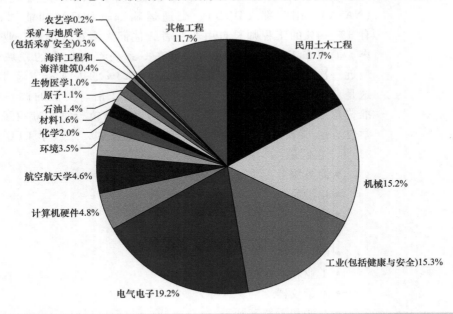

图 1-5　　工程师在传统工程领域和专业化工作领域中的比例（美国劳工部）

关注　设计本身

在正式开始工程机械的学习之前，请在心里牢记这一学位的出路。随着教育的深入，无论接下来进行学位深造或者非正式的在职培训，眼前的出路是与你的技能、热情和教育相匹配的。在 Monster.com 快速搜索便可发现以下雇主对机械工程专业的本科毕业生所期待的知识和技能水平。本书将涉及其中的一些技能，以帮助学生在不断变化的机械工程领域中成为一名成功的专业工程师。

下面列出几家公司对机械工程师的一般要求和工作职责。

埃罗泰柯公司 Pro-E 机械工程师

一般要求：

• 必须能够在一个高度协作的、快节奏的环境下工作，具有快速原型制作和扩充领域的能力。

• 具备 CAD 软件建模知识。

• 具备方案设计、需求定义、详细设计、分析、测试和支持等知识。

工作职责：

• 对推进系统进行流体流动分析，为验证推进系统开发推进测试程序，进行硬件设计、分析及必要的测试。

• 阅读技术图样和图表。

• 与其他工程师一起解决系统问题，并提供技术信息。

• 准备材料，并定期进行设计审查，以确保产品符合工程设计和性能要求。

• 执行工程设计和技术设计活动，以实现与客户要求的产品质量、成本和进度一致。

● 进行研究以测试和分析设备、组件及系统的可行性、设计、完成的操作和达到的性能。

● 进行成本估算，并提交工程投标。

戴尔公司机械工程师

一般要求：

● 具备复合材料的测试、加工、设计和分析的知识。

● 熟悉先进结构和材料。

● 具备 CAD 软件建模知识和完整的工程教育背景。

工作职责：

● 为各种各样的客户提供工程技术支持，包括从单个零件的图样到完成部件设计。

● 测试各种材料，最重要的是进行复合材料的测试。

宾夕法尼亚州，匹兹堡，飞利浦机械工程师

一般要求：

● 具备产品开发流程的知识。

● 有高度的积极性和创造性。

● 有团队精神，在快节奏的新产品开发环境下有积极工作的能力。

● 了解和懂得依靠实际知识、技能、原理提高产品质量的方法，使客户满意。

● 能够与其他工程师和非工程师在全球性、多元化的项目团队里有效地开展工作。

● 具备冲突管理能力，及时、合理地做出决策，善于倾听意见，能够自我激励并有坚韧不拔的毅力。

● 能够利用写作技术进行有效的沟通。

● 有使用 3D 建模软件、分析软件包与产品数据管理系统进行创新设计的经验。

工作职责：

● 参与或领导新的和/或现有的有患者接口的产品设计，面向国内外确保产品的功能/产品升级及改进产品质量和生产过程。

● 参与或领导现有睡眠障碍治疗产品的各个机构的设计。

● 为个人和公司的成长继续学习知识，并主动与他人共享。

● 对于新产品设计不尽如人意的地方进行改革和变更，如注射模具部件设计、材料选择、应力分析和装配过程等不足之处的改进。

● 有效利用经验、统计学和理论方法解决复杂的工程问题。

阿海珐太阳能机械工程师（Eng III）

一般要求：

● 熟悉 CAD、有限元分析软件、文件控制流程。

● 具有基本的设计、运行和测试经验。

● 具有生产制造经历（加分）。

● 能够进行建筑物结构分析（风荷载、有限元分析、动力学）。

工作职责：

● 设计、分析和优化太阳能新部件，实现产品性能与效益的最大化。

● 设计和测试反射组件、支承部件和驱动系统。

● 通过制造和安装，支持设计的最后实施。

● 围绕相关组件和系统的性能、可行性和效果，与其他内部部门和外部供应商进行沟通。

● 结构分析、原型设计和试验。

◉ 1.3　谁是机械工程师

机械工程领域涉及研究力、材料、能源、流体和运动的特性，以及应用这些元素设计推动社会进步和改善人民生活的产品。美国劳工部对机械工程师的职业描述如下：

机械工程师研究、开发、设计、制造和测试工具、发动机、机器及其他机械设备。他们的工作对象是产生动力的设备，如发电机、内燃机、蒸气和燃气涡轮机以及喷气和火箭发动机。他们还开发了应用动力的机器设备，如制冷和空调设备，以及用于生产的机器人、机床、材料处理系统和工业生产设备。

众所周知，机械工程师有广博的专业知识，能够研究开发适用于各类环境的机器，有在汽车安全气囊中使用的微机电加速度传感器；写字楼里的加热、通风和空调系统；重型越野施工设备；气电混合动力汽车；齿轮、轴承和其他机械部件（图1-6）；人工髋关节植入物；深海探测船舶；机器人制造系统；心脏置换瓣膜；探测爆炸物非侵入性的仪器；行星轨际探测飞船（图1-7）。

图 1-6

机械工程师用来构建组件的各种类型的齿轮

注：这些组件用来设计机械装置及动力传输设备（由尼亚加拉大齿轮，波士顿齿轮和 W. M. Berg 股份有限公司授权转载）。

图 1-7

火星探测车

注：它是一种移动的地质实验室，用于研究火星上水的形成过程。机械工程师设计了机器人车辆用的推进装置、热控系统及其他部件（美国航空航天局提供）。

基于就业统计，机械工程是五大传统工程领域中的第三大学科，它经常被描述为提供职业选择灵活性最大的职业。2008 年，在美国约

238700 人被聘为机械工程师，占所有工程师人群的 15% 以上。与该学科密切相关的其他工业技术领域行业有 240500 人，航天 71600 人，核工程 16900 人，这些领域从历史发展上也是机械工程的分支。总的算起来，机械、与机械工程密切相关的工业、航空航天和核工程领域的工程师约占工程师总量的 36%。现有机械工程工作的一半以上存在于设计和制造机械、交通运输设备、计算机及电子产品以及金属制品行业。生物技术、材料科学和纳米技术等有望为机械工程师创造新的工作机会。机械工程也可以应用到其他专业工程领域，如制造工程、汽车工程、土木工程或航天工程。

机械工程往往被视为应用最广泛的传统工程领域，有很多工业或技术的专业化机会能使你产生兴趣。例如，在航空业，工程师可能会专注研究先进的技术来冷却喷气发动机的涡轮叶片，或用于控制飞机飞行的遥控自动控制驾驶仪等。

最重要的是，机械工程师生产能工作的设备。工程师对于一个公司或其他组织的贡献，最终取决于产品是否具有其应有的功能。机械工程师设计设备，由公司将设备生产出来，再出售给公众或工业客户。在该商业周期中，顾客生活的某些方面得到了改善，由于工程技术的研究和开发，使得整个社会从技术进步中获益并创造了更多的就业机会。

机械工程的十大成就

机械工程不仅仅是指数字、计算、计算机、齿轮和润滑脂等。它的核心在于，该行业是通过技术推动社会进步。美国机械工程师协会（ASME）通过调查其成员确定了机械工程师的主要成就。该专业团体主要代表和服务于美国和国际的机械工程领域。表 1-1 中总结的十大成就，可以帮助我们更好地了解机械工程师，并领会到他们对世界所做出的贡献。表中所列为基于对社会的影响程度，按降序排列所取得的成就。

表 1-1 美国机械工程师协会编撰的机械工程行业的十大成就（由美国机械工程师协会特别提供）	汽车
	阿波罗计划
	发电技术
	农业机械化
	飞机
	大规模集成电路
	空调和制冷
	计算机辅助工程技术
	生物医学工程
	规范和标准

1. 汽车

汽车的开发和商业化被评为 20 世纪行业内最重要的成就。汽车技术得以发展的两大因素是高功率、轻量化发动机的发明和适合大批量生产的高效工艺的出现。人们把第一台实用型四冲程内燃机的发明归功于德国工程师尼古拉斯·奥托。后来经过工程师们的不懈努力，四冲程内燃机成了今天大多数汽车所选择的动力源。此外，除了发动机的改进，由于汽车市场的竞争，导致了安全性、燃油效率、舒适性和排放控制等方面的进步（图1-8）。更新的技术包括混合气电式汽车、防抱死制动系统、安全轮胎、气囊、复合材料的广泛使用、燃料喷射系统的计算机控制、卫星导航系统、可变气门实时控制和燃料电池等。

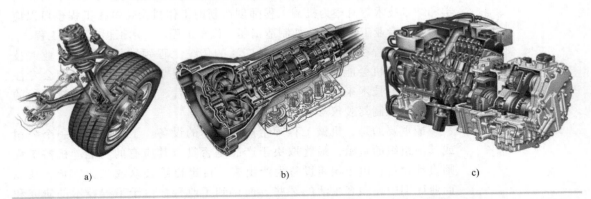

a)　　　　　　　　　　　b)　　　　　　　　　　　c)

图 1-8　　机械工程师设计、测试和制造先进的汽车自动化系统（版权所有 Kevin C. Hulsey）
a）悬架系统　b）自动变速器　c）六缸气电混合动力发动机

　　美国机械工程师协会不仅认可汽车的发明，同时还认可它背后的制造技术。通过后者，汽车制造厂以低廉的价格生产出了数以百万计的车辆，使得一般家庭也可以负担得起。亨利·福特除了努力设计汽车以外，还首创了批量生产流水线技术，使得各个经济领域的消费者有能力购买和拥有自己的汽车。汽车的大量生产促进了机床、原材料和服务行业的发展，汽车生产已成为世界经济的重要组成部分。从微型货车快速扩展到赛车以及周六夜间巡航车，作为机械工程重要贡献之一的汽车已经普遍存在，并对人类社会和文化带来了很大的影响。

2. 阿波罗计划

　　1961 年，约翰·肯尼迪总统提出了挑战：美国将实现载人登月并使其安全返回地球。这一目标在不到十年后的 1969 年 7 月 20 日实现了，阿波罗 11 号登陆月球表面，尼尔·阿姆斯特朗、迈克尔·科林斯以及巴兹·奥尔德林三名宇航员在几天后安全返回地球。由于其技术进步和深远的文化影响，阿波罗计划被选作 20 世纪第二有影响力的成就（图1-9）。

　　阿波罗计划是基于三个主要工程的发展而成为现实的：巨大的三级土星 5 号运载火箭，其升空时可产生约 33000000N 的推力；指挥和服务舱以及月球探测飞船，其中月球探测飞船是有史以来第一辆仅用于空间飞行的交通工具。令人惊叹的是，阿波罗的发展如此迅速，仅仅在威尔伯和奥维尔莱特兄弟首次实现动力飞行的 66 年后，阿波罗计划就成功地实现了人类往返月球的梦想，全世界数以百万计的人在电视上目睹了第一次登月现场直播。

阿波罗计划在工程学取得的成就中是独一无二的，它结合了科技的进步与科学探索。的确，从空间角度拍下的地球的照片改变了人类对自己和地球的看法。如果没有数以千计机械工程师的首创精神和专注的努力，阿波罗、行星探测、通信卫星，甚至先进的气象预报将不会成为可能。

图 1-9

阿波罗计划

注：图中的宇航员约翰·杨是完成阿波罗16号登陆任务的指挥官，他在笛卡儿着陆点从月球表面跃起，向美国国旗敬礼。探险车辆停放在登月舱的前面（美国航空航天局提供）。

3. 发电技术

机械工程的另一个方向是设计把能量从一种形式转化为另一种形式的机械装置。丰富和廉价的能源被看作促进经济增长和繁荣的一个重要因素，因此，电力生产被公认为改善了全球数十亿人的生活水平。20 世纪以来，随着电力的生产并输送到家庭、企业和工厂，整个社会都发生了改变。

虽然机械工程师已经利用各种高效的技术，将以各种形式存储的能量转换成容易输送的电能，但在全球范围内，把电力送到每一个男人、女人和孩子身边，仍然面临很大的挑战，需要机械工程师继续努力。

机械工程师要利用煤、天然气和石油等燃料存储的化学能，驱动电力生产中涡轮机的风动能，电厂、船舶、潜艇及航天器中的核能，以及供给水力发电厂的储水池水的势能。发电时还要考虑如下因素：燃料的成本，建设电厂的成本，潜在的排放和环境的影响，昼夜不间断工作的可靠性和安全性。大规模发电是需要工程师平衡技术、社会、环境和经济各方面因素的一个最典型实例。随着自然资源供给的减少和燃料变得更加昂贵，从成本和环境两个方面考虑，机械工程师将更多地研究开发先进的发电技术，包括太阳能、海洋和风力发电系统（图 1-10）。

4. 农业机械化

机械工程师研发的技术显著提高了农业生产率。1916 年，随着动力拖拉机的应用和联合收割机的开发，农业自动化真正开始了，这极大地简化了粮食的收割过程。接下来的数十年，机械工程师继续研究和使用先进的机械装置、GPS（全球定位系统）技术和智能制导与控制程序，实

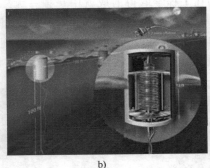

a)   b)   c)

图 1-10　**机械工程师设计机器利用各种可再生能源产生能量**

a）太阳能发电塔　b）波浪能发电塔　c）创新风力涡轮机

注：图片来源：a）阿文戈亚太阳能公司；b）Nicolle Rager Fuller /美国国家科学基金会/图片研究公司（Photo Researchers, Inc.）；c）Cleanfield 能源公司

现了在无人干预的情况下自主收获庄稼（图 1-11）。其他进展包括改善天气观察和预测、高容量灌溉泵、自动挤奶机、农作物数字化管理及病虫害控制等。随着这些技术的普及，除了农业以外，人们开始将其技术应用于社会、就业等其他经济领域。农业机械化技术使得其他经济领域，包括航运、贸易、食品饮料及医疗保健等也都取得了很大的进步。

图 1-11

正在研发的机器人车辆

注：机器人车辆可以获知谷物的形状和地形，在基本无人参与的情况下进行收割（由国家机器人工程协会授权转载）。

5. 飞机

美国机械工程师协会认为，飞机及其相关安全动力飞行技术的研发，也是机械工程领域的主要成就。商用客运飞行为商务和娱乐创造了发展的机会，特别是国际旅游使世界变得更小，并相互联系。早期探险家和殖民者以牛队为交通工具跨越北美需要 6 个月，同样的旅程乘汽船或马车花费 2 个月，乘火车用 4 天的时间可以到达。今天，乘商用喷气式飞机仅需 6 小时，而且比以往任何交通工具都更安全、更舒适。

在航空技术的各个方面，机械工程师都参与了开发或有所贡献，其中一个主要的贡献就是发动机。早期的飞机，其动力来源是活塞驱动的内燃机，例如第一架莱特飞行器使用的是 12hp 发动机。相比较而言，为波音 777 客机提供动力的大众电气公司的发动机，最大可产生超过 500kN 的推力。高性能军用飞机的进步，主要有带有定向发动机的矢量涡扇发动机，飞行员利用它改变推力方向，适合垂直起飞和着陆；还有机械工程师设计这种先进的喷气发动机的燃烧系统、涡轮机及控制系统。通过利用风洞（图 1-12）等检测设施，引导开发设计涡轮机，开发控制系统，并发现轻型航空材料，包括钛合金和石墨纤维增强环氧树脂复合材料。

图 1-12

翼身融合的飞机（X-48 B 的原型）正在弗吉尼亚州 NASA 兰利研究中心全尺寸风洞里进行测试（美国航空航天局提供）

6. 大规模生产集成电路

20 世纪，电子工业发展的卓越技术是集成电路、计算机内存芯片和微处理器的微型化，机械工程行业为提出集成电路的制造方法做出了关键性的贡献。1972 年，英特尔公司首次出售的老式 8008 处理器有 2500 个晶体管，英特尔当前的工作处理器有超过 20 亿个晶体管（图 1-13）。这个呈指数数量增长的组件能组装在一个硅芯片上，这归功于以英特尔的联合创始人戈登·摩尔命名的摩尔定律。基于过去的发展情况，在 1965 年观测发现，可以放置在集成电路中的晶体管的数量预计将每 18 个月增加一倍。虽然工程师和科学家不断提高基本的规则限制，但还是按照这个预测在发展。

机械工程师设计机器、对准系统，采用先进的材料以及温度控制和振动隔离措施，将集成电路的制造推进到纳米级尺度上。

同样的制造技术可以用来生产微米或纳米水平的其他机器。由于采用了这些技术，机器的移动部件可以做得非常小，小到可以让人类的眼睛难以觉察，只能在显微镜下观察到。如图 1-14 所示，可以制造出单个齿轮，并把它装配到尺寸不大于一粒花粉的传动装置中。

**英特尔 65nm 四核
安腾处理器**
（英特尔公司提供）

图 1-14

**机械工程师设计和
建造微型尺寸的机器**
注：小齿轮比红蜘蛛要
小，整个齿轮系的尺寸
比人类头发的直径还要
小（桑迪亚国家实验
室提供）。

7. 空调和制冷

　　机械工程师发明了高效的节能空调和制冷技术。今天，这些系统不仅可以让人们感到安全、舒适，还能保存食物和医疗用品。像其他基础设施一样，人们通常认识不到空调的价值，除非它坏了。作为实例，欧洲的热浪纪录中记载，2003 年的夏天，法国有超过一万人（大部分为老人），在没有空调的情况下死于灼热的高温。

　　机械工程师应用热传递和能量转换原理设计制冷系统，不论是在原产地，还是在运输过程中，或是在家里，该系统都可用来存储食品。人们不断地购买生长在千里之外的食物，亦或来自不同国家的食物，依靠制冷系统来保鲜和储存这些食物。

　　尽管机械制冷系统早在 19 世纪 80 年代就已得到应用，但仅限于商业啤酒厂、肉类包装厂、制冰厂和乳制品行业。这些初期的制冷系统需要大量维护，而它们也容易泄漏或需要使用易燃化学品，使得它们不适宜在家庭中使用。1930 年，制冷剂氟利昂的发明是家庭安全制冷设备和空调商品化的一个重大转折点。后来，人们了解到氟利昂对地球的臭氧保护层有损害，氟利昂便被不含有氯氟烃的化合物所取代。

8. 计算机辅助工程技术

计算机辅助工程（CAE）是指在机械工程中应用很广泛的一系列自动化技术，它包含使用计算机来计算、准备技术图样、模拟产品性能和控制工厂里的机床（图 1-15）。在过去的几十年中，计算机和信息技术已经改变了机械工程的传统工作方式。大多数机械工程师已经可以使用先进的计算机辅助设计和分析软件、信息数据库和计算机控制的成形设备。在某些行业，这些 CAE 技术已经取代了以传统纸质为基础的设计和分析方法。

图 1-15

计算机辅助工程技术的应用

注：图 a) 为机械工程师用计算机模拟分析和可视化飞机周围的空气流，包括鹞式喷气式（科学库/图片研究公司）；图 b) 为通过对大脑动脉血液流动的动态仿真观察血浆和血液之间的互动，帮助工程师设计医疗设备，也帮助医生诊断和治疗疾病（约瑟夫 A · 英斯利和迈克尔 E · 派博卡，美国阿贡国家实验室）。

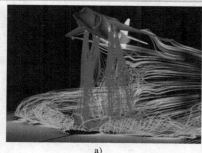
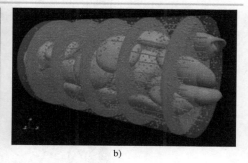

a)　　　　　　　　　　　　　b)

在大型跨国公司中，设计团队和技术信息分布于世界各地，计算机网络每天 24 小时被用于设计产品。以波音 777 为例，它是第一架利用无纸化的计算机辅助设计技术开发的商用客机。波音 777 的设计始于 20 世纪 90 年代初，那时，设计工程师特别需要的一种新的计算机基础设施已经被创造出来了。传统的纸和笔绘图服务几乎已经被淘汰。因为飞机上有超过 300 万个单独的组件，使所有部件都匹配是一项巨大的挑战，需要对横跨 17 个时区约 200 个设计团队的计算机辅助设计、分析和制造活动进行整合。通过 CAE 工具的广泛使用，设计师们能够在产品制作之前，在虚拟和模拟环境下检查零件间的装配情况，通过构建和测试更少的物理模型原型机，飞机可以更快、以更低成本推向市场。目前开发的 CAE 软件工具可在各类平台上运行，包括各类移动设备、云计算和虚拟机器。

9. 生物医学工程

生物医学工程学科将传统的工程领域和生命科学及医学联系在一起，应用工程原理、分析工具和设计方法解决发生在生物系统中的技术问题。生物医学工程被认为是一个新兴领域，它之所以被列于美国机械工程师协会的十大成就名单之中，不仅仅由于其已经取得的进步，也因为其未来在解决医疗与健康相关问题方面的潜力。

生物医学工程的目标之一是开发技术来发展制药和保健行业，包括药物发明、基因组（图 1-16）、超声成像、人工关节置换、心脏起搏器、人工心脏瓣膜、机器人辅助手术和激光虹膜切除术（图 1-17）。例如，机械工程师利用热传递原理协助外科医生完成冷冻手术（低温），这是一种通过液氮的超低温来消灭恶性肿瘤的技术。机械工程师还在生物医学工程的其他领域做出了贡献，其中有人体组织工程和人造器官，他们经常与医生和科学家一起工作来恢复人体中受损的皮肤、骨骼和软骨。

图 1-16

机械臂移动含有脱氧核糖核酸（DNA）样本和其他化合物的微孔板

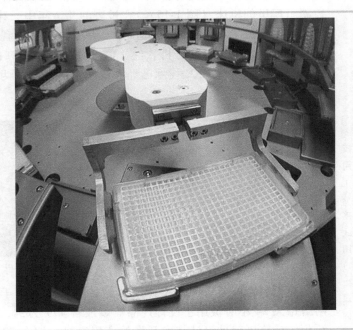

图 1-17

激光虹膜切除术

注：激光虹膜切除术是一种外科手术，它通过均衡眼睛的前房和后房之间的液体压力治疗青光眼。机械工程师与眼科医师合作，在激光手术中模拟眼睛的温度。其目的是在手术中更好地控制激光功率和位置，以防角膜烧伤。图 a）由 Fluent 公司授权转载；图 b）摘自 F·罗西、R·皮尼、L·麦纳布洛尼的"激光焊接角膜中的温度动力学的三维仿真与实验对比"。

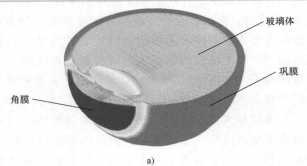

a)

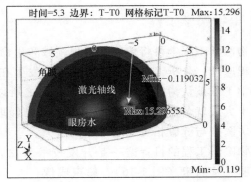

b)

10. 规范和标准

工程师设计的产品必须能够和其他人开发的设备相连接并匹配。依据规范和标准，可以放心地将立体声音响插头插入电源插座，无论它们是在加利福尼亚州或是佛罗里达州，这是由于插座使用的电压是相同的；下个月将购买的汽油和今天购买的汽油一样，都适用于你的车；在美国的汽车配件商店购买的套筒扳手同样适用于德国制造的汽车螺栓。用规范和标准明确规定机械零件的物理特性是必需的，以便其他人可以清楚地了解它们的结构和操作方法。

人们通过政府或行业团体间的共同协商制定了许多标准，随着公司间在国际业务上的竞争，这些标准也越来越重要，规范和标准涉及行业协会、专业工程学会（如美国机械工程师协会）、测试团体（如美国安全检测实验室）和组织（美国材料试验协会）间的合作。自行车和摩托车头盔的安全性能、汽车的碰撞防护和儿童座椅的安全性能，以及家居隔热的耐火性能都有规范和标准，工程师在这些准则的帮助下可设计出安全的产品。

◉ 1.4 职业道路

前面介绍了机械工程领域和该行业最重要的成就，下面介绍机械工程师的职业选择，以及将面临的全球、社会和环境挑战。

因为许多领域都需要机械工程师，所以该行业没有一个适合所有职位的职位描述。机械工程师可以是设计人员、研究人员以及技术管理人员（公司规模从小型初创企业到大型跨国公司）。为了说明机械工程师可选择的范围，下面列出了机械工程师能从事的工作：

- 设计和分析下一代汽车的组件、材料、模块或系统。
- 设计和分析医疗设备，包括残疾人用辅助设备、手术和诊断设备、假肢及人工器官。
- 设计并分析高效制冷、供暖和空调系统。
- 设计和分析移动计算和网络设备的动力和散热系统。
- 设计和分析先进的城市交通和车辆安全系统。
- 设计和分析国家、州、城市、村庄和人群更易于使用的可持续发展能源的形式。
- 设计和分析新一代空间探测系统。
- 设计和分析创新性的制造设备和消费产品的自动装配生产线。
- 管理工作在全球产品开发平台上的多学科工程师团队，掌握客户、市场及产品开发机遇。
- 为工业提供咨询服务，包括化学药品、塑料和橡胶制造、石油和煤炭生产、计算机和电子产品制造、食品和饮料生产、印刷和出版、公共事业、服务供应商。
- 服务于公共部门，例如政府机构、国家航空和航天局、国防部、国家标准与技术研究所、环境保护协会以及国家研究实验室。

- 在高中、两年制大专及四年制大学教授数学、物理、科学或工程学。
- 在法律、医学、社会、商业、销售及财务领域从事重要的工作。

从历史上看，机械工程师可以走两种职业轨迹：技术生涯或者管理生涯。然而，这两者的界限越来越模糊，因为新兴产品的开发流程对知识的高要求，既有技术上的要求，也涉及经济、环境、客户和制造问题。过去由同处一个地方具有工程专长的专家组成的团队完成的事情，现在由分布在全球各地多个地理区域的团队，抓住全球经济增长机会，采用更低成本，使用领先的技术来完成。

历史上，"机械工程师"职位曾有空缺，现在有反映出行业性质变化的多种多样的岗位。例如，下面的职务都需要拥有机械工程学位（摘自某重要工作网站）：

- 产品工程师
- 系统工程师
- 制造工程师
- 可再生能源顾问
- 应用工程师
- 产品应用工程师
- 机械设备工程师
- 工艺开发工程师
- 首席工程师
- 销售工程师
- 设计工程师
- 电力工程师
- 包装工程师
- 机电工程师
- 工具设计工程师
- 机械产品工程师
- 节能工程师
- 机电一体化工程师
- 项目工程师
- 工厂工程师

除了需要技术知识和技能之外，找到工作，保住工作，在职业生涯中力争升职还取决于其他多项技能。实际上，这些技能与技术无关，机械工程师在处理所分配工作任务时必须有主动性，高效率地寻找问题的答案，并有能力承担附加工作。对招聘网站上关于工程师职位的快速调查发现，雇主非常重视机械工程师的广泛沟通能力，包括口头表述和书写能力。事实上，公司在招募工程师时，经常把有效的沟通能力作为有抱负工程师最重要的非技术特性。其原因很简单，在产品的每个开发阶段，机械工程师都要与各种不同的人一起工作，包括上司、同事、营销人员、管理人员、客户、投资者和供应商。一名工程师清晰地表述和解释技术和业务概念的能力，与同事相互沟通的能力是至关重要的。毕竟，若有一个了不起的、创新的技术突破，但无法以令人信服的方式把此理念传达给别人，那么，这一想法就不大可能被接受。

◎ 1.5 典型的学习程序

开始学习机械工程时，学习计划最有可能包括以下四个部分：
- 人文科学、社会科学和艺术等基础的教育课程。
- 数学、科学和计算机编程预备课程。
- 基础机械工程学科的核心课程。
- 感兴趣的专题选修课。

完成核心课程后，学生可以灵活地通过选修课制订个性化的学习计划，可以选择自己喜欢或者感兴趣的专业，如航空航天工程、汽车工程、计算机辅助设计制造、生物医学工程和机器人以及其他领域。

典型机械工程课程的主要内容如图 1-18 所示。将其展开成不同分支的时候，机械工程课程已成为一个集成系统，其中许多课程、专题和知识领域相互联系。成为一名机械工程师的核心是创新和设计，学习初始，重要的是要了解机械工程师在产品、系统和制造工艺设计中，如何在全世界范围内影响社会、全球、环境以及接受世界范围内的经济挑战。工程师们有创造力，他们以新颖的方式发现问题，并且以创新的方法加以解决。

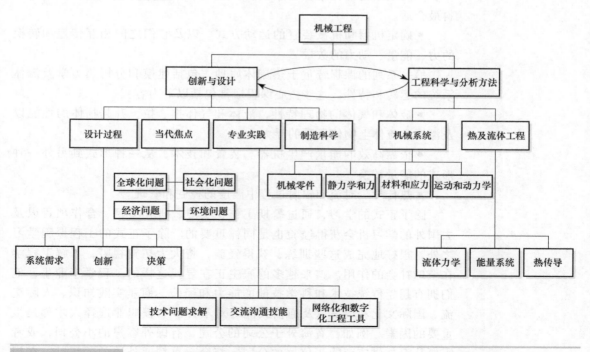

图 1-18 典型机械工程主题和课程分级

知识创新和设计，需要学习设计过程是如何组成的，其中包括以下主题：

- 研究各利益相关者对系统的要求。
- 产生创新概念和有效选择，以及最终设计的实现。
- 在产品开发过程中，当涉及大量的权衡取舍时，健全决策权的原则。

此外，了解当代和新兴的知识，对于设计产品和系统是至关重要的，这些产品与系统将支持和改变人们的生活、社会、经济、国家和环境。当然，因为机械工程师对潜在的数十亿人的生命有直接影响，他们必须是具备高品质的优秀专业人才。要成为这样的专家，需要学习如下技能：

- 彻底解决技术问题的能力。
- 进行技术交流的有效方法（口头报告、技术报告、电子邮件）。
- 熟练掌握并运用最新的数字和网络工具，以支持工程设计。

如果缺少对产品实际生产过程的一些基本了解，创新和设计课程将不可能完成，产品生产过程包括制造科学及产品是如何真正建造、生产和装配的。

为创新和设计提供课程基础的是核心工程科学和分析方法。一系列课程重点在机械系统，包括机械设备中零件（如齿轮、弹簧、机械装置）的建模和分析。这些核心课程通常包括以下内容：

- 求解机器运行时，作用于机器和结构上的各种力，包括运动、静止零件。
- 确定结构部件是否足够结实，起支承作用的力是哪些以及什么材料最合适。
- 确定机器和机械装置的运动方式，以及它们之间相互传递和转换的力、能量、动力的数量。

另一系列的课程着重于热流体原理，包括建模和分析热力学及流体系统的运转和特性。这些核心课程通常包括以下内容：

- 液体和气体的物理特性，液体和气体推、拉、升起物体的性能以及漂浮在流体上物体所受的浮力。
- 依靠高效的能量产生机器、装置和技术，从一种形式到另外一种形式的能量转换。
- 热传导、对流和辐射过程中温度的控制和管理。

除了正式的学习，通过暑期工作、实习、研究项目、合作项目以及去国外的学习机会获得经验也是同样重要的。除了正式的工程课程学习之外，很好地完成这些训练，获得经验，将大大拓宽视野，了解工程学在全球社会的作用。越来越多的雇主正在寻找这样的工程学毕业生，他们拥有超越传统技术和科学技能的能力和经验，商业实践知识、人际交流、国际文化和语言以及通信技能等对于许多工程职业选择人才都是很重要的因素。例如，有海外子公司的公司、有国外客户的小公司，或者需要从海外供应商购买仪器的公司，都会看重精通外语的工程师。在规划工程学位，选择选修课或者准备辅修学位时，应注意那些更广泛的技能。

　　美国工程与技术鉴定委员会（ABET, http：//www. abet. org/）是由超过 24 个技术和专业协会组成的组织，其中包括美国机械工程师协会。ABET 在横跨美国超过 600 多所高校中支持并认证了 3000 多个工程项目。ABET 也开始评审和鉴定国际工程项目。董事会已确定了一套工程学毕业生应具备的技能，这是非常有用的基准，在学业进行过程中应当予以考虑：

　　1）运用数学、科学和工程知识的能力。自第二次世界大战以来，自然科学一直是工程教育的主流，机械工程专业的学生传统上学习数学、物理和化学。

　　2）设计和进行试验的能力，以及分析与解释数据的能力。机械工程师准备和进行试验，并使用规定的测量设备进行测试，然后解释测试结果的物理意义。

　　3）在现实的经济环境中，在社会、政治、道德、健康和安全、可制造性和可持续性等制约因素下，能设计系统、零件或工艺流程以满足预期需求的能力是机械工程的核心技能。工程师接受培训，是想提升解决技术问题的能力，准备在将来做出详细、功能齐全、安全、环保且有利润的设计。

　　4）组织领导多学科团队的能力。机械工程不是某个人的活动，需要具备在企业中与其他人沟通的技能。

　　5）鉴别、规划（制定）及解决工程问题的能力。工程学是以数学和科学原理为坚实基础的，同时也包含创造性和设计新产品的创新力。工程师经常被描述为面对陌生情况时，可以提出明确方案的问题解决者。

　　6）通晓专业和道德责任。通过课程和亲身体会，你会发现工程师对所从事专业的责任心和职业道德。工程师需要认识到道德和业务的冲突，当冲突出现时，靠诚信加以解决。

　　7）有效的沟通能力。工程师应具备书面和口头沟通能力，包括介绍工程预算、实际计算、测量结果和设计。

　　8）必要的广泛教育，以便懂得工程解决方案在全球经济环境和社会背景下产生的影响。工程师所创造的产品、系统和服务，潜在地影响着地球上的数百万人。了解此情况的机械工程师，在技术、道德和个人前途上能做出合理的决定。

　　9）认识到终身学习的必要性。"教育"并不意味着填充事实，更确切地说，它是指"更新"。所以，智力的增长在于毕业很久以后还能继续吸收新的知识。

　　10）了解当代问题。工程师需要了解当前重要的社会的、全球性的、环境的、经济的和政治的发展状态，因为这些提供了社会所面临的和工程师们有望解决的技术问题背景。

　　11）在工程实践中，具备使用技术、技能和现代工程工具的能力。这一技能基于使用计算机辅助工程软件等工具和对于数值结果审慎思考的能力。

能力 1）和 2）是通过学习核心工程科学和贯穿整个机械工程课程的数学基础知识所获得的，这将在第 4 章~第 8 章予以介绍。能力 3）、8）和 10）在第 1 章、第 2 章中讲述，它们也是其他机械工程课程的一部分，包括上层设计课程（upper-level design）。计算机辅助设计和制造工具将在第 2 章加以讨论，且与能力 11）相关。在第 3 章中，将直接集中帮助学生获得能力 5）和 7），它们是成为一名成功工程专业人士的关键，使学生能够设计、制造、创新、研究、分析、生产，并且影响生活在充满活力和全球化社会中的人们。通过整个课程，学生将有机会提升技能以及获得能力 4）、6）、7）。

本章小结

本章的目的，是使学生基本了解机械工程师的作用、所面临的挑战、肩负的责任、获得的报酬以及满意度。简单地说，工程师构思、设计和制造可以工作和影响生活的产品。工程师被认为是很好的问题解决者，他们可以通过图样、书面报告和口头表述等方式，清楚地将工作成果传达给别人。机械工程是一门多元化学科，它通常被视为传统工程领域中最活跃的学科。毫不夸张地说，1.3 节中描述的机械工程专业的十大贡献，改变了数十亿人的日常生活。为了获得这些成就，机械工程师使用计算机辅助软件等工具来设计、模拟和制造。以前，你可能对一些技术不在意，比如丰富和廉价的电力、制冷及运输，仔细考虑一下它们对社会的重要性和应用这些技术制造的了不起的硬件，这些技术便有了新的价值。

自学和复习

1.1　什么是工程学？

1.2　工程师、数学家和科学家之间的区别是什么？

1.3　什么是机械工程？

1.4　比较机械工程与其他传统工程领域。

1.5　列举机械工程师设计、改善和生产的 6 个产品，并列出一些必须解决的技术问题。

1.6　在 1.3 节的机械工程专业十大成就中，描述几个成就。

1.7　讨论可供机械工程师选择的职业和职位。

1.8　描述机械工程课程包含的一些主要科目。

习　题

1.1　对于以下每个系统，选择两个实例，说明机械工程师是如何参与其设计的。

1）客运汽车发动机

2）自动扶梯

　　3）计算机硬盘驱动器

　　4）人工髋关节植入物

　　5）棒球投球机

　　1.2　对于以下每个系统，选择两个实例，说明机械工程师是如何参与其分析的。

　　1）商务客机的喷气发动机

　　2）行星探索的漫游者机器人

　　3）计算机的喷墨打印机

　　4）智能手机

　　5）贩卖苏打水的自动售货机

　　1.3　对于以下每个系统，选择两个实例，说明机械工程师是如何参与其制造过程的。

　　1）石墨环氧滑雪板、网球拍或高尔夫球杆

　　2）电梯

　　3）蓝光播放器

　　4）银行自动取款机

　　5）汽车儿童安全座椅

　　1.4　对于以下每个系统，选择两个实例，说明机械工程师是如何参与其测试过程的。

　　1）油电混合轿车

　　2）遥控汽车、飞机和船的发动机

　　3）滑雪板的固定器

　　4）全球定位系统（GPS）卫星接收器

　　5）电动轮椅

　　1.5　对于以下每个系统，选择两个例子，说明机械工程师如何处理设计中的全球化问题。

　　1）透析机

　　2）微波炉

　　3）山地车铝合金车架

　　4）汽车防抱死制动系统

　　5）乐高拼装玩具

　　1.6　对于以下每个系统，选择两个例子，说明机械工程师如何处理设计中的社会问题。

　　1）洗碗机

　　2）电子书阅读器

　　3）咖啡壶

　　4）无绳电钻

　　5）婴儿高脚椅

　　1.7　对于以下每个系统，选择一个例子，说明机械工程师如何处理设计中的环境问题。

　　1）潜水衣

2）冰箱

3）太空旅游车辆

4）汽车轮胎

5）婴儿慢跑推车

1.8 对于以下每个系统，选择一个例子，说明机械工程师如何处理设计中的经济问题。

1）干衣机

2）机器人割草机

3）体育场的可伸缩屋顶

4）牙膏筒

5）回形针

1.9 阅读第 1 章后面参考文献里的一篇机械工程方面的文章，描述十大成就之一。写一份至少 250 字的技术报告，总结出十大成就中你感兴趣和认为重要的方面。

1.10 你认为哪个产品或设备应该被列入最高的机械工程成就列表中？写一份至少 250 字的技术报告，详细说出你的依据，并列出该成就中有趣和重要的方面。

1.11 展望未来一百年，到 22 世纪，你认为哪项技术进步会被看作机械工程领域中具有重大意义的成就。写一份至少 250 字的技术报告，解释你进行推断的依据。

1.12 现今，工程师面临哪三大重要问题？写一份至少 250 字的技术报告，解释你的依据。

1.13 采访你认识的一个人或者联系一家公司，了解一个你感兴趣的产品的详情。写一份至少 250 字的技术报告，介绍产品，以及公司或者机械工程师对该产品的设计或生产所做出贡献的方式。

1.14 采访你认识的一个人或者联系一家公司，了解一种与机械工程相关的计算机辅助软件工具。写一份至少 250 字的技术报告，描述此软件的用途和它是如何帮助工程师更准确和有效地工作的。

1.15 找出新闻中最近的一个工程失败案例，写一份至少 250 字的技术报告，说明机械工程师如何防止这次故障。解释清楚你建议在设计、制造、分析或测试中采用的预防方法。

1.16 想出一个你个人使用过的产品，列举该产品未能达到的应有功能。写一份至少 250 字的技术报告，解释为什么你觉得这个产品失败，然后说明机械工程师应如何改进以使此商品达到你的预期要求。

参考文献

［1］ Armstrong N A.The Engineered Century［J］.The Bridge National Academy of Engineering：14-18，2000.

［2］ Gaylo B J.That One Small Step［J］.Mechanical Engineering，ASME International：62-69，2000.

［3］ Ladd C M.Power to the People［J］.Mechanical Engineering，ASME International：68-75， 2000.

［4］ Lee J L.The Mechanics of Flight ［J］.Mechanical Engineering，ASME International： 55-59， 2000.

［5］ Leight W，Collins B.Setting the Standards ［J］.Mechanical Engineering，ASME International： 46-53,2000.

［6］ Lentinello R A.Motoring Madness ［J］.Mechanical Engineering， ASME International：86-92,2000.

［7］ Nagengast B.It's a Cool Story ［J］.Mechanical Engineering，ASME International： 56-63， 2000.

［8］ Petroski H.The Boeing 777 ［J］.American Scientists：519-522,1995.

［9］ Rastegar S.Life Force ［J］.Mechanical Engineering， ASME International： 75-79， 2000.

［10］ Rostky G.The IC's Surprising Birth ［J］.Mechanical Engineering，ASME International：68-73， 2000.

［11］ Schueller J K.In the Service of Abundance ［J］.Mechanical Engineering，ASME International：58-65， 2000.

［12］ Weisberg D E.The Electronic Push ［J］.Mechanical Engineering,ASME International：52-59， 2000

第2章

机 械 设 计

2.1 概述

美国国家工程院明确了 21 世纪全球工程领域及行业所面临的 14 项巨大挑战。这些挑战将促使工程师们重新审视自身，反思学什么、如何学及如何思考等问题。同时，这些挑战也会拓宽工程师的视野以及他们对自身所属行业的看法。这 14 项挑战如下：

- 太阳能的普遍应用。
- 利用核聚变能量。
- 捕捉与储存温室效应气体。
- 控制氮循环，有效利用废弃物。
- 使全球民众喝上洁净的水。
- 可持续发展的城市规划。
- 建立人体健康信息系统。
- 开发更有效的药物。
- 关于人脑的逆向工程。
- 防止核恐怖事件发生。
- 保障网络空间安全。
- 提升虚拟世界的实体感。
- 提高人类自学能力。

● 推动自然科学的发展。

机械工程师们不仅要在这些挑战中扮演重要角色，还会在一些挑战中起到行业领头人甚至是全球领头人的作用。当读到上面所列的挑战时，你甚至可能对其中一个或者多个挑战产生极大的兴趣，或者想象自己创造出了全新的、造福人类的解决方法。虽然这些挑战涉及众多科学技术领域，但是设计可以将它们联系在一起。多学科工作小组需要设计出创新、高效的方案来解决每个挑战中包含的众多子课题。本章的重点是了解基本原则，掌握必备技能来参与、促进甚至是领导一个成功的设计过程。

在第 1 章讨论工程师、科学家和数学家的区别时，我们发现"工程"一词既和"独创"又和"发明"紧密相关。事实上，研发全新的具有创造性的事物的过程一直是工程行业的核心。毕竟，人们的终极目标是建立硬件来解决某个全球社会的技术问题。本章的目标是介绍新产品在被设计、制造并取得专利时会出现的一些问题。文中还会通过案例分析（包括小器件设计、大系统设计和计算机辅助工程）来了解机械设计。本章与机械工程学科体系的关系如图 2-1 中的阴影框所示。

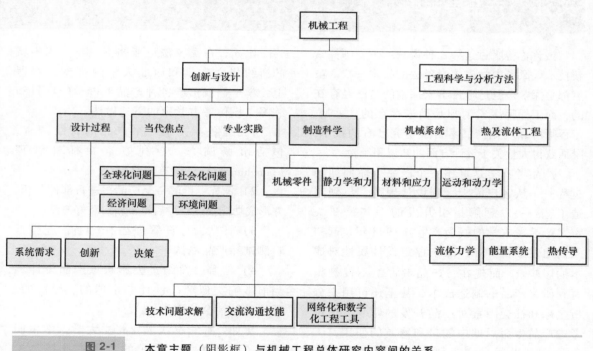

图 2-1   **本章主题（阴影框）与机械工程总体研究内容间的关系**

想要产生研发新产品或者改进旧产品的创意，其实不必接受过于正规的工程教育。事实上，钻研机械工程的兴趣很可能源于人们自己想制作硬件的想法。机械工程包括很多内容：结构与机械力、材料与应力、流体工程、热与能量系统以及运动与动力传递，这些内容将在本书其他章节里逐一介绍，并希望借此为读者打好基础，使读者能够将其创意高效、系统地转变为现实。出于这个目的，本书内容的编排类似于传统机械工程课程：将近似法、数学科学用于设计问题中，以减少反复试验的次数。可以使用第 3~第 8 章介绍的各种类型的计算，来解决设计过程中可能出现的问题。这些计算不只是一些练习题，相反地，它们可以帮助你设计得更好、更快。

本章将概述产品开发过程：首先是设计问题的定义，接着是新概念的产生，然后是制造生产，最后是新产品专利的获得。下面先来讨论设计过程中的一些重要步骤，这是工程师们将新想法变为现实时所要遵循的规范。一旦产品的细节确定了，下一步就应当考虑如何经济地将这些硬件制造出来。机械工程师将确定一种产品的制造流程。2.3 节介绍主要的制造工艺。当一种新产品被设计、制造出来后，工程师或者公司都会通过法律手段保护新技术，防止他人非法使用，以此在市场上取得竞争优势。美国宪法有相关规定，允许授予发明以专利权，这是机械工程商业方面的重要内容。在本章的后几节，将通过案例研究进一步探讨设计过程，其中包括弹簧驱动机车的概念设计、缓解城市电网压力方案的开发以及 CAD 工具的使用。

关注　产品考古学

或许你曾听过这样一种说法：工程师探索新技术就像考古学家探索过去的技术一样。虽然都是探索，但是考古学家探索的是已经存在的，而工程师探索的却是尚未存在的。可是，工程师可以利用产品考古学研究已有的技术，继而获得大量关于设计方面的知识和经验。

产品考古学是重建一个产品生命周期的过程——从客户需求，到设计规范，再到制造工艺——以理解指引开发的一些重要决定。产品考古学的概念产生自 1998 年，起初人们通过分析实际产品来评定设计属性对成本的影响[⊖]。而现在，产品考古学不仅被拓宽到研究产品的制造成本，甚至还可用来分析全球和社会因素对产品开发的影响。通过考虑产品生命周期中能量和物质的使用，工程师还可以通过它来研究产品对环境的影响。在被应用到工程学的课堂上时，产品考古学可以引导学生从产品设计者的角度思考，置身于产品开发的进程中，以重建指引产品开发的全球和局部环境。

比如，在宾夕法尼亚州立大学、水牛城的纽约州立大学和西北大学的机械工程课上，学生们就忙于各种产品考古学的项目和练习，模仿考古学家的下述做法：

1）准备：关于一个产品的背景调查，包括市场调查、专利搜索并标杆管理（benchmarking）已有产品。

2）深究：拆解一个产品，进行部件分析，并形成功能描述，最后再重新组装好产品。

3）评估：标杆管理已有产品，进行材料测试和产品测试。

4）解释：总结过去影响该产品设计和当前影响类似产品设计的全球的、经济的、环境的及社会的因素。

比如，在宾夕法尼亚州立大学，学生们进行了一项关于自行车的"考古挖掘"工作。作为研究的一部分，通过对自行车的分解和产品分析，学生们发掘出了以下信息，这些信息有助于形成面向广泛全球市场的自行车的未来设计。

⊖ K. T. Ulrich, S. Pearson. Assessing the Importance of Design Through Product Archaeology [J]. Management Science, 1998, 44 (3), 352-369.

全球化背景下的自行车：

- 在撒哈拉沙漠以南的非洲地区，自行车被用做急救车。
- 由于自行车数量众多，日本甚至建造了自行车停放楼。
- 在一些国家，比如荷兰，有针对自行车的整套基本交通设施，包括自行车专用道路、交通信号灯、自行车停车场、路标，甚至隧道。
- 中国有很多电动自行车。

社会化背景下的自行车：

- 一些自行车咖啡屋提供有机食物，并且租车给人们做环城旅行。
- 亨利·福特曾是一名自行车技工，而莱特兄弟使用自行车为他们的首次试飞提供动力。
- 作为女权解放运动的一部分，自行车成为女性"理性穿戴"运动的一剂催化剂。

自行车的环境影响：

- 在欧洲国家，有很多自行车共享项目。
- 有各种各样的项目鼓励人们骑自行车去工作，以减少碳排放。
- 学生们搜集了很多关于美国城市自行车通勤者的数据。
- 他们同时也搜集到了自行车效率数据和致死率数据。

自行车设计中的经济问题：

- 和汽车相比，自行车的成本，包括制造成本、使用成本及维护成本。

- 塑料自行车与传统材料自行车的成本权衡。
- 当自行车成为一种突出的运输方式时，医疗保健费用将降低。

使用产品考古学来学习设计原则的好处之一是，它为产品设计和开发的多学科性质提供了直观实例。虽然在任何设计团队中，机械工程师都是其基本组成部分，但产品是如此复杂，以至于一个人根本没有足够的技术、知识、时间和经验完成设计工作。机械工程师不仅要与团队成员高效地互动，也要和团队以外的合作者进行交流，包括电气工程师、计算机工程师、工业工程师、管理人员、市场人员、物理学家、化学家、材料学家、制造工人、供货商及客户（第 3 章的重点即是培养专业技能，以期在这种动态的、要求多学科的环境下获得成功）。在任何一个产品的设计过程中，团队必须做到以下几点：

- 形成一种集体荣誉感、责任感。
- 当对各种观点和解决方案进行辩论和对话时，确保每一个团队成员都对讨论做出了贡献。
- 允许成员解释他们的观点，给予大家共同学习的机会。
- 即使并不是所有成员都同意，也要支持对团队整体有利的决定。
- 对于创造性、高效率地解决技术的、全球的、社会的、环境的及经济的问题的新颖方法，将予以推广。

◉ 2.2 设计过程

从广义角度看，机械设计是发明一种产品或系统的系统化过程，旨在满足全球化社会的某一技术需求。正如 2.1 节展示的巨大挑战以及 1.3 节列举的机械工程领域十大成就，这种需求可能存在于医疗保健、交通运输、技术、通信、能源或者安保等领域。对于这些问题的解决方法，工程师们了然于胸，并将他们的方案设想变成了实实在在的产品。

尽管一名机械工程师在某个领域中，比如材料选择或者流体工程很专业，但他的日常工作仍集中在设计上。比如有些情况下，一名设计师会从草图开始，尽其最大的自由去设计，使从概念设计到原始产品成为现实。新技术引起的变革十分巨大，以至于它能开辟一个全新的市场，提供更多的商业机会。智能手机和混合动力车就是很好的例子，它们很好地展示了技术是如何改变人们的交流方式和交通运输的。在其他例子中，一名工程师的设计工作体现在增值方面，他的任务重点在优化、升级现有产品上。比如，在手机上添加高清视频摄像头和每年对汽车模型做出的微小变动。

一个新产品起源于哪里呢？首先，一家公司会确定新的商机并为新产品、系统或者服务定义需求。随后，公司会调查过去的、目前的、潜在的客户，研究网上的产品评价、反馈论坛及相关的产品。市场及管理人员和工程师会参与进来，共同提出一整套全面的系统要求。

下一步，工程师将发挥创造力进行概念设计，根据一些需求（如决策准则）筛选出最适合的概念设计，设计细节（比如布局、材料的选择和组件尺寸），并为试制样品准备工具。但是，产品会满足最初的需求吗？可以经济地、安全地将产品生产出来吗？为了回答这些问题，机械工程师会一直使用近似、权衡和决策等手段。机械工程师考虑的是：随着设计过程从概念到最终生产的逐渐成熟，每一步的计算所要求的精确等级也逐步升高。直到设计最终定型了，解决具体细节问题才有意义（如 1020 级钢的强度是否足够？润滑油的黏度必须达到多大？是该用球轴承还是圆锥滚子轴承）。因为，在设计早期，产品的尺寸、重量、功率或性能等规格都可能改变。产品工程师要学会适应数量级的计算变化（见 3.6 节），他们甚至要能够在模棱两可的情况和可能随时改变需求的环境下工作。

关注　创新

很多人认为，人生来就具有或者没有创造力。尽管有的人更擅长用右脑思考，但实际上每个人都可以通过学习而变得更有创造力。创新——这一工业设计师、艺术家和市场人员都熟悉的概念，正日益成为全球战略开发的一个关键主题，以应对复杂的社会的、环境的、城市的、经济的及技术的挑战。以技术和科学创新为中心的举措正在全世界范围内展开。

- 美国前总统奥巴马颁布了一项"美国创新战略"，该战略专门建立了一个创新和企业家精神办公室以及与其配套的全国顾问委员会。
- 有史以来第一次，美国政府设立了一位首席技术官。

- 中国的标准和创新政策注重分析标准和创新之间的关系，并向全球领导者提供更好的建议。
- 在澳大利亚，有专门的部长负责全国创新、产业、科学与研究，搭建了鼓励创新的相关原则框架。
- 印度政府的科技部发展了印度创新计划（i3），该计划旨在组建一个创新网络，在全国范围内鼓励创新者并推广使其创新商业化。
- 非洲项目的农业创新计划（由比尔和梅琳达基金赞助）正在为非洲区域经济的农业科技创新和技术政策的改进做出贡献。

创新举措不仅在国家层面上展开，很多公司也设立了创新中心来发展新产品、新工艺和新服务。像微软、宝洁、埃森哲咨询公司、IBM、AT&T、计算机科学公司、高通公司和威瑞森都设立了创新中心，进行关键科技创新方面的研究。

机械工程师在这些企业和国家的创新计划中扮演着重要的角色。认识并理解机械工程师的设计如何影响创新技术的成功，这一点对解决前述的重大挑战十分重要。后续课程里将学到设计，现在则必须理解创新是如何拓宽技术领域来提供更好的工程解决方案的。图 2-2 所示为一张 2×2 的图表，竖轴表示风格（低端/高端），横轴表示技术（低端/高端）。这张图表提供了一个框架：为不同客户战略性地开发创新产品。

图 2-2

数码播放器在风格和技术方面的比较

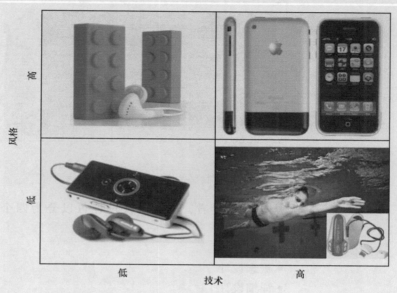

每个象限里都有一个不同的数码播放器。左下角是一个低端风格/低端技术的播放器，它具备基本功能且价格低廉，专为那些只需要听音乐的顾客设计。这种播放器虽然没有时尚流行的外表，也没有高的技术含量，但提供了可靠的音乐回放功能。右下角的低端风格/高端技术播放器是来自 FINIS 公司的 SwiMP3。这种播放器使用了革命性的骨传声技术，具备防水功能，可以为游泳者提供清晰的水下音效体验。这款播放器功能强大，但由于其针对特定的客户群，所以没必要在外形风格方面做到高端。左上角是款高端风格/低端技术的常规播放器，它像乐高积木，专为注重外形的客户设计。右上角是一款高端风格/高端技术的苹果手机，这种手机的客户是那些既追逐最新技术也偏爱潮流设计的人。

类似于图 2-2，图 2-3 所示是一个关于水净化器的图表。图的左下角是一款低端风格/低端技术的产品：利用一个锅将水煮沸杀菌得到饮用水，它使用的是基本的加热技术。右下角是一款低端风格/高端技术的产品——急救者净水瓶，它使用先进的纳米技术来过滤最小的细菌、病毒、孢子、寄生虫、真菌以及其他靠水传播的微生物病原体。左上角的高端风格/低端技术产品是来自 Clear2O® 的时尚过滤水杯。右上角是一款高端风格/高端技术的产品——海牙 Water-Max® 水净化系统，这种依客户要求设计的水处理系统可以为整个房屋提供清洁的水源。

要想使设计的产品满足多种市场、社会以及文化的需求，产品应当具备技术上高效、客户使用安全、环境友好的特点，而这就要求机械工程师创造性地思考问题。无论现在的创新能力如何，至少应该做到每天都在提高这种能力。而在创新过程中能进行有效设计是机械工程师毕业时应当掌握的技能之一。

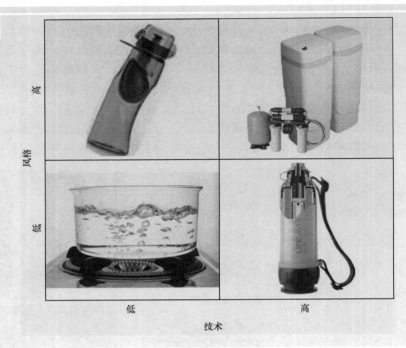

图 2-3
水净化系统的风
格和技术对比

从宏观角度看，机械设计过程可以分为四个主要步骤，如图 2-4
所示：
- 需求分析
- 概念设计
- 详细设计
- 生产

1. 需求分析

机械设计的第一步是对市场需求进行分析。这种需求可能是某特定
市场的技术需求，或者是人的基本需求，比如对干净水源、再生能源的
需求和面对自然灾害时自我保护的需求。首先，设计工程师会考虑以下
方面的因素，列出一个综合的系统需求：
- 功能性能：什么是产品必须具备的功能。
- 环境影响：考虑生产、使用和报废的全过程。
- 制造：资源和材料的限制。
- 经济方面：预算、成本、价格、利润。
- 人机工程：人为因素、美学、易用性。
- 全球性方面：国际市场、需求及机会。
- 生命周期方面：使用、保养和计划报废。
- 社会影响：民众、城市和文化等方面。

这些需求基本上代表了设计最终需要满足的约束条件。为满足这些
要求，工程师要进行大量的研究，并且从各种信息源搜集背景资料。正
如 1.4 节提到的那样，在设计过程中工程师需要和很多利益相关者打交

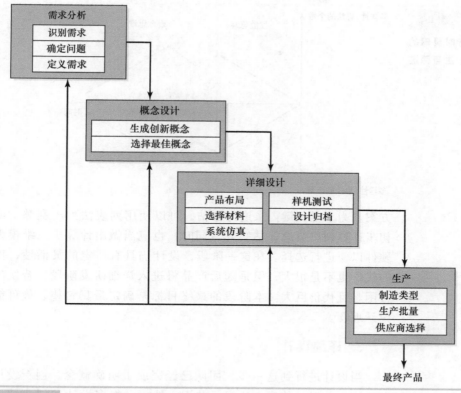

图 2-4　　典型的机械设计流程

道：他们会阅读已有的相似技术的专利，向可能为产品提供零部件的供货商进行咨询，参加交易展览会，向管理层递交产品建议书以及和潜在的客户见面。

2. 概念设计

在这一阶段，设计工程师们会针对目前的问题进行合作，创造性地给出一系列解决方案，随后会选出一个（或多个）最有希望的方案进行深入研究。起初，如图 2-5 所示，设计过程由不同的思维主导：不同的创意同时发展。有人认为创造应该是艺术家的事，因为他们天生具有创造性；而工程师应当务实，把那些创造性的任务交给别人做。但事实上，创造性是工程师不可或缺的素养，产品设计需要工程师做到一半是理性的科学家，一半是创新的艺术家。工程师可以通过学习变得更具创造性，这样能使得他们在学术生涯和职业生涯中更具优势。很多时候在一个协同性的创新讨论会上更容易产生最具创造性的结果，在这个会议上，大家可以和不同背景的人进行讨论，不论他（她）的专业、行业、年龄、教育文化水平及国籍是什么。

当产品概念集产生后，工程师们会排除一些设计概念，形成为数不多的最佳概念，这个过程由所谓的求同思维主导。第一阶段所列的要求会被用来剔除不可行的和不适合的设计方案，最终确定最具希望的概念

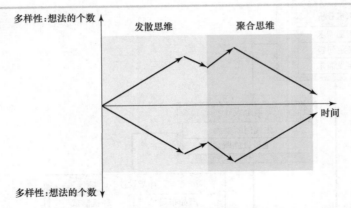

图 2-5

概念设计时灵感的
产生与筛选

方案。为了对关键需求进行评估，可以使用列表法列出利弊，或者经过初步计算列出概念评估矩阵。同时，也应当做出计算机三维模型和原型硬件以便进行选择。在这一阶段，设计仍具有一定的灵活性，而且改动的代价也不是很大，但是随后产品将进入详细研发阶段，若发生改动则很困难且代价巨大。本阶段的最终目标是确定最具希望、最可能实现的设计理念。

3. 详细设计

当设计进行到这一步，团队已经完成了明确概念、创新设计和分析等工作，并对最佳概念达成了共识。然而，很多设计和制造的详细工作仍没做，这些工作必须在产品硬件生产之前完成。在进行产品的详细设计时，应考虑以下几个方面：

- 设计产品布局和配置。
- 为每一个组件选择材料。
- 解决"X 设计"的问题（比可靠性设计、可制造设计、可装配设计、变型设计、成本设计、循环设计）。
- 优化最终几何体，包括设计合适的公差。
- 建立完整的数字模型，包括所有零件模型和装配体模型。
- 利用数字模型和数学模型进行系统仿真。
- 对关键零件和模块进行原型制造及测试。
- 制订生产计划。

（1）简约性　详细设计的基本原则之一是简约。简单的设计要比复杂的设计好，因为组件越少，越不容易出错。观察那些最成功的产品设计，很多时候会发现它们都是多种因素的有效集成，不仅设计创新、工程合理，而且功能简捷。产品设计越简约实用，工程师的声誉越好。

（2）返工设计　此外，工程师应当意识到设计过程中会经常返工。这里的返工是指为了提高设计质量进行多次修改。比如，若定型设计没有令人满意地实现需求，那么工程师就必须或者重返需求列表，或者返工到概念设计阶段。同样地，若最终设计的生产计划不可实现，那么工程师必须重审设计细节、重选其他材料、采用新的配置或采用一些其他设计细节。每一次返工，产品性能会更好，更有效率。返工的结果就是让产品硬件工作得更好。

（3）可用性　虽然工程师比较关心产品技术方面的表现（力、材料、流体、能量和运动），但他们也同样在意产品外观、人机工程学和美学方面的表现。无论它是一种电子消费类产品，还是发电厂的控制室，或是商用喷气式飞机的驾驶室，人机交互界面都应当让人看着舒适，用着方便。随着产品技术更加复杂，产品的使用性变得更加不确定。无论产品所使用的技术多么先进，如果它很难操作，顾客就不会真心实意地接受它。就这点而言，工程师经常和工业设计师、心理学家合作来提升产品的吸引力和可用性。最后，做工程也是一种商业投资，需要满足客户的需要。

（4）归档　对于设计过程中的工程图样、会议记录、书面报告等，工程师必须很用心地做好归档处理，以便其他人能理解每个决策背后的原因。归档同样对以后的设计团队有帮助，可以让他们在目前团队的经验上有所收获。设计过程中使用设计笔记本（见 3.7 节）记录一些信息和知识不失为一个很有效的方法。

（5）专利　设计笔记本（封装好、编好号、标注好日期的，最好是有人签字见证的）对重要新技术的专利保护也很有用。图样、计算、图片、测试数据以及达到里程碑的日期清单对精确记录如何、何时、何人发明产品很重要。专利是工程在商业方面的一个关键，因为它可以给新技术的研发者提供合法保护。专利是知识产权的一部分（知识产权还包括版权、商标和商业机密），是所有权的一种，类似于一个建筑物或地皮的地契。

一种新的和实用的工艺、机器、制品或某物质的成分或者对于上述项目的改善，才会被授予专利。专利是发明者和政府之间的一种契约，它给了发明者合法的权利：不允许别人制造、使用、标价出售、销售或者引进其发明。作为交换，发明者同意披露并向公众书面解释此发明，该书面文件称为专利。专利可保证专利持有人在若干年内对某新技术的垄断权利，垄断年限根据专利类型和专利所在国的不同而不同。有人指出，专利制度所带来的好处是形成了社会的经济基础，而社会由此才产生了技术进步。得益于创新所带来的经济效益（一种有限的垄断），专利促进了企业研究和产品开发。通过创新，发明者在专利制度的保护下可以取得一定的竞争优势。

美国宪法赋予国会颁布专利法的权利。有趣的是，在宪法声明国会权利的条文中，专利法竟然排在一些权利的前面（或许因为它更有名），比如宣战权和保有军队的权利。

在美国，有三种主要类型的专利：面向植物的、面向设计的和面向实用的。正如其名字所示，植物类专利法专为一些无性繁殖的植物而制定，这一般和机械工程师没什么关系。

设计专利是针对新颖的、原创的、外观的设计而制定的。它旨在保护那些从审美角度看很吸引人的产品（艺术成果），但并不保护产品的功能特性。比如，如果汽车的外形很吸引人，看起来很赏心悦目或者具有动感造型，那么设计专利就会对其进行保护。但是设计专利不会保护车身的功能特性，如减少风阻或提供改进型碰撞保护。

机械工程领域中最常见是实用新型专利，它用于保护具有某种功能的装备、工艺、产品或者相关组合物。实用新型专利主要包括三个方面：

- 说明书，它是对发明的目的、结构、操作方法的书面说明。
- 工程图，它展示的是发明的一种或者多种版本。
- 权利要求，它是指用精准的语句解释该专利所保护的产品的特有功能。

专利中提供的说明书必须尽量详细，以便让其他人知道如何使用该发明。自授权之日起，实用新型专利便生效。最近授予的专利自应用之日起将会有 20 年的有效期，但是必须在发明者公开或使用其发明的一年之内完成申请、存档工作（例如，销售或许诺销售给别人，或者在工业贸易展览会上展示，或者发表关于该专利的文章）。

为了申请专利授权，工程师通常会和一名专利律师合作，他（她）负责调查已有的相关专利，准备申请以及与国家商标和专利办公室打交道。在 2009 年，单单是美国政府就批准通过了超过 190000 项专利，不过其中仅有一半源自美国。表 2-1 中所列为 2009 年在美国取得专利授权数量排名前十的国家或地区。

表 2-2 中所列为 2009 年和 1999 年相比，在美国取得专利授权的国家或地区，其专利数量增加的排名。

表 2-1
专利数量排名

国家或地区	2009 年在美国取得专利授权的数量	自 1999 年以来的涨幅
日本	38066	17%
德国	10353	5%
韩国	9566	160%
中国台湾	7781	72%
加拿大	4393	19%
英国	4011	3%
法国	3805	−7%
中国	2270	2193%
意大利	1837	9%
荷兰	1558	17%

表 2-2
专利数量增幅排名
（1999—2009 年）

国家或地区	2009 年在美国取得专利授权的数量	1999—2009 年间数量增幅百分比
中国	2270	2193%
印度	720	532%
马来西亚	181	432%
新加坡	493	224%
韩国	9566	160%
波兰	43	115%
以色列	1525	93%
爱尔兰	189	89%
澳大利亚	1550	86%
中国台湾	7781	72%

尽管从某个国家取得专利后，能够在那个国家保护个人或企业，但有时国际专利保护更受欢迎。世界知识产权组织（WIPO）给个人和企业专利申请者提供了一个获得国际专利保护的途径。2009 年，通过 WIPO，来自世界各地的 155900 份专利申请被存档。

有时候，工程师希望快速制造出原型实现产品定型，这样便可以为专利申请、产品归档做好准备，同时也方便与他人进行产品细节探讨。虽然图片的展示效果很好，但实实在在的原型却更能帮助工程师展示其复杂的机械结构。很多时候可对这些原型进行物理测试（相对于虚拟仿真），工程师将基于测试与分析的结果确定折中方案。制造这种零部件的方法之一称为快速原型制造（Rapid Prototyping），这项技术的核心能力，是在数小时内利用计算机图样直接制造出复杂的三维实体。

有些快速原型制造系统利用激光来熔化液体聚合物进行叠层制造（立体光刻技术），或熔化粉状材料进行制造。另一种原型制造技术通过移动打印头（和喷墨打印机的喷头类似）将液体粘合剂一点一点地喷涂在粉末层上，继而"粘接"出原型零件。从本质上来看，快速原型制造系统都是一种三维打印机，它们可以将零件的电子图样直接转变为塑料、陶瓷的或金属的实体。图 2-6 所示为两种 3D 打印快速原型制造系统及其代表性产品。这些快速原型制造技术能利用聚合物或其他材料生产出耐用的功能部件。而这些部件可以用于装配、测试，有时甚至可直接当作产品零部件使用。

图 2-6

3D 打印系统及其
代表性产品

4. 生产

即便通过测试的原型被移交至下一环节，工程师的任务还没有结束，他们还需要在图样方面做好收尾工作。机械工程师的工作会接触很多学科，他们的设计不单单要满足预定设计功能，还会被更严苛的标准所评审。毕竟，如果产品在技术方面十分出众，但需要很多贵重材料和制造工序，那么消费者就可能不买这款产品，转而选择一种性价比更高的产品。

因此，即使在需求分析阶段，工程师也必须为生产过程考虑制造需求。毕竟，如果想花费时间设计产品，就必须考虑其制造可行性及成本等问题。产品的选材会影响其制造工艺的选择。一个金属制件可能非常适合某个设计，但在另一个设计中，由注射模具制造的塑料零件则可能更佳。总之，产品设计的功能、形状、材料、成本和生产方式在设计过程中是紧密联系的，需要综合考虑。

一旦详细设计完成，设计者接下来便要参与产品的制造和生产。在某种程度上，工程师选择的制造技术取决于准备必要的模具和机床所花费的时间和成本。某些系统，例如汽车、空调、微处理器、液压阀和计算机硬盘驱动器等，都是大规模生产，这代表着机械自动化的广泛应用。作为实例，图 2-7 所示为在汽车制造厂中，由机器人焊接框架的装配生产线。从以往来看，这类装配线具有定制的模具和专用的夹具，这能够有效地生产只针对某些类型车辆的某类组件。但是，现在的柔性制造系统允许一条生产线快速重新配置，以批量生产不同车辆的不同组件。因为在批量生产中，产品可以相对快速地生产，公司可以经济有效地分配大部分的车间空间和许多贵重机床，尽管它们之中的任何一个可能只是执行简单的任务，例如打孔和表面抛光。

图 2-7

汽车框架大批量生产线上的机器人自动化焊接系统

（通用汽车公司媒体档案授权使用）

通过批量生产的方法，除了生产硬件，还可以生产其他批量相对较小的产品（例如商用喷气式飞机）或者独特的产品（如哈勃太空望远镜）。某些单件（one-of-a-kind）产品甚至可以直接根据计算机图样，利用 3D 打印机（图 2-6）生成。最佳的制造方法取决于生产的数量、允许的成本以及必需的精度水平。在下一节中，我们将回顾最杰出的生产和制造方法。

关注　虚拟样机

虽然制造和快速原型技术还在不断发展，但作为一种有效的决策支持工具，虚拟样机在工程设计中正在为人们所接受。虚拟样机充分利用了虚拟现实、科学计算可视化和计算机辅助设计领域成熟的先进可视化和仿真技术，为组件、模块和产品等提供了逼真的数字化表示，如图 2-8 所示的爱荷华州的 C6 环境。虚拟样机还利用了先进的硬件，为工程师提供力、振动、运动等方面的触觉反馈。

虚拟样机可实现以极低的成本，快速创建新的原型。当用于设计过程时，由于能够迅速地修改数字模型，虚拟样机便于实现多次迭代。另外，利用三维坐标扫描仪可以快速而准确地从物理模型创建数字模型。

机械工程的另一个发展趋势是增强现实，在其中，虚拟原型和实际系统运行相结合，创建了一个混合模拟环境。机械工程师是许多增强现实应用的组成部分，其中包括机器人手术辅助系统，例如 da Vinci™ 和 RoSS（机器人手术仿真器）系统以及运动仿真环境（图 2-9）。

图 2-8

爱荷华州立大学的沉浸式虚拟现实环境

图 2-9　　运动仿真中的增强现实

注：用于美国空军、爱荷华州立大学和纽约州立大学（图片由 U5 空军的 Javier Garcia 和爱荷华州立大学的全国先进驾驶模拟器提供）。

◉ 2.3　制造工艺

制造技术具有非常重要的经济意义，因为通过它将原材料转化成有用的产品，从而实现原材料的增值。在众多不同的制造工艺中，每一种工艺都要符合特定的需要，其中包括环境的影响、尺寸的精度、材料的特性以及机械部件的形状。工程师选择工艺，确定机床和刀具，以及监控生产过程，从而确保最终产品符合规范要求。制造工艺主要分类如下：

- 铸造。它是将液态金属（如灰铸铁、铝或青铜）倒入模具，冷却并固化的过程。
- 成形。它涵盖了一类技术，是将原材料通过拉伸、弯曲或压缩成形，该工艺要施加很大的力使材料产生塑性变形，形成新的形状。
- 加工。它是用金属刀具切削去除材料的工艺过程。常用的加工方法有钻、锯、铣以及车削。
- 连接。连接是一组操作，通过焊接、钎焊、铆接、螺栓连接或粘接等操作将零部件装配形成最终产品。例如，许多自行车车架就是将金属管焊接在一起组成的。
- 精加工。采取措施处理组件的表面，强化表面，改善其外观或保护其免受环境影响。包括抛光、电镀、阳极氧化和喷漆等。

本节的剩余部分将详细描述铸造工艺、成形和加工技术。

1. 铸造

铸造时，将金属熔液浇入铸模型腔中，模具可以是一次性的或可重复使用的。然后，金属熔液冷却凝固成与模具相同的形状。铸造的一个很具有吸引力的特点就是可以直接铸造得到复杂形状的实体，而不需要连接多个部件。铸造是一种制造三维物体多个副本的有效方法，因此铸造的零件都相对便宜。另一方面，假如金属熔液凝固得太快，可能出现缺陷并且阻碍金属熔液完全充满模具。铸件的表面通常具有粗糙的纹理，需要进行后续加工，以产生光滑平整的表面。铸件的一些例子包括汽车发动机缸体、缸盖以及制动盘等，如图 2-10 所示。

图 2-10

铸造零件实例：盘式制动器转子、汽车油泵、活塞、轴承座、V 带滑轮、模型飞机的发动机缸体和二冲程发动机气缸

2. 轧制

轧制是一种成形操作，它是在轧辊之间挤压材料，减小材料厚度的过程，就像是制作饼干或比萨。以这种方式生产的钣金用来制造飞机的机翼和机身、饮料罐和汽车车身等。

3. 锻造

锻造是另一种成形工艺。它是基于加热、冲击以及塑性变形，将金

属形成最终的形状。工业级的锻造是铁匠工艺的现代版本，铁匠是用砧锤敲击从而加工金属的。由锻造制造的零件包括内燃机的一些曲轴和连杆。相比铸件，锻件的强度高、硬度大，由于这一原因，许多手工工具都采用这种方式制造（图 2-11）。

图 2-11

由锻造生产工具的实例

4. 挤压成形

挤压成形工艺可用于制造长直的金属零件，其横截面可以是圆形、矩形、L 形、T 形或 C 形。在挤压过程中，机械或液压力迫使加热后的金属通过一个模具，它的锥形孔挤压成品零件的横截面形状。模具用来塑造原材料，它由比所制造的工件更坚硬的材料制成。从概念上讲，挤压的过程和挤牙膏没有什么不同。图 2-12 所示为具有各种横截面形状的铝材。

图 2-12

挤压铝合金的例子

5. 机械加工

机械加工是一个从工件上去除原材料的过程。最常用的机械加工方法有钻、锯、磨和车削等。机械加工生产的机械零件的尺寸和形状，都远远超过了铸造和锻造的精度。机械加工的一个缺点（由其本身的特点所决定）是去除的材料被浪费了。在生产线上，当铸造或锻造的零件需要额外加工平整平面、钻孔以及切螺纹等时，机械加工经常与铸造和锻造等结合使用，如图 2-13 所示。

6. 钻床

机床包括钻床、锯床、车床和铣床等。每类机床都是利用锋利的刀具去除工件上不需要的材料。图 2-14 所示的钻床用于钻工件上的圆孔。钻头卡在可旋转的卡盘上，当机械工人转动手轮时，钻头慢慢下降到工件表面。进行金属加工时，需要在加工位置处注入切削液。切削液可以减少摩擦，并且有助于从切削区域排出热量。为安全起见，需要用虎钳和夹具等牢牢地固定工件，以防止物料飞出。

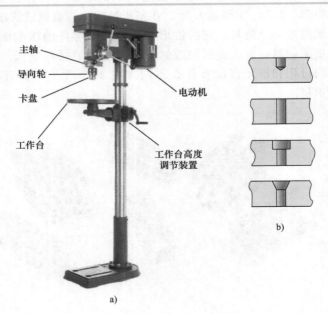

主轴
导向轮
卡盘
工作台
电动机
工作台高度
调节装置

a)

b)

7. 带锯

机械工人使用带锯（图 2-15）对工件进行粗切削。切削刃由长且连续的圈构成，一侧带有尖齿，并在驱动轮和惰轮上运动。一种可变速电动机使操作者可以根据被切割材料的类型和厚度调节刀片的速度。工件安装在工作台上，工作台可以支承工件以一定的倾斜角度进行切削。

机械工人将工件放入切削刃下，并用手引导工件使其沿直线或曲线路径被切割。当刀片变钝需要更换或者刀片破损时，带锯内部的刀片砂轮和焊接机可以用来清理切削刃端，修缮切削刃。

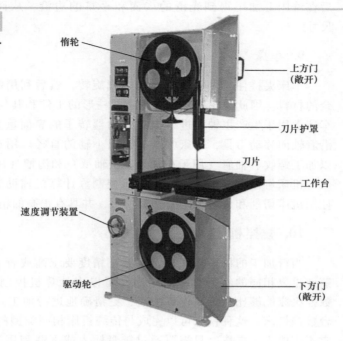

图 2-15

带锯的主要组成部分

惰轮

上方门
（敞开）

刀片护罩

刀片

工作台

速度调节装置

驱动轮

下方门
（敞开）

8. 铣床

铣床（图 2-16）用于加工工件的粗糙表面，使其变得光滑平整，并且可以加工凹槽和孔。铣床是一种多功能机床，工件相对于旋转的切削刀具缓慢移动。工件由工作台上可调节的虎钳固定，并且可以在三个方

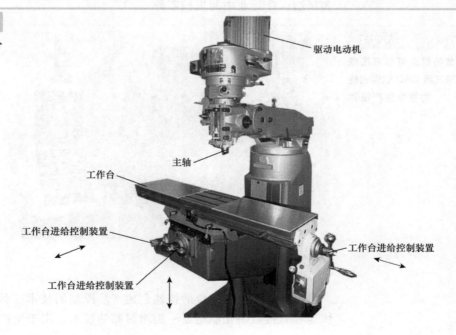

图 2-16

铣床的主要组成部分

驱动电动机

主轴

工作台

工作台进给控制装置

工作台进给控制装置

工作台进给控制装置

向上精确地移动（沿工作台的表面和垂直于工作台），从而可准确地定位工件上方的切削位置。一块金属板可能先用带锯切割成近似的形状，然后在铣床上加工得到光滑的表面和平整的边沿，从而得到工件的最终尺寸。

9. 车床

车床夹持住工件并使其绕中心线旋转，然后利用锋利的刀具去除多余的材料。因此，车床常用来生产圆柱形的工件和其他有对称轴的零件。车床常用于生产主轴和进行盘式制动器转子的表面重修。通过轴旋转时沿着轴向移动刀具，车床可以用于减小轴的直径。用这种方式，车床可以加工螺纹、轴肩（用于在轴上定位轴承）和沟槽（用于放置卡爪）。

机床可以由人工操作或计算机控制。计算机辅助制造使用计算机来控制机床切削和成形金属及其他材料，并具有很高的精度。

10. 数控机床

当待加工的机械零件非常复杂、精度要求高或者必须对大批零件快速地重复相同的任务时，加工操作可以由计算机控制。在这些情况下，数控机床能够比人工操作更快速、更精确地进行加工。图 2-17 所示为一台数控铣床。这种铣床可以完成与传统机床相同类型的加工任务。但是，它不需要人工操作，只需要通过键盘输入或下载利用计算机辅助软件生成的指令。计算机控制的机床使由计算机生成的图样直接无缝地生产物理硬件成为可能。利用迅速重新对机床进行编程的能力，一个小型的一般车间也可以生产出高品质的加工零件。在 2.6 节中，将分析一个案例，在其中建立了数字 CAD（计算机辅助设计）产品模型，用于设计、分析和制造医疗行业中的机械零件。

图 2-17

数控铣床可以直接根据三维 CAD 软件创建的指令生产硬件

11. 定制生产

一些用于设计评价的快速创建产品原型的技术开始被用于定制生产。快速和直接数字化制造是一类增材制造技术，用于生产定制或替代部件。

大批量生产线利用了机械自动化的优势，但是这些系统用于大批量生产相同的部件。快速制造系统恰恰持有相反的观点：单件（one-of-a-kind）型零件直接通过一个由计算机生成的电子文件来生产。电子模型可以通过使用计算机辅助设计软件或通过扫描物理对象来生成。这种功能提供了以合理的成本创建复杂的定制化产品的可能。起初快速原型制造通常使用热塑性材料、光聚合物或陶瓷来生成零件，现在快速制造技术也可以应用于各种金属和合金材料。这使工程师能够快速地创建功能部件。

◉ 2.4　概念设计案例研究：捕鼠器动力车

在这个案例中，我们将跟踪工程专业学生猜想团队的进度，他们完成了捕鼠器动力车的概念设计。由于可方便地实现快速成形，这种有效的方式使学生可以体验部分设计过程，并且获得了对权衡的感知，而进行这种权衡是产品设计满足所有需求所必需的。

正如 2.2 节所述，设计过程的第一阶段就是开发一组全面的设计需求。在设计开发和制造小车的案例中，系统需求是由指导者直接向工程专业学生的设计团队提出的，包括如下内容：

- 小车必须尽可能快地前进 10m。
- 小车只能由一个标准的家用捕鼠器提供动力。其他弹性元件偶然储存的能量或因小车质心高度改变而获得的能量必须可以忽略不计。
- 每辆小车由三名学生组成的团队完成设计、制造、改良以及操作。
- 在联赛中每队将面对面竞争，所以车辆必须既耐用又可重复使用。
- 小车的质量不能超过 500g。在每场比赛开始时，小车必须完全可以放进 $0.1m^3$ 的箱子中。赛道长 10m，宽 1m，在整个比赛过程中，车辆必须保持与车道的表面接触。
- 胶带不能用作车辆结构的紧固件。

每项需求从不同方面约束了设计团队最终生成的硬件。如果任何一项需求没有得到满足，那么整个设计就是不够完美的，尽管小车也可能很好地满足其他的相关规定。例如，赛道的长度是其宽度的 10 倍，因此小车必须能够沿着合理的直线向前运动。如果某个小车运动得很快，但是有时会偏离赛道，那么它也可能败于比它慢的其他小车。设计团队认识到不能仅按一个要求进行优化设计，而应权衡满足所有的要求。

接下来，我们跟踪猜想团队的思考过程，他们初期先创造了几个设计概念。学生们在笔记本上记录自己的想法，并且用文字注释以及手绘图形来描述此概念设计。随后，团队记录多次修改原型的结果，并且对结果进行测试。总之，笔记本作为日志记载了团队的整个设计经验。如 2.2 节所述，这样的笔记本要记录日期和进行签字，从而见证正式产品的发展。着眼于自己的职业生涯，首先应从系统地记录自己的原创思想开始实践。

第一个概念：绳子和杠杆臂

团队首次头脑风暴会议中诞生的想法，是基于利用捕鼠器的卡臂从驱动轴上拉紧和解开绳子。相应的，团队绘制了概念设计，如图 2-18 所示。当捕鼠按钮闭合后，绳子从线轴上解开，而线轴是连接到后轴上的，从而推动车辆前进。概念车采用了杠杆臂来延长捕鼠器的卡臂，从轴上拉引更多的绳子，从而改变捕鼠器和驱动轮之间的传动比。

　　虽然这个概念车结构简单、易于实现，该团队还是提出了一些问题并将其记录在了笔记本上。

　　● 杠杆臂的延伸部分有多长以及驱动轴卷筒的半径是多少？有足够长的绳子时，捕鼠器可以全程稳定地为小车提供动力。如果绳子越短，那么捕鼠器关闭得就越快，车子将在前期驱动后滑行。团队针对该问题进行讨论后，提出了图 2-18c 所示的锥形卷筒的想法，这种阀芯可以在捕鼠器关闭时改变捕鼠器和驱动轴之间的传动比。

　　● 捕鼠器究竟应该安装在驱动轴的后面、上面还是前面？在概念草图上，学生们在前轮和后轮之间直接画了捕鼠器。然而，在这个阶段，位置是任意的，并且团队也没有更好的选择。这个问题可能会在未来通过构建一个原型并进行一些测试来解决。

图 2-18

第一个设计概念是基于杠杆臂从驱动轴上拉紧和解开绳子

a）去掉两个轮子的侧视图

b）小车俯视图

c）直线和圆锥展开卷轴的概念图

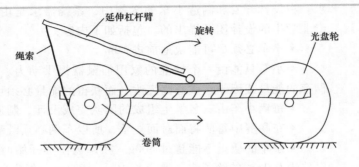

a)

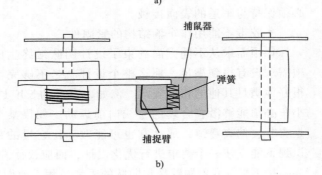

b)

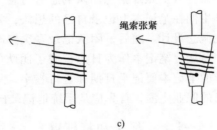

c)

　　● 车轮的半径应该是多少？就像杠杆臂延伸部分和卷筒的半径那样，驱动轮的半径也会影响小车的速度。团队在草图上记录：可以用计算机光盘做车轮，但用更小或更大些直径的车轮时，小车可以获得更短的比赛时间。

团队在笔记本上记录下这些问题以及所讨论的题目，以便在将来做进一步的考虑。在概念设计阶段，不需要决定尺寸和材料。但是，如果这个概念设计是最有希望的，那么在构建可行的原型之前，设计团队需要解决这些问题。

第二个概念：复合齿轮系

随着讨论的继续，团队设计了如图 2-19 所示的结构，图中复合齿轮系将动力由捕鼠器传递给驱动轴。这个小车只有 3 个轮子，车体的一部分已经被去除以减轻重量。该概念设计包含两级齿轮系，其传动比是由 4 个齿轮的齿数决定的。两级齿轮系的图示是随意的，仅有一级齿轮系或多于两级齿轮系的小车系统都有可能是更完美的。然而，学生们接受了这样的不确定性，并且他们意识到，现阶段决定齿轮系的传动比是没有必要的。

图 2-19

第二个设计概念基于位于捕鼠器的捕捉臂（可旋转半圈）以及驱动轴（在比赛全程由供电驱动）之间的齿轮系

a）小车俯视图
b）两级齿轮系的布局

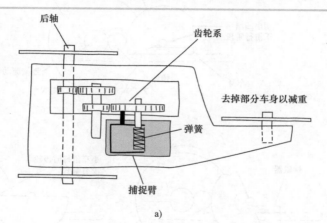

a)

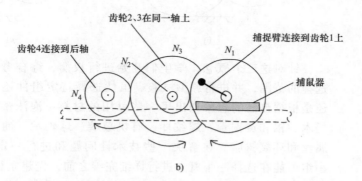

b)

在讨论会上，团队针对第一个和第二个概念设计，明确了共同的附加约束。例如，同学们一致认为，小车应该这样设计，小车加速时驱动轮不能自转和滑脱。否则，来自捕鼠器绳索的有限能量就会被损耗掉一些。为防止滑脱，小车的重量可以适当增加，从而改善驱动轮和地面的接触情况。另一方面，越重的小车肯定运动得越慢，这是因为捕鼠器绳索的势能要转化为小车的动能。随着对项目的不断深入研究，同学们发现所涉及的技术都是相互关联的。即使在看似简单的工作中，设计人员也必须解决相互矛盾的约束和需求。

第三个概念：扇形齿轮

小组的第三个概念结合并扩展了先前讨论过程中产生的一些想法。图 2-20 所示的设计概念在捕鼠器和驱动轮之间添加了一个齿轮系，一旦捕鼠器关闭，该齿轮系能使小车滑行。学生们设想这样的车辆在赛道的前几米迅速加速，并达到最高速度，然后以此速度滑行完成剩余距离。在这个概念中，使用扇形齿轮替代了完整的圆周齿轮，将其安装到捕鼠器的捕捉臂上。齿轮末端的一个凹槽能够使捕捉臂关闭时齿轮系从捕鼠器上脱开，如图 2-20c 所示。扇形齿轮作为齿轮系的输入，输出齿轮则直接连接到前驱动轴上。惰轮（见 8.5 节）用于增加捕鼠器和前轴之间的偏移量。

图 2-20

第三个概念基于简单的齿轮系和扇形齿轮

注：小车在赛道的第一部分被驱动，然后在剩下的赛程中以最高速度滑行

a）捕鼠器关闭时齿轮系俯视图

b）动力驱动阶段齿轮系俯视图

c）在滑行阶段，通过槽口将扇形齿轮从驱动轮脱开

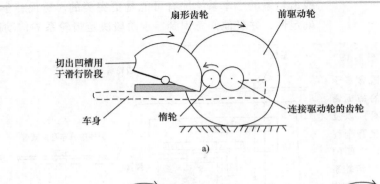

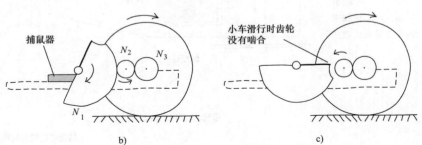

针对这三个概念，学生们开始进行权衡，综合考虑各种材料，缩小选择的范围，并进行原型试验。虽然选择特定组件还为时过早，学生们还是根据自己的想象列出了一些可用的材料：泡沫塑料海报板、轻木和杨木、铝和黄铜管、螺纹棒、有机玻璃、球轴承、油和石墨润滑剂、金属丝和环氧树脂。在解决一些技术性问题和进行一定数量级的计算后，小组可能在选择一个概念进行详细完善之前，先建立和测试几个原型。

合理的设计思维不仅可以用于开发小型设备，例如上面的小车，还可以为全球性的大问题提供解决方案，这将在下一节做详细讨论。

◎ 2.5 城市电力基础设施案例研究

在 2.1 节中，介绍了美国国家工程院提出的 14 项挑战，并阐明这将

需要合理的设计思维，以确定每个难题所带来的巨大的理论和实践问题。虽然机械工程师在每项挑战中将发挥显著作用，但有几项挑战要求他们担当主角。其中一项挑战就是恢复和改善城市的基础设施建设。在这项挑战中，城市基础设施包括支撑社区、地区或国家的基础系统，如交通、通信、供水、污水处理、电力和天然气。在本案例中，我们将追踪设计理念的发展过程，以满足交通运输和电力基础设施方面的一系列需求。

1. 需求分析

世界上许多国家都存在电力基础设施老化的现象，而且由于城市中心的发展导致日益繁重的需求，很多设施濒临报废。随着越来越多的国家持续的现代化进程，以及为了建设这些关键基础设施，城市中心将需要越来越多的电力。拉闸限电（有意停电）已成为许多国家日常生活中的一部分，这些国家包括尼泊尔、巴基斯坦、喀麦隆、尼日利亚、南非和埃及。这样的拉闸限电在美国的部分地区也已多次出现，比如得克萨斯州、加利福尼亚州、纽约和新泽西州。因此，迫切需要制定一些战略，开发一些产品和系统，以减少大型现代化城市对电网的需求压力。设计团队的任务是设计一个系统来满足这一需求。在定义了基本的设计问题和需求后，必须针对所有可能的利益相关者开发一系列需求。

设计团队开发了如下的系统需求。这些需求规定了系统必须做什么，而不是如何做。在概念设计阶段，再确定如何做的问题。

● 成本可负担：虽然更新基础设施和能源供应是处于危机边缘的全球性问题，但是任何现实的解决方案都必须是成本可负担的，无论是对于购买系统的客户，还是对于制造系统的制造商。最终客户可能是个人或县/州/国家政府。

● 可靠性：任何一个要集成到国家电力基础设施的产品或系统都必须绝对可靠；否则，该系统将被认为是失败的。

● 高效性：系统在收集、产生能量以及在转化为可用形式的能量时，应尽可能高效。在收集、产生和转化过程中，不必要的能量损失只会使问题更加复杂化。

● 美学吸引力/不显著性：无论系统如何设计，它必须具有视觉上的吸引力，适合其所处的位置。最好将它纳入自然景观或淡出人们的视线。

● 降低噪声水平：必须尽量减少系统工作过程中产生的噪声。

● 易于安装：无论是安装在小型私人设备中还是大型公共设备中，系统都应当易于安装。

● 适应性强：为了具备广泛的全球影响力，系统需要在各种不同的地域、气候、文化、城市和环境中工作。

● 维护方便：随着时间的推移，工程系统的工作能力都将下降。系统应当为所有客户提供一个简单的保养和维修计划。

● 使用安全：由于该系统将处理各种类型的电力，如果其在安全方面没有设计好，则有可能导致严重或致命的伤害。因此，系统必须满足所有政府安全性指标，以降低发生伤害的风险。

● 容易制造：该需求旨在减少与系统生产相关的制造成本。最大限度地降低整体产品成本，这样有助于降低价格。

● 安装占地面积小：由于该解决方案是面向城市中心的，空间几乎总是人们关注的焦点。因此该系统不能占用太多空间。

2. 概念设计

（1）发散思维阶段 一旦完成需求分析，设计团队就将进入概念设计阶段。虽然现有很多行之有效的概念设计技术，设计团队仍会选择小组头脑风暴技术。在这个小组中，每个成员产生五种想法，并将其传递给下一个成员，后者或再产生新的想法或改善接收到的想法。这个过程一直持续到设计返回发起人处。这种发散思维阶段的结果（缓解电力设施压力的方法）如下。

● 在建筑物屋顶放置小型风力发电机。

● 设置能产生能量的人行道。

● 洗手间采用冲水时能产生能量的小型涡轮机。

● 采用新型使用高卡帕（high-kappa）材料的电池。

● 采用不使用时为电网充电的混合动力汽车。

● 在整个城市中安装大阵列的屋顶式太阳能电池板。

● 在城市周边建设风力发电机。

● 采用带有火箭衍生燃烧的朗肯循环的发电厂。

● 建设等离子电弧气化厂，通过燃烧垃圾产生电能。

● 提高传统蒸汽发电厂的数量和效率。

● 开发一系列水电站。

● 建设利用地面温度差的地热发电厂。

● 使用矩阵式农场进行人工发电。

● 开发核聚变反应堆。

● 在自然沉积物中提取甲烷气水包合物。

● 利用藻类作为生物燃料。

● 开发旋转门发电机用于大型商业建筑中。

● 利用光伏钢产生能量。

● 在所有建筑物上涂光伏漆发电。

● 在健身房（跑步机、自行车、椭圆机）发电。

● 使用奔跑的动物产生电力。

● 利用食品回收科学系统采集甲烷。

● 利用基因工程微生物输出辛烷。

● 利用天基太阳能发电阵列从太空向地球传输能量。

● 利用有机朗肯循环从较低温度源回收热量。

● 利用潮汐推动涡轮发电机发电。

● 建立系统收集飓风中的大量能量。

● 在办公桌下建立脚踏板发电网络。

● 使用麦克风膜从声音中捕获能量。

- 用智能仪表来监测和节约能量。
- 在城市周围放置小型转子作为雕像展示。

（2）收敛思维阶段　一旦概念生成，设计团队便可以进入收敛思维阶段。在本阶段，想法会一直被收敛，直到一个想法被选中。团队可以利用一系列经济和技术的可行性评估，进行概念的初步筛选。如果一个概念在经济和/或技术上是不可行的，则这个概念就要被淘汰。以上 30 个原始想法中有 19 个被淘汰，11 个保留下来留待进一步分析：利用系统需求清单对剩余的 11 个概念进行评估。每个概念将在 1~10 的范围内进行评级，以判断其满足每个需求的程度。如果没有每个概念的完整原型机，则这些评级可能带有主观色彩，但可以利用对类似系统的研究、工程估算、样机测试（如果有合适的）和前期经验。对 11 个保留的概念进行评级后，选出前 5 个，它们分别是：

- 能产生能量的人行道。
- 踏板。
- 健身房能源生产系统。
- 智能仪表。
- 洗手间涡轮机。

拥有一组排名很高的概念可以保证公司在开发过程中具有很好的柔性，并可以针对不同的市场细分产生多种解决方案。

3. 详细设计

在下一阶段，设计团队将对所选择的概念进行详细设计。举例来说，如果团队决定开发一种新颖的能量可再生人行道，则各成员必须设计或选择系统的每个部件，确定最终的布局，并制订生产计划。这就要求团队考虑以下问题：

- 计算一个人行走时产生的压力。
- 如何设计人行道表面，使很小的位移即可产生能量，但又不改变行人行走的正常体验。
- 计算电压、电流，并制订将能量转换为合适的、可存储形式的计划。
- 制订高效改造现有人行道和将该系统集成到新人行道设计中的计划。
- 分析不同地形的影响，包括温度、湿度、海拔高度和腐蚀等。
- 确保严格满足政府对安全和环境的要求。
- 申请新技术专利，且不侵犯任何现有专利。
- 计算所有部件的疲劳极限，因为它们将经历许多服役周期。
- 联系材料和零部件供应商，确定生产和组装过程。
- 进行制造成本估算及价格预测。
- 组件定型和布局。

进行产品布局时最常用和有效的开发手段是 CAD 技术，这也便于与制造商、供应商、库存和客户的集成。例如，图 2-21 所示为安装在人行道中的压电系统的一般布局。该系统的尺寸和一般人脚的尺寸相匹配。该能源恢复系统还包含了一个转换器，它可将压电晶体的低电流、高电压的输出转换为高电流和合适的低压电。通过能源恢复系统，交流电转换为直流电，从而能为锂离子电池充电。

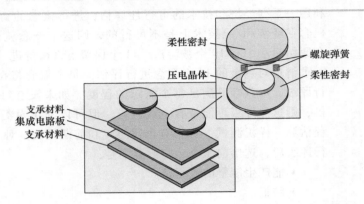

图 2-21

利用压电系统产生能量的典型布局

柔性密封
螺旋弹簧
压电晶体
柔性密封
支承材料
集成电路板
支承材料

◉ 2.6　计算机辅助设计案例研究：无创医学影像

　　第 1 章介绍了计算机辅助工程并阐述了其作为机械工程十大成就之一的影响。正如使用公式、图样、计算器、纸笔以及试验那样，机械工程师应用计算机辅助工程软件解决日常工作中的技术问题。通过数字化地创建和修改设计，并在硬件生成前对设计的性能进行虚拟仿真，工程师对他们的产品将达到的预期效果会更有信心。此外，设计自动化减少了工程师例行的日常工作，使他们可以更专注于创造性地解决问题。通过案例研究，我们在高分辨率医学影像处理产品中一个小而关键组件的设计过程中，突出了计算机辅助工程工具的作用。

　　该产品涉及磁共振成像技术（MRI），这一技术被用在人体器官和组织的医学成像上。MRI 使用一种被称为造影剂的液体化学物质，将该物质注射到患者体内便可进行检查，能对组织细节进行成像。造影剂注入后会在异常组织内聚集，这些异常区域在最终的图像中就会变得很明亮。有了这样的信息，医生就可以依据患者情况改善诊断结果。

　　造影剂必须安全、精确地被注入人体内。因此，使用计算机控制的自动化机械注射器执行这一过程。本节中要测试的特定系统由两个注射器组成，分别为患者提供造影剂和盐溶液。像传统的注射器一样，该系统包括活塞和圆筒，但在 MRI 过程中有一个电子马达自动压下活塞向人体注入化学品。注射器只使用一次，然后被丢弃。此计算机辅助工程案例主要研究注射器和自动压下活塞的机构之间的连接处。

　　机械工程师设计的注射器和注射系统之间的连接，使医疗人员可以快速移除空的注射器并安装一个新的注射器。此外，工程师设计的连接，其强度必须高到足以牢固地锁定注射器到位，并且注射过程中在承受高压时不泄漏、不断裂。工程师按照以下步骤使用计算机辅助工程软件设计系统：

1. 概念设计

在完成系统需求确定、解决方案开发和最终方案选择以后，工程师会使用计算机创建造影剂注入系统中每个组件的图样。图 2-22 所示的剖视图说明了如何将注射器接口、圆筒和活塞彼此连接，并连接至注射机的主体。

2. 详细设计

工程师结合早期概念阶段尚未明确的细节，对概念进行审查和讨论。图 2-22 所示的图样会进一步被开发成图 2-23a 所示的三维实体模型。然后，最终制造部件的细节，例如图 2-23b 所示的加强筋，被添加到这一模型中，使这一模型尽可能地展现真实的实体零件。工程师利用该图样使产品可视化，并描述它的尺寸、形状和功能等。

图 2-22

计算机生成的注射器及其电控注射系统接口的设计图样

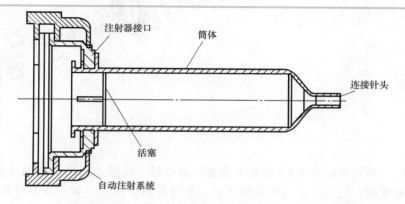

注射器接口　筒体　连接针头　活塞　自动注射系统

图 2-23

三维实体模型

a）随着设计的推进，计算机模型扩展，通过三维图展现零部件

b）设计细化以展现最终制造时所有的几何特征，如加强筋

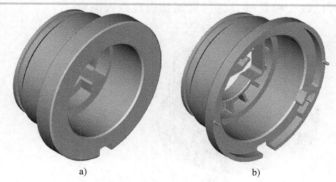

a)　　　　b)

3. 系统仿真

当将注射器插入自动注射系统，旋转并装夹到位时，注射器接口凸缘将受到很大的锁定力，这可能导致其产生裂纹和发生断裂。使用 CAD 模型，工程师们分析注射器接口的应力，并修改设计，使凸缘强度能够符合使用要求。该仿真可以预测当被插入注射系统时，注射器接口将如何弯曲和扭曲。如果该应力过大，工程师会修改零部件的形状或尺寸，直到该设计有足够的机械强度为止。

4. 制造工艺

工程师用 CAD 模型来支持该产品的制造过程。基于成本和强度要求，工程师决定注射器接口使用塑料材质，利用高压将熔融材料注射到模具中。当塑料冷却固化后，打开模具，取出零件。工程师利用 CAD 模型来设计模具。图 2-24 所示为模具的最终设计爆炸视图。数字模型使设计者能够模拟熔融塑料流进模具的过程，并确认模具是否如期填满。

图 2-24

机械工程师设计用于制造注射器接口的模具组件的爆炸视图

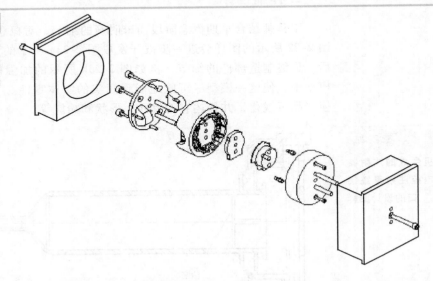

随后工程师可以在 CAD 模型中快速调整接缝、注射点、出气孔的位置。结果表明，在模具完全充满前，气泡不会被困在模具中，塑料也不会固化。如果模拟过程反映了如图 2-25 所示的问题，工程师可以改变模具的设计，直到其表现令人满意。

图 2-25

液态塑料填充模具的计算机仿真（可识别气孔可能堵塞的位置）

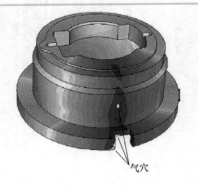

气穴

5. 文档管理

最后，机械工程师准备注射器接口的详细电子图样（图 2-26）和用于其大规模生产的模具，并对技术报告、测试数据和计算机分析结果进行编辑和归档。未来，注射器接口可能被修改，以用在另一个新产品中。开发下一代产品时，工程师需要重新查阅现在的设计过程。

本案例研究突出了所谓的无缝或无纸的部分设计过程：可以通过数

字仿真和计算机分析工具的集成，设计、分析、原型制造和生产一种产品。

图 2-26

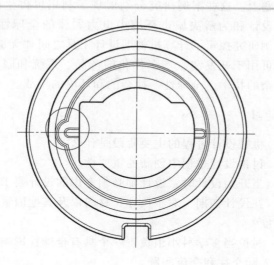

本章小结

　　机械设计创新过程的内容用一章或一本书是不能完全说明的。但是，可以本书为出发点，在今后的职业生涯中继续提高设计能力，并获得实践经验。即使是最有经验的工程师，其在设计过程中也需要面临很多决策和权衡，将一个想法转变为硬件，并以合理的价格进行销售。机械设计涉及多方面的因素。本章介绍了一个基本的设计过程和一些问题指导，用于新产品设计、制造及最终在商业环境中实现专利保护。

　　正如第 1 章讨论的那样，工程师运用其在数学、科学和计算机辅助工程方面的技能，制造能够安全工作及改善人类生活的装置。在最高层次上，工程师采用 2.2 节描述的过程，将一个开放式问题变成有序可管理的步骤：定义系统需求，概念设计——产生和缩小概念；详细设计——开发产品的几何形状、功能和生产细节。工程最终是一种商业行为，应该知道机械工程是如何在更广的范围内得以实施的。开发一种新产品时，一个工程师、一个工程师团队或一家公司往往要利用专利保护新技术。专利通过有限的产品垄断为发明者提供保护。

　　最后，成功的设计是创意、艺术、易用和成本的集合。在整个设计中，工程师依靠其判断力进行大量的计算分析，使想法变成概念，概念变成详细设计。工程师还要根据产量要求、许用成本和精度水平，确定生产硬件的具体方法。尽管快速原型制造日益成为可行的快速生产定制产品的方式，大规模生产制造工艺的基本方法仍不可或缺，包括铸造、挤压成形、机械加工、连接和精整加工。工程师会基于机械零件的形状、具体应用和所用的材料，选择合适的制造方法。机械加工使用锯床、钻床、铣床和车床等进行，每种机床都使用特定的锋利刀具从工件上去除材料。利用计算机辅助工程软件开发包，可以数字化控制机床生产出非常精密的零部件。

本章最后探讨了两个案例，学习了如何将设计原则应用在两个不同层次的问题上。这些案例研究分别展现了利用可再生能源为小车提供动力的概念设计和为解决城市环境中电力紧张的全球性问题的系统设计。第三个案例研究探索了计算机辅助设计工具之间"无缝"的应用。综上，设计原理可用于开发和生产多样化的产品、系统和服务，以满足全世界面临的复杂的技术、全球性、社会的和环境的挑战。

自学和复习

2.1 机械设计过程的主要阶段是什么？

2.2 讨论设计过程中创新的重要性。

2.3 当开始设计时，设计师必须考虑的设计要求有哪些？

2.4 在设计初期，对于尺寸、材料以及其他因素，细节设计应进行到何种程度？

2.5 讨论当多学科小组负责一个具有全球性影响的项目设计时，随之出现的人际交往和交流问题。

2.6 说明设计过程中简约化、返工设计和文档管理如何发挥显著作用。

2.7 制造工艺的主要类别有哪些？

2.8 举例说明利用铸造、轧制、锻造、挤压和机械加工生产的硬件。

2.9 简述锯床、钻床和铣床的使用方法。

2.10 什么是快速成形技术？什么情况下使用该技术？

2.11 设计专利与实用新型专利之间的区别有哪些？

2.12 如今实用新型专利的有效期是多久？

习 题

对于习题 2.1~2.6，产品并不是碰巧为某一形状或颜色，而是根据规则和/或基本原理，必须为某种形状或颜色。

2.1 试列举三种外形必须是圆形的工程产品，并解释原因。（答案不能为球）

2.2 试列举三种外形必须是三角形的工程产品，并解释原因。

2.3 试列举三种外形必须是矩形的工程产品，并解释原因。

2.4 试列举三种颜色必须为绿色的工程产品。

2.5 试列举三种颜色必须为黑色的工程产品。

2.6 试列举三种必须透明的工程产品。

2.7 试列举三种工程产品，其规定了最小重量，但未规定最大重量，并给出其大概的最小重量。

2.8 试列举三种必须具有精确重量的工程产品，并给出其重量。

2.9 试列举三种通过失效或损坏来实现其设计目的工程产品。

2.10 试列举三种使用一百万次以上而不失效的工程产品。

2.11 列举三种有视觉障碍人群可使用的产品，并解释原理。

2.12　挑选一种产品，要求其在风格与技术的设计表格四个象限均有版本分布。展示 4 个版本的产品，并解释为什么它们属于特定的象限。

2.13　假设你的任务是设计一个面向全球范围的咖啡店销售的咖啡壶。在开始设计前，开展关于咖啡壶的研究，确定一组开始设计前必须考虑的全球性、社会的、环境的和经济的要素（这是产品考古学准备阶段的必备部分，请参考"关注　产品考古学"）。

2.14　假定你的任务是为欧洲和美国市场设计一款简易洗碗机。确定一组设计过程中必须考虑的全球性、社会的、环境的和经济的要素（这是产品考古学准备阶段的必备部分，请参考"关注　产品考古学"）。

2.15　查找一种消费品的产品规格表，如汽车、家电、电视、发动机或类似的产品，并确定规格表是否简单易懂。例如，作为一名工程专业的学生，你是否明白所有的规格是什么意思？为什么明白或者为什么不明白？作为非专业、非技术人员的顾客是否能明白这些规格？为什么明白或者为什么不明白？另外，分析表格中的规格是如何直接或间接地反映环境和经济方面的问题的。（提交报告时应附上规格表）

2.16　提出 15 种方法来确定哪个方向是北，并提供每种想法的描述和/或示意图。

2.17　提出 15 个提高本课程质量的想法，并提供每个想法的描述和/或示意图。

2.18　开发 10 个包装系统的创意：如果鸡蛋从楼梯上掉下来，可以防止鸡蛋壳破裂。提供每个想法的描述和/或示意图。

2.19　设计出某设备的 10 个创意：该设备将被安装到新的或现有的游泳池中，以协助残疾人士方便地进入和离开泳池。提供每个想法的描述和/或示意图。

2.20　开发 10 个新的安全功能的概念，可以用于家用梯子以防止坠落事故的发生。提供每个想法的描述和/或示意图。

2.21　2010 年，一座巨大的 260km^2（是曼哈顿的 4 倍）的冰山在格陵兰岛的西北端断裂。该冰山可能会漂进格陵兰和加拿大之间的水域，使关键航道中断。提出 10 个想法，使巨型冰山停在适当的位置。提供每个想法的描述和/或示意图。

2.22　2010 年 8 月，因大暴雨造成的洪水在巴基斯坦全境泛滥，造成至少 1500 人死亡。很多时候，洪水可冲破河堤并漫延数百公里，摧毁那些未被及时通知洪水到来的村庄。提出 10 个想法，降低这些村庄在洪灾中的死亡率。提供每个想法的描述和/或示意图。

2.23　在中国北方平原，地下水水位每年下降约 1.2m，同时对水的需求却不断增加。有人预测到 2035 年，水资源将枯竭。制定 10 个解决该问题的方案，并提供每个想法的描述和/或示意图。

2.24　世界各地有成千上万的大学校园，每天有数百万学生走在校园里，产生动能。提出 10 个创意来搜集和存储学生校园行走产生的动能。提供每个想法的描述和/或示意图。

2.25　一组学生在做捕鼠器驱动的小车时，决定使用计算机光盘作为车轮。该光盘是轻量级的，现成可用。然而，必须将它们对准并牢固地连接到轴上。开发5个设计概念，将车轮连接到直径为5mm的轴上。光盘厚1.25mm，内、外径分别为15mm和120mm。

2.26　浏览网络资源，寻找一个你认为不会在市场上取得成功的创新机械设备的专利。既然被授予专利，它肯定是创新的，解释你认为它不会在市场上取得成功的原因。

2.27　如图2-27所示的相机镁制机身，试说明其制造工艺及选材原因。

图 2-27

相机镁制机身

2.28　如图2-28所示的铝结构件，试说明其制造工艺及选材原因。

图 2-28

铝结构件

2.29　2010年，冰岛的艾雅法拉火山喷发，扰乱欧洲航空业达数周，影响了数百万人的出行。试提出5点建议，建立一个用于防止未来火山灰云影响欧洲空中交通的系统。

2.30　针对习题2.29的创意建立一个表格，列出每个创意的优点和缺点，并考虑技术的效率、成本、环境问题及社会影响，选出最佳想法。

2.31　制作一个表格，列出2.4节捕鼠器动力小车案例研究中3个设计概念的优点和缺点。权衡前后轮驱动、轮数以及动力传动系统的类型之间的关系。并说明哪个概念是最可行的。

2.32　2.4节描述了捕鼠器动力小车中驱动机构的3种设计理念。开发另一种设计理念，准备几张草图，并写出简要说明。

第3章

技术问题的解决和沟通能力

◉ 了解分析和解决工程问题的基本过程。

◉ 介绍每一项计算操作中涉及的数值和数值单位。

◉ 列出美国惯用单位体系和国际单位制的基本单位，并陈述机械工程中使用的导出单位。

◉ 了解在工程计算中正确处理单位的意义和错误处理单位所带来的影响。

◉ 进行美国单位制和国际单位制之间的数值换算。

◉ 检查计算并验证两种单位制在量纲上的一致性。

◉ 了解操作"数量级"的近似计算。

◉ 充分认识工程师掌握沟通技巧的重要性及其原因，并且能够清晰地提供书面、口头和图形化的解决方案。

◉ 3.1 概述

本章将简略地描述工程师在日常工作中解决技术问题和进行计算时所遵循的基本步骤。作为工程设计过程的一部分，这些问题经常出现。而且为了支持机械工程师的设计决策，必须对涉及非常大范围的变量和物理性质的问题进行数值解答。本章的第一部分将学习一个基本流程，机械工程师利用这一流程进行技术问题分析，生成解决方案，使工程师之间能够相互理解和交流。在研究机械工程和解决问题的过程中，会遇到一些数量，例如力、转矩、导热系数、剪切应力、流体黏度、弹性模量、动能、雷诺数和比热等。掌握如此多的工程量的唯一方法，就是在计算和向别人解释结果时要非常清楚它们的概念。机械工程中遇到的每个工程量都由两部分组成：数值和量纲。如果没有其中的一部分，则另一部分是没有意义的。因此，职业工程师在计算数字时非常关注其计算单位。在本章的第二部分，将讨论单位系统的基本概念，它们之间的转换以及检验量纲一致性的过程。而检验量纲的一致性将对今后的工作有所帮助。

很多时候在设计过程中，工程师被要求估计数量，而不是得到一个精确的值。在面对不确定性和不完全信息的情况下，他们必须回答的问题往往是：大约有多牢固？大约有多重？功率大约是多少？温度大约是多少度？当然，材料属性的精确数值永远是未知的，所以材料样本之间总是存在一些差异。

由于上述原因，机械工程师需要很方便地给一个未知的工程量指定一个估算（近似）的数值，否则它将是未知的。他们使用常识、经验、直觉和物理定律等知识来寻找答案，这个过程叫作数量级估算（数量级近似，order-of-magnitude approximation）。在 3.3 节中，将说明在基本的问题解决过程中如何使用数量级估算。

最后，对于机械工程师来说，针对计算结果与人进行交流是必要的，这种有效的沟通能力是一项必须具备的重要技能。获得技术问题的答案只完成了工程师任务的一半；另一半任务则是采用清楚、准确、令人信服的方式向别人描述结果。其他工程师必须能够理解你的计算过程以及你做了哪些工作。他们必须尊重你的工作，并相信你正确地解决了相关问题。因此，在本章的最后部分，将讨论如何有效地组织和描述工程计算的方法，使其他人可以采用这一方法跟进研究。

本章的主题在机械工程分类层次结构中属于专业实践主题类（图3-1），您在本章学到的技能将为其他类别的课程活动提供帮助。这些技能包括精通技术问题的解决方案、量纲、单位系统、转换、有效数字、近似估算和沟通交流技能。

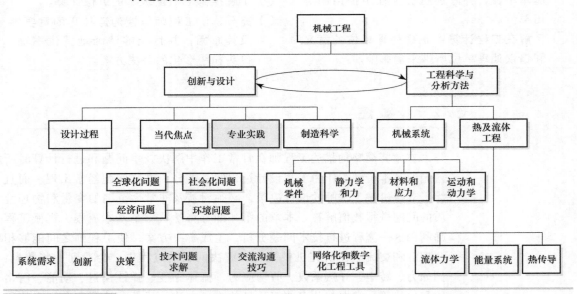

图 3-1 第 3 章主题（阴影框）与机械工程总体研究内容之间的关系

对工程专业人员来说，沟通和解决问题的能力的重要性是不能被低估的。在操作过程中，系统分析、计量单位或量纲等方面很小的差错就会毁掉设计完好的系统。从过去各类错误案例中可以学到很多东西，包括 1999 年火星气候探测者号的发射失败。如图 3-2 所示，这艘飞船重约 1387lb（6170N），是投入了 1.25 亿美元的星际探索计划的一部分。这艘飞船是人类设计的第一个火星轨道气象卫星。

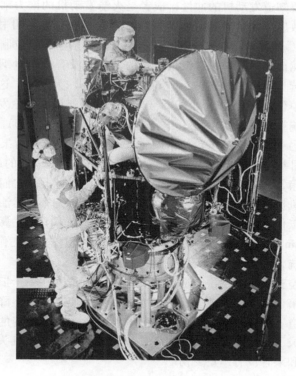

火星气候探测者号（MCO）搭乘德尔塔Ⅱ火箭从佛罗里达州的卡纳维拉尔角发射。当 MCO 接近火星的北半球时，宇宙飞船的主发动机点火并以额定推力 640N 持续工作 16′23″。发动机点火将使飞船减速并将其送入一个椭圆形轨道。

然而，在第一个主发动机点火后，美国国家航空航天局（NASA）突然发表了以下声明：

导航错误导致火星气候探测者号失联了。太平洋夏令时今天早上凌晨 2 时，探测者号起动主发动机进入环绕火星轨道。所有来自飞船的信息看起来均正常。从地球上看，航天器通过火星的背后前 5min 发动机按计划点火起动。当飞船预期应该从火星后面出来时，飞行控制器没有检测到信号。

第二天，NASA 宣布：

太平洋夏令时间今天下午 5 点，NASA 火星气候探测者号的飞行控制器计划放弃寻找宇宙飞船。团队一直使用直径为 70m（230ft）的天线形成的深空网络试图恢复与飞船的联系。

到底是哪里出现了错误？仔细观察飞船最后接近火星时的飞行轨迹，很明显，火星气候探测者号距离火星表面仅 60km，而不是计划中的140~150km。宇宙飞船意外地低空接近火星，这意味着飞船不是燃烧并坠毁了，就是跳过了稀薄的火星大气层，像一块掠过湖水表面的石头那样，开始环绕太阳运行。无论是哪种原因，总之，宇宙飞船丢失了。

火星气候探测者号事故调查委员会发现：主要问题是一个计量单位存在错误，这个错误是在航天器操作和导航的过程中，两个合作团队之间传输信息时发生的。驾驶宇宙飞船并改变其速度，一个团队的科学家和工程师需要知道发动机的冲量，或者是火箭发动机的推力乘以发动机燃烧时间的净效应。冲量的量纲是（力）×(时间)，在任务说明书中要求其计量单位是牛顿·秒（N·s，newton-seconds），这是国际单位制（SI）中的标准单位。然而，另一个小组汇报冲量的数值时没有说明量纲，并且数据被错误地解读为以磅·秒（lb·s，pound-seconds）为单位，这种计量单位是美国惯用单位制（USCS）中的标准单位。这个错误导致主发动机对航天器轨迹的影响被低估了 4.45 倍，这正是牛顿（N）和磅（lb）之间的转换系数。

　　另一个由于计量单位错误而差一点导致灾难性后果的例子发生在 1983 年 7 月加拿大航空 143 号航班从蒙特利尔到埃德蒙顿的途中。波音 767 有 3 个油箱，左、右机翼各有一个，另一个在机身上。它们为飞机的两个喷气发动机提供燃油。飞机翱翔在夏日晴空中，突然，燃油泵一个接一个地停止了工作，喷气客机上的每个油箱都完全烧干了。左翼的发动机首先停止了 3min 后，当飞机下降时，第二个发动机也停止了工作。除了小的辅助备份系统，这架先进的飞机完全失去了动力。

　　空勤人员和空中交通管制员决定紧急迫降在一个旧机场。依靠他们受过的培训和掌握的技能，机组人员幸运地使飞机安全降落，并成功地避开了跑道上的赛车和那天聚集在那里参加业余赛车比赛的观众（图3-3）。尽管造成了飞机前起落架的损坏，以及随后发生的飞机头部损伤，所幸机组人员和乘客没有严重受伤。

图 3-3

加拿大航空 143 号航班迫降（ⒸⒸ温尼伯自由报许可转载）

　　经过彻底调查，审查委员会认定：导致事故的重要原因之一是飞机补充燃油量的错误，添加到飞机油箱中的燃油量被错误地计算了。在起飞之前，7682 升（L）燃料已经被加注到了飞机的油箱中。然而，新波音 767 消耗的燃料应采用千克（kg）计算，而飞机从蒙特利尔飞到埃德蒙顿需要 22300 千克（kg）的燃料。结果，燃料的计量采用了容积（L）、重量（N）和质量（kg）两种不同的单位系统。

　　飞机在添加燃油的计算过程中，容积（L）到质量（kg）的换算系数采用了 1.77，遗憾的是，没有对计量单位和对应的数值进行明确的说明或检查。因此，1.77 被理所当然地当作 1.77kg/L（飞机燃油的密度）。然而，正确的航空燃油密度是 1.77lb/L，不是 1.77kg/L。由于误判，大约 9000L 而不是 16000L 的燃料被添加到了飞机油箱中。当 143 号航班在加拿大西部起飞的时候，其携带的燃油量远远低于这次旅行所需的燃料量。

对计量单位进行正确的计算并不困难，但其对于专业工程实践来说却是很重要的。在下面几节中，将开始进行关于分析工程问题的实践，计量单位的计算，以及理解解决方案的含义。

◉ 3.2　通用技术问题的解决方法

多年来，工业界正如第 1 章所述的那样，工程师们由于对细节的关注和对问题的正确回答赢得了声誉。人们信任工程师们所设计和制造的产品。这种尊重部分建立在人们相信工程技术已经做得很完美这一认识的基础上。

工程师们希望其他人员以文件记录且令人信服的方式来提交技术工作。在其他任务中，工程师进行诸多计算以支持产品设计决策，包括力、压力、温度、材料、电力需求以及其他因素的计算。这些计算的结果作为决策的依据——有的时候对一个公司来说意味着大量的资金——关系到采用什么样的设计样式或者如何制造产品。从本质上说，那些关于产品性质的决策可能花费或节省公司数百万美元，所以做出令人信服的决定是非常重要的。而当一名工程师提出一个建议时，人们相信它是正确的。

根据这一观点，计算过程不仅对工程师自己来说要清楚、有道理，对那些想要阅读、理解它并且从中学习的人来说也要有道理，但不必破译它。如果另一个工程师无法跟进，则这项工作将被忽视，并被认为是混乱的、不完整的，甚至是错误的。解决问题的良好技能——书写清晰并记录每一步计算过程——不仅包括获得正确答案，还包括令人信服地进行交流沟通。

开始开发时，重要的沟通技巧之一就是面对不同工程问题要采用一致的求解过程。应将解决方案看作一种技术报告，这个报告以一种别人能够跟进（跟踪）和理解的形式记录你的方法并解释你的结果。通过开发和提供系统解决方案，可降低工作中出现普通但可预防的错误的概率，这些工作中的潜在错误包括问题陈述中的代数、量纲、计量单位、转换系数交流误解等，重视问题的细节可以最大限度地减少这些错误。

为了解决本书最后一章的问题，应根据以下三个步骤整理和介绍工作，这三个步骤也是所给出实例的结构。

1. 方法

这一步的目的是确保你有一个行动的计划来解决问题。在处理大量数字并用笔写在纸上之前，这是预先思考一下这个问题的机会。写一个关于这个问题的简短摘要，解释计划采用的一般方法，罗列出主要概念、假设、方程以及计划采用的换算系数。做出一系列适当的假设是准确地解决问题的关键。例如，如果确认重力存在，则需要考虑这个问题中所有组件的重量。类似地，如果假设摩擦力存在，那么方程中必须考虑摩擦力。在大多数分析问题中，工程师必须做出许多关键参数的重要假设，这些参数包括重力、摩擦力、作用力的分布、应力集中、材料不一致性和操作的不确定性等。通过陈述这些假设，确定给定的信息以及总结的所有已知和未知的信息，工程师就可以充分地定义这个问题所涉及的范围。明确了目标，就可以无视无关的信息，而专注于有效地解决问题。

2. 方案

有关工程问题的解决方案通常包括文本和图表，以及相应的计算过程，这些计算说明了你所采用的主要步骤。如果可能的话，应该包括一个用来分析的物理系统简图，其上标注主要组件，列出相关量纲的数值。在书写方案过程中，当推演方程进行计算时，代入数值和单位之前，将未知变量符号化是一种很好的做法。在这种方式中，可以验证该方程量纲的一致性。在把一个数值代入一个方程时，一定要包括单位。在计算的每一个节点，应该明确表达出每个数值对应的单位以及量纲被取消或被合并的方式。

没有单位的数值是没有意义的，同样的，一个没有赋值的单位也是没有意义的。结束计算时，采用适当的有效数字的有效位数作为问题的结果。但在中间计算时，应采用比结果多一位的数值来计算，以防止舍入误差积累。

3. 讨论

最后一步必须完成，因为它论证了对于假设、方程以及解决方案的理解。首先，必须根据直觉判断答案的数量级是否合理。其次，必须评估假设，以确保它们是合理的。最后，确定主要的结论，这个结论是你可以从方案中得出的，并从物理的角度来解释你的回答意味着什么。

当然，应该仔细复核计算过程，以确保它们在量纲上是一致的。最后，在最终结果上打上下划线、圆圈或方框，重点强调一下报告中没有模棱两可的答案。

把这个过程付诸实践并不断地获得成功，需要理解量纲、计量单位和两种主要单位制系统。

◎ 3.3　计量单位系统及其转换

工程师说明物理量时（习惯上）采用两种不同的单位制：美国惯用单位制（the United States Customary System，USCS）和国际单位制（the International System of Units，SI）。SI 也称为公制，在工程应用领域，大多数国家把 SI 作为首选的单位制系统。然而，USCS 仍广泛应用于美国。在今天的全球化环境下，机械工程师必须熟悉这两种系统。本章提供了一些采用两种单位制系统的问题和实例，这样就可以学会如何使用 USCS 和 SI 两种单位制进行有效的工作。不过，接下来的章节将重点介绍每个新物理量的 SI 单位。

1. 基本单位和导出单位

从火星气候探测者号的失联和加拿大航空航班的紧急着陆中获得的

一些教训，使人们了解了计量单位和单位记录说明书的重要性，现在将针对 USCS 和 SI 的细节进行说明。将物理量的任意分割定义为单位，其大小由双方商定达成一致。USCS 和 SI 单位制均由基本单位和导出单位组成。基本单位是一个基本量，它不能被进一步地分解或由任何更加简单的元素来表达。基本单位是相互独立的，它们形成任何单位系统的核心部分。例如，在国际单位制 SI 中，长度的基本单位是米（m）；而在美国惯用单位制 USCS 中，长度的基本单位是英尺（ft）。

顾名思义，导出单位是由几个基本单位的组合或分组而成的。速度（长度/时间）是导出单位的一个实例子，它是由基本单位长度和时间组合而成的。升（相当于 $0.001m^3$）是国际单位制 SI 中一个容积的导出单位。同样，英里（相当于 5280ft）是美国惯用单位制 USCS 中长度的导出单位。单位制系统通常包含相对较少的基本单位和大量的导出单位。接下来将详细讨论 USCS 和 SI 两大单位制中的基本单位和导出单位以及它们之间的转换关系。

2. 国际单位制

为了规范世界各地不同的测量系统，1960 年，由 7 个基本单位组成的测量标准被命名为国际单位制（表 3-1）。除了机械量的米、公斤和秒之外，SI 基本单位还包括测量电流、温度、物质的量、光强度。SI 俗称公制或米制。它采用简便的 10 的幂作为单位的倍数和分数。

表 3-1	量　名	SI 基本单位	缩　写
国际单位制（SI）中的基本单位	长度	meter（米）	m
	质量	kilogram（千克）	kg
	时间	second（秒）	s
	电流	ampere（安培）	A
	温度	Kelvin（开尔文）	K
	物质的量	mole（摩尔）	mol
	光强度	candela（坎德拉）	cd

SI 中的基本单位如今由详细的国际协议定义。然而，随着测量技术变得更加精确，单位的定义已经开始演变并稍有改变。例如，米的起源可追溯到 18 世纪。最初米的长度相当于子午线长度的一百万分之一，这条子午线从北极开始，经过巴黎，到达赤道结束（即地球周长的 1/4）。后来，米被定义为一根棒的长度，这根棒由铂铱合金制造。棒的复制品被称为米原器，它们被分发给各国政府和世界各地的实验室，并且棒的长度总是在冰点温度进行测量。米的定义一直定期更新，为了使 SI 的长度标准更加稳定和可复检，同时尽可能少地改变实际长度。在 1983 年 10 月 20 日，米被定义为在 1/299792458s 的时间间隔内，光在真空中行进的路径的长度，而这个长度是由高精度原子钟来测量的。

同样，在 18 世纪末，千克被定义为 $1000cm^3$ 的水的质量。今天，千克被定义为一个物理样品的质量，该样品被称为标准千克，和之前使用过的米原器一样，它也是由铂铱合金制造的。标准千克由国际度量衡局保管在法国的塞夫尔，其众多的复制品保存在世界各地的其他实验室。现在，虽然米已成为一个涉及光速和时间的可重复测量的单位，但是千克还没有。科学家正在研究定义千克的替代方法，依据等效电磁力或者精心加工的硅球里的原子数量。到目前为止，在 SI 基本单位中，千克是唯一一个仍然由人工制品定义的单位。

关于 SI 中的其他基本单位，秒（s）是根据在铯 133 原子中发生某一量子跃迁所需的时间来定义的。开尔文（缩写为 K，没有度（°）符号）基于纯水的三相点，它是压力和温度的特殊组合，其中水可以作为固体、液体或气体存在。类似的基本定义，例如安培、摩尔、坎德拉等单位已经建立了。

SI 中使用的一些导出单位见表 3-2。牛顿（N）是力的一个导出单位，它以英国物理学家艾萨克·牛顿爵士命名，第 4 章将会更详细地介绍他的经典运动定律。他的运动学第二定律，$F = ma$，表明作用于一个对象的力 F 等于其质量 m 和加速度 a 的乘积。所以，能使质量为 1kg 的物体获得 $1m/s^2$ 的加速度所需的力的大小定义为 1 牛顿（N），即

$$1N = (1kg)\left(1\,\frac{m}{s^2}\right) = 1\,\frac{kg \cdot m}{s^2} \tag{3-1}$$

	表 3-2
	国际单位制 SI 中的导出单位

量　名	国际单位制 SI 导出单位	缩　写	定　义
长度	微米	μm	$1\mu m = 10^{-6}\,m$
体积	升	L	$1L = 0.001\,m^3$
力	牛	N	$1N = 1(kg \cdot m)/s^2$
转矩，扭矩	牛顿·米	N·m	—
压力或应力	帕斯卡	Pa	$1Pa = 1N/m^2$
能量、功或热量	焦耳	J	$1J = 1N \cdot m$
功率	瓦	W	$1W = 1J/s$
温度	摄氏度	℃	$℃ = K - 273.15$

注：虽然 1K 的变化等于 1℃ 的改变，但是需要使用公式来转换数值。

SI 中的基本和导出单位通常与前缀组合，以使得物理量的数值不具有过大或过小的 10 的幂指数。使用前缀缩短数值的长度，并减少计算中过多的尾零数量。

SI 中的标准前缀见表 3-3。例如，现代风力涡轮机能产生超过 7000000W 的功率。因为在数字后面写很多尾零是很麻烦的，所以工程师喜欢使用前缀来简化 10 的指数幂。在本例中，描述涡轮机的输出功率超过 7 兆瓦（7MW），前缀"兆"（M，mega）表示一个倍数因子（10^6 倍）。

对于介于 0.1 和 1000 之间的数值最好不使用前缀。因此，表 3-3 中的"deci""deca"和"hecto"等前缀在机械工程中很少使用。在 SI 中处理量纲的其他约定俗成的规则包括以下几个方面：

表 3-3	名　字	符　号	倍数因子（科学计数法）
SI 中前缀代表的 数量级	tera	T	$1000\,000\,000\,000 = 10^{12}$
	giga	G	$1\,000\,000\,000 = 10^{9}$
	mega	M	$1000\,000 = 10^{6}$
	kilo	k	$1000 = 10^{3}$
	hecto	h	$100 = 10^{2}$
	deca	da	$10 = 10^{1}$
	deci	d	$0.1 = 10^{-1}$
	centi	c	$0.01 = 10^{-2}$
	milli	m	$0.001 = 10^{-3}$
	micro	μ	$0.000\,001 = 10^{-6}$
	nano	n	$0.000\,000\,001 = 10^{-9}$
	pico	p	$0.000\,000\,000\,001 = 10^{-12}$

1）如果一个物理量在涉及量纲时出现了分数，则前缀应该优先应用于分子而不是分母。例如，最好写成 kN/m 而不是采用 N/mm。这个惯例的一个例外是基本单位千克（kg），kg 可以出现在量纲的分母上。

2）在表达式中，相邻的单位之间应放置一个点或连字符，在视觉上让它们分开。例如，牛顿采用基本单位表达时，写为 $(kg \cdot m)/s^2$ 来代替 kgm/s^2。不要写成 mkg/s^2，这尤其会令人困惑，因为分子可能被误解为毫千克（millikilogram）。

3）量纲的复数形式的书写方法不使用后缀 "s"。工程师写成 7kg 而不是 7kgs，因为后缀 "s" 可能意味着秒（seconds）这一时间单位。

4）除了以个人名字命名的导出单位以外，SI 的量纲一般采用小写字母书写。

3. 美国惯用单位制

1866 年，美国国会立法规定在美国贸易中使用 SI 是合法的。1975 年的 "度量转换法" 后来概述了美国自愿转换为 SI：

因此，美国宣布的政策是指定米制度量系统在美国贸易和商业中作为首选度量衡系统。

这一政策，即所谓的米制进程在美国进展很缓慢，到目前而言，美国仍继续使用两套单位系统：SI 和美国惯用单位制（USCS）。USCS 包括磅、吨、英尺、英寸、英里、秒和加仑。它有时被称为英国/英语系统，或称为英尺-磅-秒系统。USCS 是一个历史悠久的单位系统，它的起源可以追溯到古罗马帝国时期。事实上，磅（lb）的缩写取自罗马重量单位 libra，并且 "磅"（pound）这个词本身来自于拉丁语 *pendere*，意思是 "称重"。USCS 最初在英国使用，现在主要在美国使用。大多数其他工业化国家已经采用 SI 作为其在商业和贸易中统一的度量衡标准。在美国或与美国有交往需求的公司工作的工程师需要熟练地掌握 SI 和 USCS 两种单位系统。

美国保留 USCS 的原因很复杂，它涉及经济、物流和文化。在美国已经存在的庞大的全国性基础设施就是基于 USCS 的，从当前系统直接转换到米制系统将涉及巨额的费用。无数的建筑物、工厂、机器和现存的零配件都是采用 USCS 单位制建造而成的。此外，大多数美国消费者习惯说一加仑汽油多少钱？或一磅苹果花费多少？他们不熟悉采用 SI 标识的物品。需要指出是，因为公司之间有交往的需要，在国际工商界有行业竞争的需要，所以美国迈向 SI 的标准化进程正在进行中。在美国完全过渡到 SI 之前，精通两种单位系统是必要的——事实上也的确重要。

　　USCS 系统中的 7 个基本单位是英尺、英磅、秒、安培、兰氏度、摩尔和坎德拉，见表 3-4。SI 和 USCS 的主要区别之一是质量在 SI 中是一个基本单位（kg），而在 USCS 系统中力是基本单位（lb）。把英磅作为英磅力（pound-force）也是可以接受的，其缩写是 lbf。在机械工程领域涉及力、材料和结构时，较短的术语"磅"（pound）和缩写"lb"更常见，且这种约定在本书中也有使用。

	量　名	USCS 基本单位	缩　写
表 3-4 USCS 系统中的 基本单位	长度	foot（英尺）	ft
	力	pound（磅）	lb
	时间	second（秒）	s
	电流	ampere（安培）	A
	温度	degree Rankine（兰氏度）	°R
	物质的量	mole（摩尔）	mol
	光强	candela（坎德拉）	cd

　　USCS 和 SI 的另一个区别是，USCS 对质量采用了两个不同的量纲：磅-质量（pound-mass）和斯勒格（slug）。磅-质量的缩写是 lbm；斯勒格（slug）没有缩写，其书写时是全名连接一个数值，复数"slugs"也是惯用的。这个量纲选用这一名字在历史上似乎是指一个块或块材料，而与陆地上一种具有相同名称的小软体动物无关。在机械工程中，当涉及数量计算，比如重力、运动、动量、动能、能量和加速度时，斯勒格是首选单位。而在涉及包括材料、热，或者液体、气体和燃料燃烧性能的工程计算时，磅-质量（pound-mass）是很方便的量纲。

　　在最后的分析中，斯勒格（slug）和磅-质量（pound-mass）仅仅是两个不同的导出质量单位。因为它们是相同物理量的度量，所以它们之间也有密切的相关性。根据 USCS 的基本单位磅、秒和英尺，斯勒格（slug）的定义如下

$$1\,\text{slug} = 1\,\frac{\text{lb} \cdot \text{s}^2}{\text{ft}} \tag{3-2}$$

　　参考运动第二定律，1lb 的力能使 1slug 质量的物体获得 1ft/s^2 的加速度，即

$$1\,\text{lb} = (1\,\text{slug})\left(1\,\frac{\text{ft}}{\text{s}^2}\right) = 1\,\frac{\text{slug} \cdot \text{ft}}{\text{s}^2} \tag{3-3}$$

另一方面,磅-质量(pound-mass)被定义为重量为 1lb 的质量的量。当 1lb 的力量作用于其上时,1 磅-质量(pound-mass)的物体将以 32.174ft/s² 的加速度加速,即

$$1\text{lbm} = \frac{1\text{lb}}{32.174\text{ft/s}^2} = 3.1081 \times 10^{-2} \frac{\text{lb} \cdot \text{s}^2}{\text{ft}} \tag{3-4}$$

数值 32.174ft/s² 是参考加速度,因为它是地球的重力加速度常数。比较式(3-2)和式(3-4),可以发现斯勒格(slug)和磅-质量(pound-mass)是相关的,即

$$1\text{slug} = 32.174\text{lbm}, 1\text{lbm} = 3.1081 \times 10^{-2}\text{slugs} \tag{3-5}$$

简而言之,斯勒格(slug)和磅-质量(pound-mass)都是以 1lb 的作用力来定义的,但斯勒格(slug)的参考加速度是 1ft/s²,而磅-质量(pound-mass)的参考加速度是 32.174ft/s²。根据以英语为官方语言的国家的测量标准实验室制定的协议,1lbm 也相当于 0.45359237kg。

尽管磅-质量(pound-mass)和磅表示不同的物理量(质量和力),但是它们还是经常被错误地互换。混淆的原因之一是它们的名字相似。另一个原因是磅-质量(pound-mass)自身的定义:假设在地球引力下,1lb 质量的物体也有 1lb 重量的力。比较一下,在地球上,1slug 质量的物体,其重量是 32.174lb。

应该意识到,并非只有 USCS 会有混淆质量和重量的潜在风险。在 SI 中,公斤(kg)有时会被不当地用来表示力。例如,在一些轮胎和压力计的标签上,膨胀压力都采用 kg/m² 这个量纲来表示。一些在商业上使用的天平,其度量重量时采用千克(kg),或者使用旧的单位如千克力(kgf,kilogram-force),这些单位不是 SI 里的单位。

除了质量之外,其他导出单位可以由 USCS 的基本单位组合而成。表 3-5 中列出了机械工程中出现的一些单位,包括密耳(1/1000inch,或 1/12000ft)、尺-磅(能量、功或热量)和马力。

关注 质量和重量

质量是物体的固有属性,它取决于构成物体的材料的数量和密度。质量 m 测量包含在物体内的物质的量,因此,它不会因为物体位置、运动或形状的改变而改变。另一方面,重量是支承物体以抵抗重力吸引力所需的力,其计算公式为

$$\omega = mg$$

基于重力加速度

$$g = 32.174 \frac{\text{ft}}{\text{s}^2} \approx 32.2 \frac{\text{ft}}{\text{s}^2} (\text{USCS})$$

$$g = 9.8067 \frac{\text{m}}{\text{s}^2} \approx 9.81 \frac{\text{m}}{\text{s}^2} (\text{SI})$$

根据国际协议,位于海平面和纬度为 45°的加速度被定义为重力加速度标准值。然而,重力加速度会随着纬度、地球略微不规则的形状、地壳的密度以及附近陆地质量的大小而变化。虽然物体的重量取决于重力加速度,但其质量不会发生变化。对于大多数机械工程计算来说,重力加速度 g 取三位近似有效数字已经足够了。

表 3-5

USCS 中的一些导出
单位

量	导出单位	缩写	定　义
长度	mil（密耳）	mil	$1\text{mil} = 0.001\text{in.}$
	inch（英寸）	in.	$1\text{in.} = 0.0833\text{ft}$
	mile（英里）	mi	$1\text{mi} = 5280\text{ft}$
体积	gallon（加仑）	gal	$1\text{gal} = 0.1337\text{ft}^3$
质量	slug（斯勒格）	slug	$1\text{slug} = 1(\text{lb} \cdot \text{s}^2)/\text{ft}$
	pound-mass（磅-质量）	lbm	$1\text{lbm} = 3.1081 \times 10^{-2}(\text{lb} \cdot \text{s}^2)/\text{ft}$
力	ounce（盎司）	oz	$1\text{ oz} = 0.0625\text{lb}$
	ton（吨）	ton	$1\text{ ton} = 2000\text{lb}$
转矩，扭矩	foot-pound（英尺-磅）	ft · lb	—
压力或应力	pound/inch^2（磅/平方英寸）	psi	$1\text{psi} = 1\text{lb/in}^2$
能量、功、热量	foot-pound（英尺-磅）	ft · lb	—
	British thermal unit（英国热量单位）	Btu	$1\text{ Btu} = 778.2\text{ft} \cdot \text{lb}$
功率	horsepower（马力）	hp	$1\text{hp} = 550(\text{ft} \cdot \text{lb})/\text{s}$
温度	degree Fahrenheit（华氏温度）	℉	$℉ = ℉\text{R} - 459.67$

注：1. 尽管温度变化 1℉R 相当于 1℉的变化，但是进行数值转换时仍然需要使用以上公式。
　　2. 英寸的缩写通常包括一个 "."，以区别于技术文件中的单词 "in"。

4. SI 和 USCS 的单位换算

通过使用单位换算系数，一个单位系统中的数值可以转换为另一单位系统中的等价值。表 3-6 中列出了一些机械工程中 USCS 和 SI 之间常用的换算系数。换算过程需要同时更改数值和与之相关的量纲。不管怎样，物理量是保持不变的，由于换算是数值和单位一起进行，所以不会使物理量变大或变小。概括地说，这两个系统之间的转换过程如下：

1）写出给定物理量的数值及紧随其后的量纲，这可能涉及分数的表达式，如千克/秒（kg/s）或牛/米（N/m）。

2）确定最终结果中所需的单位。

3）在物理量中如果给出了导出单位，如升（L）、帕（Pa）、牛（N）、磅米（lb·m）或英里（mi），可能需要根据定义和基本单位对其进行扩展。例如，物理量帕斯卡可以写成

$$Pa = \frac{N}{m^2} = \left(\frac{1}{m^2}\right)\left(\frac{kg \cdot m}{s^2}\right) = \frac{kg}{m \cdot s^2}$$

这里可用代数方法消去 "米" 这个量纲。

4）同样的，如果给定的物理量含有前缀，而换算系数内并不包括此前缀，则根据表 3-3 定义的前缀扩展这个物理量。例如，1 千牛顿（1kN）扩展为 1kN = 1000N。

5）从表 3-6 中查找适当的换算系数，并根据需要乘以或除以给定的物理量。

6）应用代数规则在计算中消去量纲，并将单位减少到在最终结果中所需的单位。

由于工程专业的全球性，大多数机械工程师无法避免地要在 USCS 和 SI 之间进行单位换算。解决问题时是采用 USCS 制还是 SI 制取决于语句中

物理量	换 算 关 系
	1in. = 25. 4mm
	1in. = 0. 0254m
	1ft = 0. 3048m
长度	1mi = 1. 609 km
	1mm = 3. 9370×10^{-2}in.
	1m = 39. 37in.
	1m = 3. 2808ft
	1 km = 0. 6214mi
	1in^2 = 645. 16mm^2
面积	1ft^2 = 9. 2903× 10^{-2}m^2
	1mm^2 = 1. 5500× 10^{-3}in^2
	1m^2 = 10. 7639ft^2
	1ft^3 = 2. 832×10^{-2}m^3
	1ft^3 = 28. 32L
	1gal = 3. 7854× 10^{-3}m^3
体积	1gal = 3. 7854L
	1m^3 = 35. 32ft^3
	1L = 3. 532 ×10^{-2}ft^3
	1m^3 = 264. 2gal
	1L = 0. 2642gal
	1slug = 14. 5939kg
	1bm = 0. 45359kg
质量力	1kg = 6. 8522×10^{-2}slugs
	1kg = 2. 2046lb · m
	1lb = 4. 4482N
	1N = 0. 22481lb
	1psi = 6895Pa
压力或应力	1psi = 6. 895kPa
	1Pa = 1. 450×10^{-4}psi
	1kPa = 0. 1450psi
	1ft · lb = 1. 356J
功,能量或热量	1Btu = 1055J
	1J = 0. 7376ft · lb
	1J = 9. 478×10^{-4}Btu
	1(ft · lb)/s = 1. 356W
功率	1hp = 0. 7457kW
	1W = 0. 7376(ft · lb)/s
	1kW = 1. 341hp

表 3-6

物理量在 USCS 和 SI 之间的换算系数

的信息是如何描述的。理想情况下，从一个系统换算到另一个系统应该被限制为单一的步骤。不应把 USCS 制的数据换算为 SI 制的数据，在 SI 制下执行计算，然后再换算回 SCS 制下的数据（反之亦然）。这项建议的原理很简单但很重要：当物理量从一个系统换算到另一个系统，然后再换算回来时，额外的步骤会增加出错的概率，而错误会潜入解决方案中。

例 3-1　发动机的额定功率

汽油发动机产生的峰值输出功率是 10hp。采用 SI 制表示给定的功率 P。

（1）方法　根据表 3-5 列出的 USCS 的导出单位，缩写"hp"是指马力。而 SI 单位制下功率的单位是瓦特（W）。表 3-6 的最后一项列出了功率换算系数，1hp = 0.7457kW。根据表 3-3，前缀"k"表示乘数 1000。

（2）求解　将换算系数应用于发动机的额定功率，有

$$P = (10\text{hp}) \times \left(0.7457\,\frac{\text{kW}}{\text{hp}}\right)$$
$$= 7.457(\text{hp}) \times \left(\frac{\text{kW}}{\text{hp}}\right)$$
$$= 7.457\text{kW}$$

（3）讨论　换算过程包括两个步骤：用代数方法合并数值和量纲。计算中消去了马力这个量纲，并且在解决方案中清楚地表达了这一步骤。根据导出单位瓦特，电动机的输出功率为 7457 瓦（W）。但因为这个数值大于 1000，所以使用前缀"kilo"，即

$$P = 7.457\text{kW}$$

例 3-2　喷水灭火器

某住宅灭火系统的说明书规定，水流喷射的速度是 10 加仑/分钟（gal/min）。为了方便美国以外的客户使用，现需要修订该说明书，采用 SI 制来表达每秒水的流量。

（1）方法　要完成这个问题，需要知道体积和时间这两个量纲的换算系数。参考表 3-6，在 SI 制中可以使用量纲 m^3 或 L 来表达体积，假设 $1m^3$ 远大于期望的每秒喷射水量。因此，初步决定将体积单位换算为升，换算系数为 1 加仑（gal）= 3.785 升（L）。完成计算后，将复核该假设是否合理。

（2）求解　体积和时间量纲的换算如下

$$q = \left(10\,\frac{\text{gal}}{\text{min}}\right) \times \left(\frac{1\,\text{min}}{60\,\text{s}}\right) \times \left(3.785\,\frac{\text{L}}{\text{gal}}\right)$$
$$= 0.6308 \left(\frac{\text{gal}}{\text{min}}\right)\left(\frac{\text{min}}{\text{s}}\right)\left(\frac{\text{L}}{\text{gal}}\right)$$
$$= 0.6308\,\frac{\text{L}}{\text{s}}$$

（3）讨论 首先合并数值，然后用代数方法消去量纲。明确显示换算过程中单位是如何被消去的，是很好的做法（也能很好地进行复核）。可以采用单位 m^3/s 来表示流速。然而，由于 $1m^3$ 是 $1L$ 的 1000 倍，而且数值 0.6308 不涉及 10 的指数幂的问题，所以量纲 L/s 对于当前的情况来说更适合，则

$$q = 0.6308 \frac{L}{s}$$

例 3-3 氦氖激光器

氦氖激光器用于工程实验室、机器人视觉系统，甚至超市收银台的条形码阅读器上。某一激光器的输出功率为 3mW，并且它发光的波长 $\lambda = 632.8nm$。小写希腊字符 lambda（λ）是一种表示波长的常用符号。

（1）方法 参考表 3-3，功率的量纲是毫瓦（mW）或写为 milliwatt 或 10^{-3} W，而纳米（nm）表示 1/10 亿 m（10^{-9}m）。表 3-6 中列出了功率和长度的换算系数，1kW = 1.341hp，1m = 39.37in.。

（2）求解

1）将额定功率单位转换为马力。为了应用表 3-6 中列出的换算系数，首先把功率的 SI 前缀毫（milli）换算到千（kilo）。激光产生的功率 3×10^{-3} W = 3×10^{-6}kW。把这个小数量转换成 USCS 的过程如下

$$P = (3 \times 10^{-6} kW) \times \left(1.341 \frac{hp}{kW}\right)$$

$$= 4.023 \times 10^{-6} (\cancel{kW}) \left(\frac{hp}{\cancel{kW}}\right)$$

$$= 4.023 \times 10^{-6} hp$$

2）将波长单位转换为英寸。用科学计数法表示激光的波长为 632.8×10^{-9}m = 6.328×10^{-7}m，长度单位换算过程为

$$\lambda = (6.328 \times 10^{-7} m) \times \left(39.37 \frac{in.}{m}\right)$$

$$= 2.491 \times 10^{-5} (\cancel{m}) \left(\frac{in.}{\cancel{m}}\right)$$

$$= 2.491 \times 10^{-5} in.$$

（3）讨论 因为与激光的功率和波长相比，马力和英寸的数值太大了，所以使用它们来描述其特征很不方便。

$$P = 4.023 \times 10^{-6} hp$$
$$\lambda = 2.491 \times 10^{-5} in.$$

◎ 3.4 有效数字

有效数字是根据所提供的不精确信息以及计算过程中的近似而得到

的已知正确和可靠的数字。作为一般规则，在就问题给出答案的报告中，最后一位有效数字应该与给定数据中最后一位有效数字具有相同的数量级。如果在报告中，答案的有效数字的位数比所提供数据的有效数字的位数更多，则是不合理的，因为这意味着计算的输出在某种程度上比输入更精确。

一个数值的精度是其有效数字最后一位数字的半个单位。因为最后一位数代表尾数的四舍五入，所以是半个单位。例如，假设一个工程师设计笔记本计算机硬盘驱动器的电动机，他记录的作用于轴承转动的不平衡力是 43.01mN。这句话意味着这个力接近于 43.01mN，既不是 43.00mN 也不是 43.02mN。43.01mN 及其有效数字的位数，意味着实际物理力的数值可以分布在 43.005～43.015mN 之间（图 3-4a）。数值的精度是±0.005mN，这个力的变化量经过四舍五入后仍然是大约为 43.01mN 的数值。即使写成 43.00mN，这个数值有两个尾零，四个有效数字，其精度仍然是±0.005mN。

或者，假设工程师把这个力写成 43.010mN。这种写法意味着这个数值的精度相当高，它的值既不是 43.009mN 也不是 43.011mN，而是接近 43.010mN。现在的精度是±0.0005mN（图 3-4b）。

图 3-4

力的数值精度取决于有效数字的位数，实际的物理数值是以报告值为中心的一个范围
a）两位小数
b）三位小数

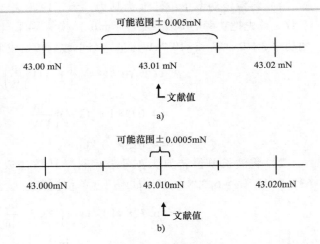

作为一般规则，在计算的中间步骤，与预期的最终报告的有效数值相比，应多保留一些位数。采用这种方式，舍入误差不会潜入解决方案，造成误差积累，而使最终答案产生偏差。计算完成后，可以删去多余的位数，取合理位数的有效数字。根据以上考虑可获得以下经验法则：

针对本书中示例和问题的意义，将所提供的信息视为准确的信息。然而，要识别工程近似和测量极限，报告中的答案仅保留四位有效数字。

应该意识到，使用计算器和计算机所产生的精确的感觉，会使我们误入歧途。当然计算可以执行八位或更多位的有效数字，但机械工程中的量纲、材料特性以及其他物理参数只有很少的位数。也就是说，虽然计算工具本身可以提供非常精确的计算结果，但提供给计算的输入数据却很少有相同的精度水平。

◉ 3.5　量纲一致性

　　在数学、科学或工程中应用方程时，计算在量纲上必须是一致的，否则会产生错误。量纲的一致性意味着等号两边的单位和与之关联的数值是匹配的。同样的，如果通过求和来组合方程中的两项，或彼此相减，则这两个量必须具有相同的量纲。可以利用这个原理直接检查代数和数值计算的正确性。

　　手工计算时，在一个方程中，应保持每个单位和相对应的数值相邻，这样在每一步的解题过程中可以将它们合并或消去，可以像操作任何代数量一样操作这些量纲。利用量纲一致性原理，可以检查计算的正确性，从而在准确性上增强你的信心。当然，导致结果不正确的原因不仅只有量纲。然而，检查一个方程中的单位总归是有意义的。

　　在 USCS 制中涉及质量和力的计算时，量纲一致性原则特别有用。当质量这一物理量在 USCS 和 SI 之间进行换算时，斯勒格（slug）和磅质量（pound-mass）的定义是一个混淆点，斯勒格（slug）和磅质量（pound-mass）的定义是基于不同的参考加速度。在这种情况下，量纲一致性原则可以应用于确认单位的计算是否正确。量纲的一致性可以通过对两个物体重量的简单计算来说明，第一个物体的质量是 1 斯勒格（slug），第二个物体的质量是 1 磅质量（lbm）。在第一种情况下，1 斯勒格（slug）物体的重量是

$$w = (1\,\text{slug}) \times \left(32.174\,\frac{\text{ft}}{\text{s}^2}\right)$$

$$= 32.174\,\frac{\text{slug} \cdot \text{ft}}{\text{s}^2}$$

$$= 32.174\,\text{lb}$$

　　在最后一步计算中，根据表 3-5 使用斯勒格（slug）的定义。这个物体的质量是 1slug，重量是 32.174lb。另一方面，1lbm 的物体，通过直接替代方程 $w = mg$，将得到量纲 $\text{lbm} \cdot \text{ft/s}^2$，这既不是磅也不是常规 USCS 制中的力。为保持量纲的一致性，使用式（3-5）把 m 换算到斯勒格（slug）单位，这个中间步骤是必要的

$$m = (1\,\text{lbm}) \times \left(3.1081 \times 10^{-2}\,\frac{\text{slugs}}{\text{lbm}}\right)$$

$$= 3.1081 \times 10^{-2}\,\text{slugs}$$

在第二种情况下，1lbm 物体的重量变为

$$w = (3.1081 \times 10^{-2}\,\text{slugs}) \times \left(32.174\,\frac{\text{ft}}{\text{s}^2}\right)$$

$$= 1\,\frac{\text{slug} \cdot \text{ft}}{\text{s}^2}$$

$$= 1\,\text{lb}$$

量纲一致性原理将帮助计算者在 USCS 制质量单位中做出恰当的选

择。一般来说，在计算中涉及牛顿第二定律（$F=ma$）、动能（mv^2）、动量（mv）、重力势能（mgh）和其他机械量时，斯勒格（slug）是首选单位。在方程中追踪单位的轨迹，验证量纲一致性的过程见下面的例子。

例 3-4　空中加油

KC-10 Extender 是美国空军用于在飞行中给其他飞机加油的加油机。

KC-10 Extender 可以携带 165500kg 航空燃油，通过一个临时连接两架飞机的悬臂，可以将燃油传输到另一架飞机上。用牛顿来表示燃料的质量和重量。

（1）**方法**　下面将根据燃料重量 w 和重力加速度 $g=9.81\text{m/s}^2$ 来计算质量 m。当重量 w 用牛顿来表示并且 g 的单位是 m/s^2、质量的单位是 kg 时，表达式 $w=mg$ 在量纲上是一致的。利用 $1\text{kg}=9.81\text{N}$ 这个换算系数把公斤转换为牛顿。

（2）**求解**　首先写出 $m=165.5\times10^3\text{kg}$，保证指数是 3 的倍数。因为前缀 "kilo" 表示 10^3 这个系数，所以可以写成 $m=165.5\times10^6\text{g}$ 或 165.5Mg，这里 "M" 代表词头 "mega."。采用 SI 制表示燃料的重量为

$$w = (1.655\times10^5\,\text{kg})\times\left(9.81\,\frac{\text{m}}{\text{s}^2}\right)\leftarrow[\,w=mg\,]$$

$$= 1.62\times10^6\frac{\text{kg}\cdot\text{m}}{\text{s}^2}$$

$$= 1.62\times10^6\text{N}$$

因为这个数也有一个 10 的大的幂指数，所以使用 SI 词头 "M" 表示 100 万（10^6）。即燃料的重量是 1.62MN。

例 3-5　轨道碎片撞击

国际空间站中有成百上千块防护罩，它们由铝和防弹复合材料组成，作用是为空间站提供保护，防范地球低轨道上空间碎片残骸的撞击，如图 3-5 所示。通过足够的预警，空间站的轨道甚至可以略微地调整，以避免空间大物体的靠近。已有 13000 多块碎片被美国太空司令部所确认，包括油漆碎片、废弃的助推器外壳，甚至是宇航员的手套。（1）计算 $m=1\text{g}$ 的碎片以 $v=8\text{km/s}$ 的速度运动时的动能 $U_k=\dfrac{1}{2}mv^2$，这是低地球轨道中的典型速度；（2）以多快的速度投掷一个重量为 1.5N 的棒球，才能获得相同的动能？

（1）**方法**　首先按照量纲一致性原则，利用词头 "kilo" 的定义（见表 3-3），把碎片的质量和速度的单位分别换算成 kg 和 m/s。在表 3-2 中，惯用的 SI 制的能量单位是焦耳（J），定义为 $1\text{N}\cdot\text{m}$。

例 3-5（续）

图 3-5

国际空间站（NASA
提供）

由于棒球的重量在问题陈述中已经给出，将进行一个中间计算求它的质量。

（2）求解

1）$m = 0.001\text{kg}$，$v = 8000\text{m/s}$，碎片的动能为

$$U_k = \frac{1}{2}(0.001\text{kg}) \times \left(8000\,\frac{\text{m}}{\text{s}}\right)^2 \leftarrow \left[U_k = \frac{1}{2}mv^2\right]$$

$$= 32000(\text{kg})\left(\frac{\text{m}^2}{\text{s}^2}\right)$$

$$= 32000\left(\frac{\text{kg} \cdot \text{m}}{\text{s}^2}\right)(\text{m})$$

$$= 32000\text{N} \cdot \text{m}$$

$$= 32000\text{J}$$

应用 SI 前缀以减少尾零数，碎片的动能为 32kJ。

2）为了计算动能时保证量纲的一致性，应求出单位为 kg 的棒球的质量。

$$m = \frac{1.5\text{N}}{9.81\text{m/s}^2} \leftarrow \left[m = \frac{w}{g}\right]$$

$$= 0.153\,\frac{\text{N} \cdot \text{s}^2}{\text{m}}$$

$$= 0.153\text{kg}$$

棒球要具有与碎片相同的动能，抛出时必须具有的速度为

$$v = \sqrt{\frac{2 \times 32000\text{J}}{0.153\text{kg}}} \leftarrow \left[v = \sqrt{\frac{2\,U_k}{m}}\right]$$

$$= 646.7\,\sqrt{\frac{\text{J}}{\text{kg}}}$$

$$= 646.7\text{m/s}$$

例 3-5（续）

（3）讨论　尽管地球轨道上的尘埃和碎片粒子非常小，但是它们可以传递很大的动能，因为其速度特别大。棒球的等效速度是2300km/h，大约是美职棒快球投速的 15 倍。

$$U_k = 32kJ$$

$$v = 646.7m/s$$

例 3-6　钻头的弯曲

这个例子完整地阐述了 3.2 节中关于解决问题过程的内容，它也包含了 3.3~3.5 节中量纲分析原理的内容。

用钻床固定一个装在旋转夹头上的钻头，在工件上钻削小孔。这个钢质钻头的直径 $d = 6mm$，长度 $L = 65mm$。钻削加工时工件移动，刀尖偶然弯曲，刀尖受到的侧向力 $F = 50N$。通过机械工程课程中的应力分析可以导出侧向偏移量的计算公式为

$$\Delta x = \frac{64FL^3}{3\pi Ed^4}$$

式中　Δx（长度）——刀尖的偏转量；

$\quad\quad F$（力）——作用于刀尖的力的大小；

$\quad\quad L$（长度）——钻头的长度；

$\quad E$（力/长度^2）——钻头的材料属性，称为弹性模量；

$\quad\quad d$（长度）——钻头的直径。

钢的弹性模量取数值 $E = 200 \times 10^9 Pa$，计算刀尖的偏移量 Δx，如图 3-6 所示。

图 3-6

计算刀尖偏移量

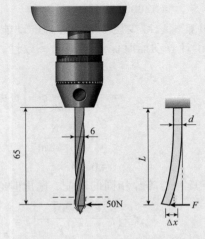

（1）方法　本任务是计算力作用于钢质钻头刀尖时刀尖产生的偏移量。关于这个系统，首先要做一系列假设：

1）钻头刀尖的螺旋刀槽很小，在分析时可以忽略不计。

例 3-6（续）

2）力垂直于钻头的主弯曲轴线。

3）钻头的螺旋槽对弯曲的影响很小，可以忽略不计。

首先根据代数规则合并给定方程中每个物理量的单位，并验证方程两边的单位是否一致。然后代入已知的物理量，包括钻头长度、直径、弹性模量和作用力，最后计算出偏移量。

（2）求解 $64/3\pi$ 是一个无量纲的标量，因此它没有单位，不会影响量纲的一致性。给定方程中每个物理量的单位都消去了，即

$$（长度）=\frac{（力）（长度）^3}{\left[\dfrac{力}{（长度）^2}\right]（长度）^4}$$

$$=（长度）$$

该方程在量纲上是一致的。刀尖侧向偏移量是

$$\Delta x=\frac{64\times50\mathrm{N}\times(0.065\mathrm{m})^3}{3\pi\times(200\times10^9\mathrm{Pa})\times(6\times10^{-3}\mathrm{m})^4}\leftarrow\left[\Delta x=\frac{64FL^3}{3\pi Ed^4}\right]$$

接下来合并数值和量纲

$$\Delta x=3.6\times10^{-4}\frac{\mathrm{N\cdot m^3}}{\mathrm{Pa\cdot m^4}}$$

然后根据表 3-2 中的定义扩展导出单位帕斯卡

$$\Delta x=3.6\times10^{-4}\frac{\mathrm{N\cdot m^3}}{(\mathrm{N/m^2})(\mathrm{m^4})}$$

最后，消去分子和分母上的单位，得到

$$\Delta x=3.6\times10^{-4}\mathrm{m}$$

（3）讨论 首先，评估解决方案的数量级。对于这种长度的钢质钻头，不希望有大的偏移量。因此，这个结果的数量级是合理的。第二，重新审视之前的假设，以确保它们是合理的。虽然钻头切削刃的弯曲槽和螺旋沟槽可能稍微影响弯曲机制。对于这个应用来说，必须假定它们的影响可以忽略不计。力也不可能完全保持垂直于钻头，但就目前的偏移量来说，这个设想是合理的。第三，从解决方案中得出结论并解释其物理意义。钻头在钻削时承受了很多种力，为了尽量减少其挠度变形，大多数钻头是由钢制造的。由于数值有很大的负指数，使用 SI 制的前缀"milli"表示 10^{-3}，将其转化为标准形式。刀尖的偏移量 $\Delta x=0.36\mathrm{mm}$，略大于 $1/3\mathrm{mm}$。

例 3-7 电梯加速度

本例也将全面地阐述 3.2 节中解决问题的整个过程，并包含了 3.3~3.5 节中量纲分析原理的内容。

一个质量为 70kg 的人站在电梯中的天平上，在给定的瞬间天平

例 3-7（续）

的读数是 625N。电梯是处于上升还是下降运行？是否为加速运行？

根据牛顿第二定律，如果身体加速运动，那么作用于人的力等于身体的质量 m 乘以加速度 a，即

$$\sum F = ma$$

如果某个方向上力的总和等于零，则身体在该方向上处于非加速状态，如图 3-7 所示。

（1）方法　本任务是确定电梯向哪个方向运动以及是否加速移动。首先对系统做一些假设：

1）人和电梯一起运动，所以只需要分析作用于人的力。

2）唯一的运动在垂直方向或 y 方向上。

3）重力加速度是 9.81m/s²。

4）天平相对于电梯地面或人不移动。

首先把人质量的单位千克（kg）换算成当量的重量单位牛顿（N）。下面将比较人的重量与天平的读数，从而确定电梯移动的方向。然后根据重量比较后的差值来确定电梯的加速度。如果重量相同，则说明电梯没有加速运动。

图 3-7

电梯中人的受力情况

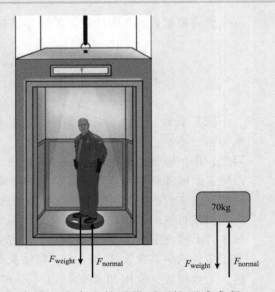

（2）求解　这个人的重量可以按下式求得

$$W = （质量）（重力）= 70\text{kg} \times \left(\frac{9.81\text{m}}{\text{s}^2} \right) = 687\text{N}$$

这是人受到的向下的重力，用 F_{weight} 表示，如图 3-7 所示。天平上的读数代表人受到的向上的力，由天平作用于人，为法向力 F_{normal}。因为人的重量大于天平读数，电梯加速下行，导致天平读数减少。这可由方程表示为

例 3-7（续）

$$\sum F = F_{normal} - F_{weight} = 625N - 687N = -62N$$

最后，求解加速度

$$a = \frac{\sum F}{m} = -\frac{62N}{70kg} = -0.89m/s^2$$

（3）讨论　首先，评估答案的数量级。加速度并不大，因为天平读数与人的体重相比没有显著差异。第二，重新审视之前的假设，确定它们是否合理，如果是所有假设都非常合乎逻辑。在现实中，人、天平和电梯相互间可能会发生一些运动，但其对分析的影响是极其小的。第三，从解决方案中得出结论，并解释其物理意义。加速度是负的，表明其方向是向下的，这符合天平读数。当电梯开始加速下行时，乘客暂时觉得轻了。它们的质量不会改变，因为重力并没有改变。然而，他们认为重量发生了变化，因为天平测量的结果显示出了变化。

3.6　工程估值

在设计过程的后期阶段，工程师肯定会在解决技术问题时进行精确的计算。然而，在设计的早期阶段，工程师解决技术问题时几乎总是进行近似计算。做这些近似计算的目的是把一个真实的系统尽可能地简化成不完美和不理想的系统，使之成为一个只含有最基本、最本质要素的系统。那些使问题复杂化而对最终结果几乎没有影响的无关因素的近似值也要被删除。工程师对合理的近似值很满意，因为这样会使他们的数学模型尽可能简单，从而使手头工作的结果足够精确。如果以后精度需要增加，例如设计完成后，需要纳入更多的物理现象或几何形状的细节，并且方程将同样变得更加复杂。

鉴于一些瑕疵和不确定性总是出现在真正的硬件上，工程师经常进行数量级评估。例如，在设计过程的早期，数量级近似估算用于评估潜在设计选项的可行性。一些例子是评估一个结构的重量或机器产生或消耗的功率。这些快速产生的评估值，有助于在付出重大努力研究设计细节之前，聚焦创意，缩小设计可选项的范围。

当工程师充分了解所涉及的近似时，他们估计数量级并认识到为了获得答案，合理的近似是必要的。事实上，"数量级"（order of magnitude）一词意味着在计算中所考虑的物理量（和最终的答案）的精度是 10 倍因子。这种类型的某计算可能估计某个螺栓连接承载的力为 100kN，这意味着，这个力不会低至 10kN 以下，或者不会大于 1000kN 以上，但它可能是 80kN 或 300kN。乍一看，这个范围可能是很大的，但估计仍然是有用的，因为它为一个力会是多大提供了一个范围，这个估计还为后续工作提供了一个起点。这种类型的计算是有根据的估计，它诚然算不上完美和精确，但总比没有好。这些计算有时可在一个信封的背面即可完成（简便、迅速的意思），因为它们可以迅速和非正式地进行。

在设计过程中，当工程师开始设定物理量量纲的数值时，将进行数量级估计。这些物理量包括重量、材料性质、温度、压力等参数。应该认识到，当信息被进一步收集，系统分析得到改善，设计的定义变得更好时，这些数值将得到修正。下面的例子说明了一些估算背后的数量级计算和思维过程的应用。

关注　估计量的重要性

2010年4月20日，一场爆炸摧毁了墨西哥湾的"跨洋深水地平线"（Transocean's Deepwater Horizon）石油钻井平台，造成11人死亡，17人受伤，是历史上最大的海上石油泄漏事件。直到7月15日，泄漏才停止，虽然只有500~800万L的石油泄漏到了墨西哥湾，但英国石油公司已经花了超过100亿美元的清理费用。在初期，多种液体同时从油井流出，包括海水、泥浆、石油和天然气。工程师迅速开始创建一个分析模型来估计未来这些液体的流量。他们的方法是根据初始流体流速和压力校准它

们的模型，然后用该模型预测未来的流量。他们假设了以下关键问题：

1）只有可用石油总面积的1/5将被用于计算。

2）剩余的可用石油可能已经被粘结剂隔离，或者流量已经被油井的流动制约因素限制了。

3）粗略估计当时防护设备开始运行的时间。

工程师通过流体动力学计算得到一个解决方案，匹配实时的流速和压力，并与目击者的记录对应（记录账簿）。在图3-8中，

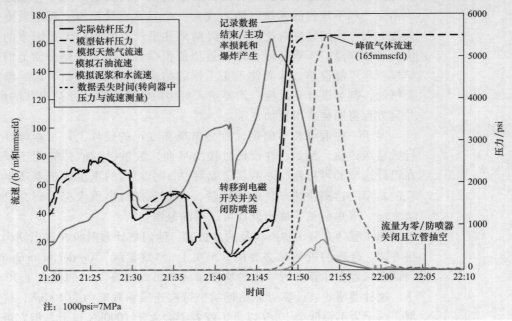

图3-8　流体流动模型和预测

（来自英国石油公司深水地平线事故调查报告，2010年9月8日，13页 http://www.bp.com/liveassets/bp_innternet/globalbp/globalbp_uk_english/incident_response/STAGING/local_assets/downloads_pdfs/Deepwater_Horizon_Accident_lnvestigation_Report.pdf.）

"深水地平线事故调查报告"的图表显示了其所创建的模型。在图左侧的开始阶段，互相接近的两条线分别代表实际钻杆压力和模型钻杆压力。爆炸（垂直虚线）前它们非常接近，相互匹配。因此，在爆炸事故之前，已开发的模型与实际事件是匹配的。其余三条曲线代表了模型（预测）的三种流速，分别是泥浆和水流速（从左边开始较低的曲线）、石油流速（爆炸发生前较短的曲线，从零开始增加）和天然气流速（爆炸之前从零开始增加的较短的曲线）。预测的流速曲线应逐渐减小到零，但这并没有发生。这些液体继续流动着，所以工程师们继续开发模型、制订方案来了解事故及其未来的影响。

很多时候，解决技术问题是一门不精确的科学，工程师能做的最好的工作是粗略的估计。与实际数据匹配得很好的模型，似乎不能有效地预测未来的表现。在这个例子中，工程师建立的动态流环境模型，其不确定的范围是非常大的，这个模型最多只能提供对所发生事件的一个估计。

例 3-8　飞机舱门

商业喷气式飞机的客舱是增压客舱，因为它们飞行在空气稀薄的高海拔处。其巡航高度是海拔 9000m，外部大气压力只有海平面大气压力的 30%。机舱增压后的压力相当于一座山的山顶气压，也就是海平面气压的 70% 左右。估计一下由于压力差而作用于飞机主舱门的力的大小。进行数量级估计时，将以下信息作为"已知"条件：（1）海平面气压为 100kPa；（2）作用于门的力 F 等于门的面积 A 与压力差 Δp 的乘积，表达式为 $F = A\Delta p$。

（1）**方法**　本任务是估算飞行过程中作用于飞机舱门内侧力大小的近似值。已知压力等信息，必须做一些关于舱门和客舱环境的假设：

1）飞机舱门的大小大约为 1m×2m，或 2m²。

2）可以忽略以下事实：舱门不是精确的矩形。

3）可以忽略以下事实：舱门的弯曲与飞机机身的形状混合在一起。

4）不必计算飞行中由于机内乘客运动产生的微小的压力变化。

首先计算压强差，然后计算门的面积，以求出总受力。

（2）**求解**　作用于门上的净压强是飞机内外空气压强差，即

$$\Delta p = (0.7 - 0.3) \times 100 \text{kPa} = 40 \text{kPa}$$

门上的总作用力

$$F = 2\text{m}^2 \times 40 \text{kPa} \leftarrow [F = A\Delta p] = 80\text{m}^2 \times \frac{\text{kN}}{\text{m}^2} = 80\text{kN}$$

（3）**讨论**　第一，评估这个方案的数量级。当压强作用于大的表面积时，即使是看似微小的压强，由压强差所产生的力也会很大。因此，求出的力似乎很合理。

第二，之前所做的假设大大地简化了问题。但因为只需要估计压力，所以这些假设是符合实际的。

第三，在认识到对门的面积和压强差的估计存在不确定性后，可以得出这样的结论：作用在主舱门上的压力在 10~100kN 范围内。

在分析可持续能源的来源时，工程师想估计一个人能够产生的能量。特别是一个骑健身自行车的人能否为一台电视机（或者类似的设备或产品）提供动力。当进行数量级估计时，把以下信息作为已知条件：

1）每台液晶电视平均消耗 110W 的电力；

2）发电机所提供的机械能转化成电能的转换效率是 80%；

3）功率 P 的数学表达式为

$$P = \frac{Fd}{\Delta t}$$

式中，F 是力的大小；d 是力作用的距离；Δt 是作用力持续的时间。

（1）**方法**　本任务是评估一个人能否靠体力运动独立为需要约 110W 电能的产品提供动力。为了进行评估，首先做一些假设：

1）为了估计一个人在运动时的功率输出，将它与用相同级别的运动速率爬一段楼梯进行比较。

2）假定一个楼梯升高 3m，一个重 700N 的人在 10s 内爬完这段楼梯。

首先计算一个人爬楼梯所产生的功率，然后将其与所需的电力进行比较。

（2）**求解**　采用类比爬楼梯的方法估算出的功率输出为

$$P = \frac{700\text{N} \times 3\text{m}}{10\text{s}} \leftarrow \left[P = \frac{Fd}{\Delta t} \right]$$

$$= 210 \frac{\text{N} \cdot \text{m}}{\text{s}}$$

$$= 210\text{W}$$

在这里，根据表 3-2 使用了功率瓦特（W）的定义。因此，一个人可以产生的有用功约为 200W。然而，将机械能转化为电能的发电机，其效率并不是 100%。因为已知转换效率为 80%，所以产生的电力为 210W×0.80 = 168W。

（3）**讨论**　第一，评估一下解决方案的数量级。这一功率值的大小似乎是合理的，因为一些不用电的健身自行车可以产生足够的能量来运行其显示器并克服阻力。第二，重新审视之前的假设，以确保它们是合理的。虽然用爬楼梯进行类比并不完美，但它提供了人们在持续时间内可以产生的功率的有效估计。第三，鉴于估计的不确定性和运动时用力的幅度范围，可以得出这样的结论：一个人可以产生持续一段时间的 100~200W 的功率，这足以满足大多数液晶电视对电能的要求。

◎ 3.7　工程中的沟通能力

本章学习开始于美国国家航空航天局一个星际气象卫星失联这一案例的研究。而火星气候探测者号事故调查委员会发现，航天器失联的主要原因是发动机的冲量在 USCS 制和 SI 制之间进行了错误的单位换算。他们还得出结论，另一个原因是执行航天器任务的个人和团队之间的沟通合作不充分：

很明显，导航操作团队并没有把他们的轨迹问题有效地与飞船操作团队或项目管理团队进行交流。此外，飞船操作团队也不懂导航操作团队的关注点。

调查委员会认为，即使是单位磅、牛顿之类的看似简单的工程概念，"沟通也是至关重要的"。最后的建议之一是，美国宇航局（NASA）采取措施改善项目元素之间的交流沟通情况。大型、昂贵、复杂的宇宙飞船的失控不是因为错误的设计或技术，而是因为信息被地面上的工作人员误解，并且人与人之间的沟通不畅。

尽管已经模式化，工程仍是一种社会的共同努力。它不是由人独自在办公室和实验室实现的工作。在任何主要就业网站快速搜索机械工程相关工作，结果显示，大多数职位明确地要求工程师具有能够采用多种方法有效沟通的能力。根据工作的性质，工程师日常需要与其他工程师、客户、业务经理、营销人员等进行沟通。

据推测，获得认可的工程学位的人在数学、科学和工程领域拥有扎实的技能。然而，可以根据与他人合作的能力、与一个团队协作的能力、以书面和口头方式传达技术信息的能力，区分不同的员工。这些因素通常对一个人的职业发展起着重要的作用。例如，通过调查超过 1000 个美国公司的首席财务官发现，人际交往能力、沟通能力、善于倾听员工的能力是员工职业最终成功的关键衡量标志。此外，美国管理协会的一项研究表明，在决定一个人终极职业成功的各种单项因素中，书面和口头沟通技能排在了最重要的位置上。

利用计算过程、一对一的讨论，撰写技术报告、正式报告、书信和电子邮件等数字通信方式，最有效率的工程师可以把他们的想法、结果和解决方案与他人进行沟通。在开始学习机械工程时，应该开始掌握一些解决问题和技术沟通的能力，以达到其他工程师和公众对工程师的期望标准。

1. 书写沟通

当专业营销人士通过广告、Facebook（脸谱网）和 Twitter（推特网）给客户传达产品信息时，工程师通过各种书面文件，包括笔记本、报告、信件、备忘录、用户手册、安装说明、商业出版物和电子邮件等进行大量关于产品信息的日常沟通。在一些大型项目中，在不同时区，甚至不同国家的工程师仍然能够定期进行协作设计。因此，写书面文件是准确传达复杂技术信息的关键和实用的手段。

书写工程项目文档的有效方法是使用第 2 章中介绍的设计手册。工程师的设计手册中记录了产品开发的全部历史过程。手册是一种书面形式的沟通，它包含准确的信息记录，可用于保护专利、准备技术报告、记录研发测试结果，以及协助其他工程师继承并持续研发工作。因为它们提供了产品开发的详细记录，设计手册是工程师雇主的财产，其在处理法律专利纠纷时很重要。雇主可能为手册设置额外的要求，包括：

1）所有的书写必须使用墨水。

2）每页必须标有页码并按顺序编号。

3）每个条目必须注明日期，并由执行这项工作的个人签名。

4）必须列出参与每项任务的所有人。

5）修正或变更必须注有日期和签名。

这些要求反映出了良好的实践，它们强调这样一个事实：工程师的手册是一个法律文件，它的准确性必须是无懈可击的。工程师依靠设计手册中的技术信息和历史信息来创建工程报告。

工程报告可以用来向他人解释技术信息，也可用于存档以供将来使用。报告的目的可能是记录新产品设计的概念和演变，或者分析某个硬件损坏的原因。工程报告中还可以包括产品测试结果，来证明产品的功能正常，或者验证产品符合安全标准。由于这些原因，工程报告在产品导致受伤的诉讼中可能变得很重要。因为它们是正式文件，所以工程报告能显示出产品是否被精心地研发，以及是否对潜在的安全隐患给出了应有的标注。

工程报告通常包括文本、图样、照片、计算和图表或数据表格。这些报告可以记录一个产品的设计、测试、制造和修改的历史。

虽然工程报告的格式因业务目的和具体问题而异，但一般结构应包括以下要素：

1）封面页显示了报告的目的，所涉及的产品或技术问题，日期以及参与准备报告的人员姓名。

2）摘要为读者提供报告全文的总结，为他们提供一个 1 ~ 2 页的关于问题、方法、解决方案和主要结论的简介。

3）在适当的情况下，目录为读者提供了技术报告的主要部分、图和表所对应的页码。

4）报告正文回顾以前的工作，给读者描述了最近的工作，然后详细描述了设计、决策支持、实验结果、计算过程和其他技术信息。

5）结论强调主要研究结果，并通过提出具体议案来结束报告。

6）附录包含支持报告中方案的信息，由于其篇幅太长、内容太详细，而不能放在正文里。

不管读者是谁，都应该采用某些适用于任何技术报告的做法。这些做法将最大限度地提高报告的有效性。

1）做一组方案、假设、结论或者观察时，应使用带有简短描述的项目符号列表。

2）要强调的一个关键点、短语或术语时，应使用斜体或粗体。仅使用斜体或粗体强调最重要的点，如果使用过多斜体或粗体则会降低它们的效果。

3）为了给读者提供报告的结构，应确保为段落编号并给出段落的描述性标题。当读者阅读没有段落分配和组织结构的、很长的报告时，他们很可能无法理解报告内容。

4）提供段落与段落之间的连接过渡。虽然在报告中分段落是一种有效的做法，但除非它们彼此之间是很逻辑、很流畅地连接在一起的，否则段落之间将变得分离与混乱。

5）有效地利用所使用的任何参考文献，包括在报告最后列出的参考文献。这些参考文献可能包括研究论文、商业出版物、书籍、网站、公司内部文件以及其他技术报告。

2. 图画交流

任何技术报告的基本要素都是图画式交流项，比如图样、图片、图表和表格。许多工程师倾向于形象化地（可视化地）思考和学习，他们发现在传达复杂的技术信息时，图画形式的沟通往往是最好的方式。几乎所有工程问题或工程设计重要的第一步就是用图画方式来描述状况。图画交流模式包括手绘草图、带尺寸的工程图样、三维计算机效果图、图片和表格。为了传递不同信息，每一种模式都有用处。手绘草图可能包含在一个设计里或实验室手册中。虽然速写图可能不成比例或缺乏细节，但是它可以定义物件的整体形状，并显示物体的一些主要特点。使用计算机辅助设计软件包画出的正式工程图，对细节的描述足够详细，可以直接将其交给机械制造车间进行零件的制造并完成组装。

对于需要提供大量数据的工程师来说，表格和图表是重要的交流形式。表格应包括带有描述性标题的列和行，并标注适当的单位。给出的数据列应使用一致的有效数字表示，并对齐来帮助理解。图形或图表应该具有描述性的数轴标注，并包含适当的单位。如果图中绘制了多组数据，那么此图需要有一个图例。工程师需要仔细考虑使用什么类型的图形或图表，这取决于数据的性质和需要让读者理解的见解的类型。

3. 技术演示

虽然以前的技术交流集中在书面方式，工程师还可以通过口头演讲传递技术信息。每周一次的情况报告要定期交给项目主管和其他同事，在小组会议上要讨论和评估所做的设计，并且为潜在客户提出正式的方案。工程师还在专业会议上提供技术演示，如由美国机械工程师协会组织的会议。学习工程技术是需要终生努力的，工程师参加专业会议和其他业务会议以及时了解（时刻保持更新）其专业领域中出现的新技术和新进展。在这样的会议上，工程师们向来自世界各地的工程师观众展示他们自己的技术工作，这些演示旨在简洁、有趣和准确，观众可以从他们同事的经验中学习知识。

工程师需要提供的信息不仅要有效，而且要有效率。当面对管理人员或潜在客户时，很多时候工程师只有几分钟的交流时间，来表述支持关键决策或方案的重要发现和见解。

关注　挑战者号的灾难：无效的沟通

1986 年 1 月 28 日，挑战者号航天飞机在飞行了 73s 后爆炸，7 名宇航员全部遇难。灾难的根源是一个 O 形环失效，导致热的推进气体逸出，造成外部燃料箱结构故障，随后挑战者号爆炸。发射前，工程师们正试图确定发射是否安全；1 月 28 日的天气预报显示当天温度很低，约 30°F（0℃）。他们关心的是 O 形环在低温下的性能。虽然没有低温下的测试数据，他们还是被迫根据更高温度下的数据做出了结论。工程师绘制的图表如图 3-9 所示，这张图显示了在不同温度下实地测试 O 形环损坏的过程。尽管这张图表确实包括了做出决策所需的大部分必要数据，但这种形式不可能识别出数据的任何趋势（关联关系）。O 形环损伤随温度的变化趋势在演示文稿中被淹没了。

图 3-10 所示的散点图是一张以温度为自变量的 O 形环损伤函数图，它是相同数据的不同表达形式。每个数据点的大小与每个点的频率成比例。例如，67°F（19.4℃）下的最大数据点对应于该温度下的 4 次测试，每

个点显示没有损伤指数。采用这种形式所提供的数据清楚地显示了在天气预报的温度范围内 O 形环的潜在损伤。即使采用一个简单的趋势曲线，预计的损伤也远远严重于任何测试点。技术数据的有效描述有可能避免挑战者号的灾难。理解和应用有效的技术沟通原则是一名机械工程师的基本技能，特别是当工程师的决定直接影响他人的生命时。

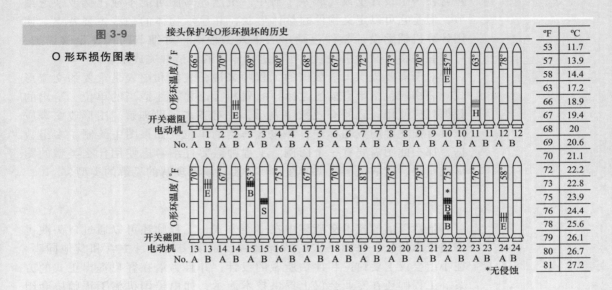

图 3-9

O 形环损伤图表

°F	℃
53	11.7
57	13.9
58	14.4
63	17.2
66	18.9
67	19.4
68	20
69	20.6
70	21.1
72	22.2
73	22.8
75	23.9
76	24.4
78	25.6
79	26.1
80	26.7
81	27.2

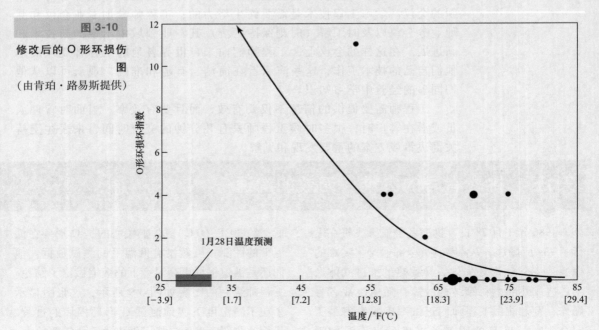

图 3-10

修改后的 O 形环损伤图

（由肯珀·路易斯提供）

例 3-10 书面交流

机械工程师正在做一些测试实验来确认一个新弹簧的弹簧常数（零件# C134）。将质量块放置在弹簧上，测量弹簧被压缩后产生的位移。胡克定律（将在第 5 章做进一步讨论）：弹簧所受力的大小与其被压缩或拉伸后所产生的位移成正比，即

$$F = kx$$

式中，F 是作用力；x 是位移；k 是弹簧的弹性系数。数据以 SI 单位制记录在表 3-7 中。

表 3-7

位移数据

质 量/kg	位 移/m
0.01	0.0245
0.02	0.046
0.03	0.067
0.04	0.091
0.05	0.114
0.06	0.135
0.07	0.156
0.08	0.1805
0.09	0.207
0.1	0.231

工程师的任务是制作专业的表格和图表来传达数据，并解释弹簧的胡克定律关系。首先，工程师需要使用公式 $w = mg$ 计算出质量块对弹簧的作用力，然后构建一个表格（表 3-8）填写力和位移数据。

表 3-8

弹簧测试数据

质 量/kg	力/N	位 移/m
0.01	0.098	0.0245
0.02	0.196	0.0460
0.03	0.294	0.0670
0.04	0.392	0.0910
0.05	0.490	0.1140
0.06	0.588	0.1350
0.07	0.686	0.1560
0.08	0.784	0.1805
0.09	0.882	0.2070
0.10	0.980	0.2310

注意以下关于表 3-8 的绝佳做法：
1）工程师已添加计算后的力值。

例 3-10（续）

2）每一列的单位已添加到表中。
3）已添加了适当的边框来分隔数据。
4）每一列有效数字位数是一致的。
5）标题大写并加粗。
6）让每一列数据对齐以便于阅读。

其次，工程师必须在数据表中表达出弹簧刚度的关系。选择一张如图 3-11 所示的散点图，这张图有效地表明了力和位移之间的关系，并且展示出数据非常符合胡克定律所预测的线性关系。

图 3-11

专业工程图示例（由肯珀·路易斯提供）

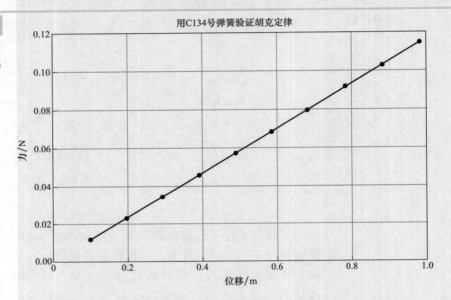

注意以下有关图 3-11 的绝佳做法：
1）清晰地标记坐标轴，并标记适当的单位。
2）伴随图表标记描述性的题目。
3）趋势线清楚地表明了变量之间的线性关系。
4）网格线的数量尽量少，并且仅用于辅助视觉。
5）数据跨越数轴，消除了图中的大面积空白区。

使用表格和图表，工程师可以快速评估和告知弹簧的弹簧常数是 4N/m，并根据设计要求进行验证。

本章小结

工程师们常常被描述为具有前瞻性的、优秀的、有解决问题能力的人。本章中列出了一些基本的工具和专业技能，这些都是机械工程师解决技术问题时需要使用的。包括数值、USCS 单位制和 SI 单位制系统、单位换算、量纲一致性、有效数字、近似数量级和有效沟通技术能力。简单地说，这些都是工程师的日常问题。因为在机械工程中，每个物理量都由两部分组成：数值和单位。缺了一个，另外一个是没有意义的。当工程师进行计算以及通过书面报告和口头报告向他人阐明研究成果时，他们需要清楚这些数值和量纲。遵循在这一章中所教授的解决问题的指导方针，你将准备充分地用系统的方式处理工程问题，并对工作的准确性胸有成竹。

自学和复习

3.1　为了在解决技术问题时清晰地展示你的工作，总结 3 个应遵循的主要步骤。

3.2　在 USCS 单位制和 SI 单位制中什么是基本单位？

3.3　在 USCS 单位制和 SI 单位制中什么是导出单位？举例说明。

3.4　在 USCS 单位制和 SI 单位制中质量和力是如何处理的？

3.5　在 USCS 单位制中，磅和磅-质量（pound 和 pound-mass）的定义的主要区别是什么？

3.6　在 USCS 单位制中，磅和磅-质量（pound 和 pound-mass）有什么区别？

3.7　1 磅（lb）大约相当于多少牛顿？

3.8　1 米（m）大约等于多少英尺？

3.9　1 英寸（in）大约等于多少毫米？

3.10　1 加仑（gal）大约等于多少升？

3.11　在计算中如何决定有效数字的位数？在最终答案的报告中，如何决定有效数字的位数？

3.12　给出一个在解决技术问题的过程中数量级近似的例子。

3.13　举几个例子，说明工程师准备书面文件和提供口头报告的情况。

习　题

3.1　以磅和牛顿为单位表示你的体重，以斯勒格和公斤为单位表示你的质量。

3.2　以英寸、英尺和米为单位表示你的身高。

3.3　转子扫过单位面积输出的风能表示为 $2.4kW/m^2$。用 hp/ft^2 这个量纲表示功率。

3.4　一名世界级的运动员在 $1'45''$ 的时间内可以跑半英里，以 m/s 为单位，跑步者的平均速度是多少？

3.5　1gal（美国加仑）相当于 $0.1337ft^3$，1ft 等于 $0.3048m$，1000L 相当于 $1m^3$。通过使用这些定义，确定加仑和升之间的换算系数。

3.6　在一个汽车广告中，一名乘客号称在高速公路上开车的经济耗油率为 29mile/gal。采用公里/升（km/L）表达此耗油率。

3.7　（1）家用 100W 的灯泡消耗多少马力？（2）5hp 的割草机发动

机消耗多少千瓦?

3.8　在 2010 年深海地平线石油泄漏灾难期间,流入墨西哥湾的石油量估计是 120～180 百万加仑（gal）,分别采用升（L）、立方米（m^3）、立方英尺（ft^3）来表达这个漏油量的范围。

3.9　1925 年,Try-State 龙卷风横扫密苏里州、伊利诺伊州和印第安纳州,219mile 长的沿途遭到破坏,造成创纪录的 695 人死亡。龙卷风的最大风速为 318mile/h。分别采用千米/小时（km/h）和英尺/秒（ft/s）来表达此风速。

3.10　上坡水滑梯在大型水上公园变得越来越流行。上坡车手的速度可以达到 19 英尺/秒（ft/s）。采用英里/小时（mile/h）来表达这一速度。

3.11　她要参加新工程的第一次产品开发团队会议,但她快迟到了。她从车上下来并开始以 8mile/h 的速度跑步前进。此时是上午 7 点 58 分,会议在上午 8 点整开始。此时到会议地点的距离是 500yard（1yard = 0.9m）。她能准时出席会议吗?如果能准时到达,剩余多少时间?如果不能准时到达,会晚多少?

3.12　载有科学仪器的机器人车被用于研究火星的地质情况。该探测器在地球上的重量是 408lb。

1）采用 USCS 单位制系统中的斯勒格和磅-米（slugs 和 lb·m）两种单位,分别计算探测车的质量。

2）当探测车碾压着陆器的平台时,它的重量是多少（着陆器是一个保护壳,着陆时它包裹着探测器）?　（火星表面的重力加速度是 12.3ft/s^2）。

3.13　计算 143 号航班上各种燃料的数量。飞机在飞行之前已经装有 7682L 燃料,并将油箱装满,以便起飞时共有 22300kg 燃油。

1）使用错误的换算系数 1.77kg/L,以公斤为单位,计算还需要添加到飞机中的燃料量。

2）使用正确的换算系数 1.77lb/L,以公斤为单位,计算需要添加的燃料量。

3）旅途中的飞机未加满燃油的百分比是多少?（注意:计算时一定要区分重量和质量的含义）

3.14　在一款四轮驱动的运动型多用途车的轮胎侧面印有"充气不要大于 44 psi"的警告,其中 psi 是压力单位磅每平方英寸（lb/in^2）的缩写。分别采用 USCS 单位制中的 lb/ft^2(psf) 和 SI 单位制中的 kPa 表示轮胎的最大额定压力值。

3.15　太阳光传输能量的大小取决于纬度和太阳能集热器的面积。在北半球某地晴朗的一天,太阳能照射地面的功率是 0.6kW/m^2。采用 USCS 单位制中的 (ft·lb/s)/ft^2 表达太阳能的这一值。

3.16　黏度是流体的一种属性,它与流体内部的摩擦和抵抗变形有关。例如,水的黏度低于糖浆和蜂蜜的黏度,就像轻机油的黏度小于润滑脂的黏度。机械工程中描述黏度的单位称为泊（poise）,这个单位被定义为 1poise = 0.1(N·s)/m², 1poise 也相当于 1g/(cm·s)。

3.17　参考习题 3.16 的描述, 已知某些机油的黏度是 0.25kg/(m·s), 采用如下单位确定其黏度值: 1) 泊 (poise); 2) slug/(ft·s)。

3.18　参考习题 3.16 的描述, 如果水的黏度是 0.01poise, 采用如下单位确定其黏度值: 1) slug/(ft·s); 2) kg/(m·s)。

3.19　飞机喷气发动机的燃油效率是以推力-燃料消耗 (Thrust-Specific Fuel Consumption, TSFC) 来描述的。TSFC 测量这个比率, 也就是燃料消耗 (单位时间内燃料燃烧的质量) 与发动机产生的推力 (力) 的比值。以这种方式衡量, 即使一台发动机在单位时间内比第二台发动机消耗更多的燃料, 如果它也同时为飞机产生更大的推力, 则它也不一定是低效的。早期氢燃料喷气发动机的 TSFC 是 0.082 (kg/h)/N。采用 USCS 单位制中的 (slug/s)/lb 来表示这个值。

3.20　广告上说一台汽车发动机产生的峰值功率为 118hp (发动机转速为 4000r/min), 最大扭矩为 186ft·lb (转速为 2500r/min)。分别采用 SI 单位制中的 kW 和 N·m 来表示这些性能。

3.21　根据例 3.6 表示刀尖的侧向挠度, 采用密耳 (mils) 作为单位 (定义见表 3-5), 当各种物理量采用 USCS 单位制中的单位替代时, 使用值 $F = 75\text{lb}$, $L = 3\text{in.}$, $d = 3/16\text{in.}$, $E = 30 \times 10^6 \text{psi}$。

3.22　热量 Q 的单位是 SI 单位制中的焦耳 (J), 在机械工程中, 它是描述能量从一个地方传输到另一个地方的物理量。热流在 Δt 的时间间隔内通过隔热墙的表达式是

$$Q = \frac{\kappa A \Delta t}{L}(T_h - T_l)$$

式中, κ 是墙的材料的导热系数; A 和 L 分别是墙的面积和厚度; $T_h - T_l$ 是墙两侧高温和低温之间的温度差 (℃)。

根据量纲一致性原则, 采用 SI 单位制的导热系数的正确量纲是什么? 小写希腊字符 κ 是一个用于热传导的传统数学符号。

3.23　对流的过程是热空气上升, 冷空气下降。当机械工程师分析某些传热和对流过程时, 需要使用普朗特 (*Prandtl number*, *Pr*) 常数。它的定义为

$$Pr = \frac{\mu c_p}{\kappa}$$

式中, c_p 是流体的属性, 称为比热; SI 单位为 kJ/(kg·℃); μ 是黏度, 在问题 3.16 中讨论过; κ 是导热系数, 在问题 3.22 中讨论过。显然 *Pr* 是一个无量纲数。希腊小写字母 μ 和 κ 是用于黏度和导热系数的传统数学符号。

3.24　当流体流过表面时, 雷诺数将显示流体是层流状态 (光滑), 还是过渡状态或者是湍流状态。下面采用 SI 单位制来验证雷诺数是一个无量纲数。雷诺数可以表示为

$$R = \frac{\rho v D}{\mu}$$

式中, ρ 是流体的密度; v 是自由流体的流速; D 是物体表面的特征长

度；μ 是流体的黏度。流体黏度的单位是 kg/（m·s）。

3.25　确定下列方程中的哪一个方程符合量纲一致性原则。

$$F = \frac{1}{2} m \Delta x^2, \quad F \Delta v = \frac{1}{2} m \Delta x^2, \quad F \Delta x = \frac{1}{2} m \Delta v^2, \quad F \Delta t = \Delta v \quad F \Delta v = 2 m \Delta t^2$$

式中，F 是力；m 是质量；x 是距离；v 是速度；t 是时间。

3.26　参考习题 3.23 和表 3.5，如果 c_p 和 μ 的单位分别是 Btu/（slug·°F）和 slug/（ft·h），采用 USCS 单位制系统，那么在定义 Pr 的过程中，导热系数的单位是什么？

3.27　一些科学家认为一个或多个大型小行星撞击地球是导致恐龙灭绝的原因。千吨（kiloton）这个单位用来描述大爆炸时的能量释放。它最初定义为 1000t 三硝基甲苯高爆炸药（TNT 炸药）的爆炸能力。因为这个表达依赖于爆炸的确切化学成分，可能是不精确的，所以后来千吨又被重新定义为 4.186×10^{12} 焦耳（J）。采用千吨（kiloton）这个单位计算太阳系中小行星爱神星（长方形，13km×13km×33km，密度为 2.4g/cm³）的动能大小。动能的定义为

$$U_k = \frac{1}{2} m v^2$$

式中，m 是物体的质量；v 是物体的速度。物体穿过太阳系内部时速度一般为 20km/s。

3.28　被称为悬臂梁的结构，其一端被夹紧固定，另一端处于自由状态，类似于一个跳水板，支承着游泳运动员站在上面（图 3-12）。根据下面的步骤进行试验，来测量悬臂梁的弯曲程度。在答案中，只给出可靠的有效数字。

1）在一个小桌面试验台上测量塑料吸管（悬臂梁）的挠度，弯曲力 F 作用于自由端。把吸管的一端插入铅笔的一端，然后把铅笔夹在书桌或桌子上。也可以用一把尺子、筷子或类似的组件作为悬臂梁。画简图来描述你的装置，并测量长度 L。

2）将重物作用于悬臂梁的自由端，并使用尺子测量悬臂梁端部的挠度 Δy。重复测量至少 6 次，每次采用不同的重物，来完整地描述横梁的力-挠度之间的关系。可以将硬币作为施加重力的重物，一枚美国硬币重约 30mN，检查当地硬币的重量。做一张表格，列出你的数据。

3）画出数据坐标图。横坐标表示挠度，纵坐标表示重力，并确保在每个轴上标记出这些变量的单位。

4）在坐标图上，通过这些数据点画一条最佳拟合曲线。原则上，尖端的挠度与作用力成正比。你觉得是这样吗？这条线的斜率称为刚度，其单位可以采用 lb/in 或者 N/m。

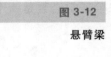

图 3-12

悬臂梁

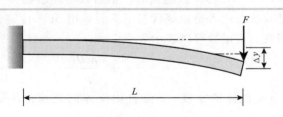

3.29　对几种不同长度的悬臂梁进行习题 3-28 中所述的测量。用实验方法回答以下问题：对于给定的力 F，悬臂梁尖端挠度的大小与悬臂梁长度的三次方成正比吗？像习题 3.28 那样，把结果画在图上和表格里，只给出你知道可靠的有效数字。

3.30　一个重 150lb 的骑手在 15ft 长的上坡水滑道上（如习题 3.10 中描述的）上行，使用 SI 单位制，计算其势能的变化。势能的定义为 $mg\Delta h$，这里 Δh 是垂直高度的变化值。上坡滑道部分的倾角是 45°。

3.31　使用习题 3.10 中给出的速度，计算习题 3.30 中骑手在倾斜水滑道上上行时所需的功率。这里，功率是能量的变化量除以向上滑行所需要的时间。

3.32　在商业喷气式飞机上，估计作用在乘客边窗户上的力，这个力是由空气压力差产生的。

3.33　给出以下数量的数量级的估计值。并解释和证明给出假设和近似值的理由。

1）在一个典型工作日的晚高峰期，穿过一个繁忙街道的十字路口的汽车数量。

2）在一所大学的校园里，构成一个大型建筑外墙的砖的数量。

3）大学校园人行道混凝土的体积。

3.34　按照习题 3.33 的要求重复练习以下问题：

1）成熟的枫树或橡树叶子的数量。

2）在一个奥林匹克标准游泳池中，一共有多少公升的水？

3）一个天然草坪的足球场中草的叶片数量。

3.35　按照习题 3.33 的要求重复练习以下问题：

1）你的教室里可以放入多少个高尔夫球？

2）全球每天出生多少人？

3）你所在大学的学生一学期消耗的食物的重量。

3.36　在你居住的城市里，对于每天汽车消耗的汽油的体积，估计给出一个数量级的近似值。需要估计出每天行驶的车辆数，平均行驶距离以及一个典型的汽油消耗率。

3.37　航天飞机轨道器绕地球一圈花了大约 90min。请估计航天器的轨道速度，采用的单位是 km/h。相比于地球的半径（大约 6400km），飞船的海拔高度很小（约 200km）。

3.38　估计一块正方形土地的面积，该地块是机场的停车场，能容纳 5000 辆车，并包含通道的面积。

3.39　汽车组装工厂每天生产约 400 辆汽车。做一个数量级的估计，估计一下生产这些车辆所需钢材的重量。解释和证明你所给出的假设和近似值的理由。

3.40　想一想你在日常生活中遇到的一些数量，虽然很难获得一个高度精确的数值，但可以得到一个数量级的近似值。描述一下这些数量，并给出近似值，然后解释和证明你所给出的假设和近似值的理由。

3.41　各种材料的弹性模量、刚性模量、泊松比和单位重量如下。

数据是作为材料属性给出，弹性模量 E（Mpsi，GPa）；刚性模量 G（Mpsi，GPa）；泊松比，单位重量（lb/in^3，lb/ft^3，kN/m^3）。设计一张表格，采用专业的、有效的方式把这些数据填写在这个表格里。

铝合金   10.3   71.0   3.8   26.2   0.334   0.098   26.6   169

铍铜   18.0   124.0   7.0   48.3   0.285   0.297   80.6   513

黄铜   15.4   106.0   5.82   40.1   0.324   0.309   83.8   534

碳钢   30.0   207.0   11.5   79.3   0.292   0.282   76.5   487

灰铸铁   14.5   100.0   6.0   41.4   0.211   0.260   70.6   450

铜   17.2   119.0   6.49   44.7   0.326   0.322   87.3   556

玻璃   6.7   46.2   2.7   18.6   0.245   0.094   25.4   162

铅   5.3   36.5   1.9   13.1   0.425   0.411   111.5   710

镁   6.5   44.8   2.4   16.5   0.350   0.065   17.6   112

钼   48.0   331.0   17.0   117.0   0.307   0.368   100.0   636

镍银   18.5   127.0   7.0   48.3   0.322   0.316   85.8   546

镍钢   30.0   207.0   11.5   79.3   0.291   0.280   76.0   484

磷青铜   16.1   111.0   6.0   41.4   0.349   0.295   80.1   510

不锈钢   27.6   190.0   10.6   73.1   0.305   0.280   76.0   484

3.42   根据习题 3.41 中的数据，采用 SI 单位制系统，画一个图表，表示弹性模量（y 轴）与单位重量（x 轴）之间的关系。解释图中的趋势曲线，包括趋势的物理解释，并注释任何偏离这一趋势的数据。

参考文献

［1］   Banks P. The Crash of Flight 143 ［J］. *ChemMatters*, American Chemical Society, 1996 (10): 12.

［2］   Burnett R. *Technical Communication* ［M］. 6th ed. Cengage, 2005.

［3］   E A, Baumeister T, eds. *Marks' Standard Handbook for Mechanical Engineers* ［M］. 10th ed. New York: McGraw-Hill Professional, 1996.

［4］   Hoffer W, Hoffer M M. *Freefall: A True Story* ［M］. New York: St. Martin's Press, 1989.

［5］   Walker G. A Most Unbearable Weight ［J］. *Science*, 2004 (304): 812-813.

第4章

结构与机械中的力

本章目标

- 在直角坐标系和极坐标系中将力进行分解。
- 利用向量代数法和向量多边形法确定系统所受诸力的合力。
- 利用垂直力臂法和力矩分量法计算力所产生的力矩。
- 理解力平衡要求，并能计算出简单结构与机械中的未知力。
- 从设计的观点，解释根据使用环境，应选择哪一种类型的滚动轴承，并计算其作用力。

4.1 概述

　　机械工程师设计产品、系统及其部件时，必须应用数学和物理原理对系统进行建模、分析，并预测系统的行为。成功的设计靠有效的工程分析做支撑；有效的工程分析依赖于对结构与机械所受力的正确理解，这是本章和下一章的重点。

　　本章介绍力学学科，其主题包括作用在结构与机械上的各种力及其保持静止或运动的趋势，其中构成力学基础的基本原理是牛顿三大运动定律：

　　1）惯性定律：每个物体将保持静止状态或以不变的速度始终运动，除非有不平衡的外力作用在该物体上。

　　2）物体的质量为 m，受到的外力为 F，该物体将产生一个加速度，其方向与外力的方向一致，大小与外力的大小成正比，与物体的质量成反比，其关系可以表示为 $F=ma$。

　　3）两个相互作用的物体，其作用力与反作用力的大小相等，方向相反且共线。

　　在本章和下一章中，将探讨力的作用原理及其问题求解方法，以了解它们对工程部件的影响。在形成力系、力矩及静态平衡等概念后，将进一步讨论怎样计算作用在简单结构与机械上的外力和内力的大小及方向。简而言之，受力分析是工程师判断某个部件是否能可靠运行的第一步。图 4-1 所示为工作中承受重载的建筑设备。

图 4-1

在运行中承受重载的
重型建筑设备

本章的第二个目标是从滚动轴承开始，了解机械零部件工作方面的知识。就像一个电气工程师可能会选择现成的电阻、电容和晶体管作为电路元件一样，机械工程师在其设计中可以得心应手地选择合适的轴承、轴、齿轮、带及其他机械零部件。因此，了解机械零部件的工作知识，对扩展专业词汇是非常重要的。机械工程有自己的精确语言，可以有效地与其他工程师进行沟通交流，作为工程设计人员，需要学习、使用和共享这种语言。同时，为某种实际应用场合选择合适的零部件，对其相关使用背景也是必须了解的。例如，在某具体设计中，究竟应该采用球轴承、滚柱轴承、圆锥滚子轴承还是推力滚子轴承。

本章讨论的机械系统与力学系统等主题，符合图 4-2 所示的机械工程主题层次结构，该主题属于工程科学和分析分支，为创新系统设计的关键决策提供支持。当然，在本入门教材中，不可能列出体现机械工程原理的所有机器和零部件，这也不是本章和下一章的目的。尽管如此，仅仅通过学习几种机械零部件的知识，也将增进对机械设计问题的了解和掌握。能很好地了解机械零件的内部结构和工作原理，激发起对机器的好奇心，思考它们是如何制造的，剖析它们，研究如何能够做出不同或更好的产品。在本章，开始讨论各种类型的轴承以及作用在它们上面的各种力。在第 8 章，将继续讨论并描述齿轮、带传动和链传动。

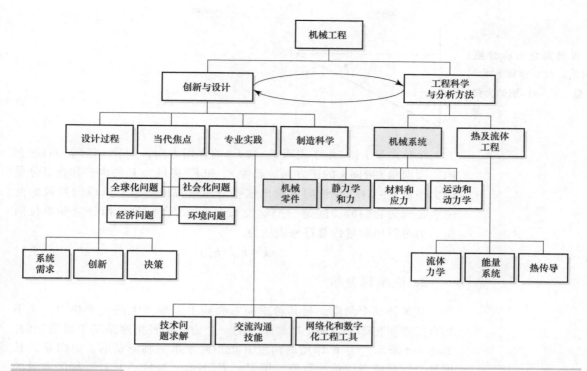

图 4-2　本章讨论的主题（阴影框）与机械工程总体研究体系的关系

◉ 4.2　直角坐标和极坐标表示力

在确定力对结构与机械的影响前，首先需要描述一个力的大小和方向。下面的分析将仅限于所有的力都作用在同一平面的情况，用于二维问题的相应概念和求解方法也适用于三维空间中结构与机械的一般案例。但是，本章的目的是尽量避免在代数和几何分析方面增加复杂性。在后续的机械工程课程中，将遇到三维空间中力、平衡、运动等性质方面的问题。

力是向量，因为它们的物理表现涉及方向和大小两个方面。在国际单位制中，力的大小用牛顿（N）来度量。

1.　直角坐标分量

力向量用黑体字符 F 表示，最常用的描述作用力的方法之一，是用力的水平分量和垂直分量来表达。一旦设定了 x 轴和 y 轴的方向，力 F 就可以沿着 x、y 方向分解成直角坐标分量，在图 4-3 中，力 F 在水平方向（x 轴）的投影称为 F_x，在垂直方向（y 轴）的投影称为 F_y，当给 F_x 和 F_y 赋值后，就可以描述力 F 的一切内容。实际上，数对（F_x，F_y）正是力向量顶端的坐标。

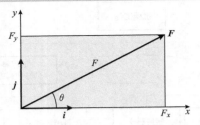

图 4-3

根据直角坐标分量
（F_x，F_y）和极坐标分
量（F，θ）描述力向
量

单位向量 i 和 j 用于表明 F_x 和 F_y 的作用方向，向量 i 指向 x 的正方向，而向量 j 指向 y 的正方向。就像 F_x 和 F_y 提供力 F 的水平和垂直分量的大小信息一样，单位向量给出这些分量的方向信息，单位向量被如此命名是因为它们的长度是一个单位长度 1。结合直角坐标分量和单位向量，力可以用向量代数符号表达为

$$F = F_x i + F_y j \qquad\qquad (4\text{-}1)$$

2. 极坐标分量

从另外一个角度，与其考虑向右和向上需要多大的一个拉力，还不如直接指明在哪个方向上需要多大的一个力。这种角度是基于极坐标的。如图 4-3 所示，力 F 作用的角度 θ 是相对于水平轴测量的，力向量的长度是个标量或者简单的数值，用 $F = |F|$ 表示，符号"｜｜"标明向量的大小为 F，用普通字体书写，代替用 F_x 和 F_y 来描述力向量的大小。在极坐标中，用 F 和 θ 两个参数来描述力向量 F，向量的这种表达方式称为极坐标分量或"大小-方向"形式。

力的大小和方向与水平和垂直分量的关系为

$$\begin{cases} F_x = F\cos\theta \\ F_y = F\sin\theta \end{cases} \qquad （从极坐标到直角坐标）\qquad (4\text{-}2)$$

如果已知力的大小和方向，则该方程可用来确定力的水平和垂直分量。另一方面，当知道 F_x 和 F_y 时，可以用下面的公式计算力的大小和方向

$$\begin{cases} F = \sqrt{F_x^2 + F_y^2} \\ \theta = \arctan\left(\dfrac{F_y}{F_x}\right) \end{cases} \qquad （从直角坐标到极坐标）\qquad (4\text{-}3)$$

用式（4-3）的反正切函数可计算参数的主值，并只返回位于 $-90°\sim$ $90°$ 区间的一个角度值。直接应用等式 $\theta = \arctan(F_y/F_x)$ 计算时，得到的角度只能是在 $x\text{-}y$ 平面内位于第一象限或第四象限的一个 θ 值。然而，一个力可能位于平面中四个象限的任意一个象限内，为了解决该问题，需要检查 F_x 和 F_y 的正、负号并利用它们来确定 θ 值的正确象限。例如，在图 4-4a 中，$F_x = 500\text{N}$，$F_y = 250\text{N}$，力作用角度的计算公式为：$\theta =$ $\arctan(0.5) = 26.6°$，其数值表明它位于第一象限，因为力向量的顶端坐标 F_x 和 F_y 都为正。在图 4-4b 中，当 $F_x = -500\text{N}$，$F_y = 250\text{N}$ 时，可能会被 $\theta = \arctan(-0.5) = -26.6°$ 误导，认为这个角度实际上落到第四象限，这样判断力的方向是错误的，因为角度应该是相对于 x 轴的正向而言的。显然，由图 4-4b 可知，F 形成的角度 $26.6°$ 是相对于 x 轴负向而言的。相

对于 x 轴正向力的作用角度是 $\theta=180°-26.6°=153.4°$。

图 4-4

确定力的作用角度

a）位于第一象限

b）位于第二象限

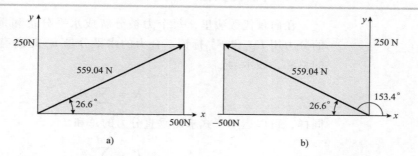

a)　　　　　　b)

⦿ 4.3　力系的合力

同时作用在结构与机械上的多个力组成一个力系。各个力互相结合起来描述它们共同作用的实际效果，用合力 R 度量其累积作用效果。例如，如图 4-5 所示安装后的立柱支架，三个力 F_1、F_2、F_3 作用于不同方向且大小不同。为了确定立柱是否能承受住这些力，工程师首先需要确定其实际的作用效果。若存在 N 个力 $F_i(i=1，2，\cdots，N)$，则它们的合力运用向量代数的规则计算为

$$R=F_1+F_2+\cdots+F_N=\sum_{i=1}^{N}F_i \tag{4-4}$$

力的总和可以通过接下来描述的向量代数法或向量多边形法求出。在不同的问题求解情况下，一种方法可能比另一种方法更加简单，或者同时采用两种方法，以验证和检查计算的正确性。

图 4-5

立柱支架受力分析

a）安装后的立柱支架受到 3 个力的作用

b）合力 R 由 F_1、F_2、F_3 首尾相连形成的向量链的起点延伸到终点

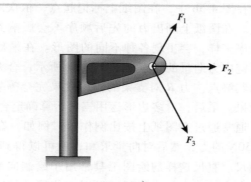

a)

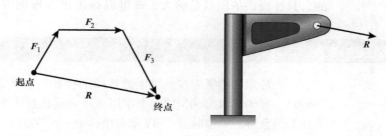

b)

1. 向量代数法

在向量代数法里，每个力被分解成水平分量和垂直分量。第 i 个力的分力用 $F_{x,i}$ 和 $F_{y,i}$ 标记。合力的水平分量 R_x 是所有单个力的水平分量的总和，表示为

$$R_x = \sum_{i=1}^{N} F_{x,i} \qquad (4-5)$$

同样，可以运用下式求出垂直分力的总和

$$R_y = \sum_{i=1}^{N} F_{y,i} \qquad (4-6)$$

那么，合力可用向量代数形式表达为：$R = R_x i + R_y j$。与式（4-3）类似，可以用式（4-7）计算出合力的大小 R 和方向 θ。如前面所述，在考虑 R_x 和 R_y 的正、负号以后就可以确定 θ 的实际值，从而确定 θ 位于哪个象限。

$$\begin{cases} R = \sqrt{R_x^2 + R_y^2} \\ \theta = \arctan\left(\dfrac{R_y}{R_x}\right) \end{cases} \qquad (4-7)$$

2. 向量多边形法

另一种确定几个力实际作用效果的方法是向量多边形法。一个力系的合力可以通过绘制力 F_i 向量多边形来确定。通过对几何多边形应用三角函数确定合力的大小和方向。对应图 4-5a 所示的立柱，通过在向量链中首尾相连添加单个的力 F_i，画出这三个力的向量多边形。

在图 4-5b 中，在图纸上标记起点，依次对三个力求和，最后标记上终点。在图纸上画出力的先后顺序不会影响到最终结果，但由于添加力的顺序多样，会出现各种不同的图形。在最后，将向量链的终点标记添加到链中力向量的顶点。如图 4-5b 所示，合力 R 从向量多边形链的起点指向其终点。力 R 对支架的作用效果完全等效于三个力共同作用于支架的效果。最后，对多边形运用三角运算确定合力的大小和方向。

通常通过在图纸上按比例作图，例如，在图纸上用 1cm 的长度对应于 250N 的力，然后对向量求和，就可以得到相当准确的结果。量角器、比例尺、直尺这样的绘图工具常用于绘制向量多边形，并测量未知量的大小和方向。在解决工程问题时，使用纯粹的图形化方法无疑是可接受的，只要提供的图纸足够大，就可以确定出合理的有效数字，得到较为精确的答案。

例 4-1   缆绳的束缚力

吊环螺栓被紧固在一块厚的基础平板上，并承受三根张力分别为 670N、1560N 和 3560N 的钢索作用，用向量代数法确定作用在吊环螺栓上的合力。单位向量 i 和 j 指向坐标 x-y 的正方向，如图 4-6 所示。

例 4-2（续）

图 4-6

吊环螺栓受力情况

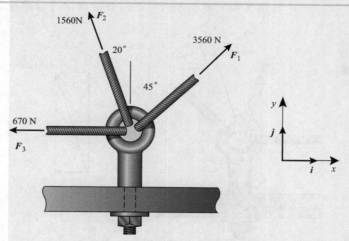

（1）方法 本任务是求出吊环螺栓受到的合力，用式（4-1）和式（4-2），将每个力分解成水平分力和垂直分力并将它们写成向量形式；然后，分别对三个力的分力求和，求出合力的分量；最后，根据式（4-7）求出合力 $\boldsymbol{R}$ 的大小和方向。

（2）求解 力 3560N 的分力为

$$\boldsymbol{F}_{x,1} = (3560\text{N})\cos45° = 2517.3\text{N} \qquad \leftarrow [F_x = F\cos\theta]$$

$$\boldsymbol{F}_{y,1} = (3560\text{N})\sin45° = 2517.3\text{N} \qquad \leftarrow [F_y = F\sin\theta]$$

$\boldsymbol{F}_1$ 用向量形式写成

$$\boldsymbol{F}_1 = (2517.3\boldsymbol{i} + 2517.3\boldsymbol{j})\text{N} \qquad \leftarrow [\boldsymbol{F} = F_x\boldsymbol{i} + F_y\boldsymbol{j}]$$

用相同的步骤求得其他两个力为

$$\boldsymbol{F}_2 = -[(1560\text{N})\sin20°\boldsymbol{i} + (1560\text{N})\cos20°\boldsymbol{j}]\text{N}$$

$$= (-533.55\boldsymbol{i} + 1465.9\boldsymbol{j})\text{N}$$

$$\boldsymbol{F}_3 = -670\boldsymbol{i}\text{N}$$

计算合力的分量，对三个力的水平分力和垂直分力分别求和，得

$$\boldsymbol{R}_x = (2517.3 - 533.55 - 670)\text{N} = 1313.75\text{N} \qquad \leftarrow \left[R_x = \sum_{i=1}^{N} F_{x,i}\right]$$

$$\boldsymbol{R}_y = (2517.3 + 1465.9)\text{N} = 3983.2\text{N} \qquad \leftarrow \left[R_y = \sum_{i=1}^{N} F_{y,i}\right]$$

合力的大小是

$$R = \sqrt{1313.75^2 + 3983.2^2}\,\text{N} = 4194.26\text{N} \qquad \leftarrow \left[R = \sqrt{R_x^2 + R_y^2}\right]$$

它作用的角度是

$$\theta = \arctan\left(\frac{3983.2\text{N}}{1313.75\text{N}}\right)$$

$$= \arctan\left(3.032\,\frac{\text{N}}{\text{N}}\right) = \arctan 3.032 = 71.75° \qquad \leftarrow \left[\theta = \arctan\frac{R_y}{R_x}\right]$$

其角度按 x 轴正方向沿逆时针方向沿进行测量，如图 4-7 所示。

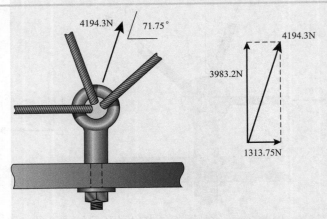

图 4-7

角度的测量

（3）讨论　合力的大小比其中任何一个力都大，但在数值上小于三个力的总和，因为 $F_{x,3}$ 抵消了 $F_{x,1}$ 的一部分力。合力向上、向右作用在螺栓上，与预期的效果一样。三个力一起作用在吊环螺栓上将其拉紧，与通过横向载荷 R_x 使它弯曲一样。计算合力的角度时，同时采用向量代数法和向量多边形法，进行双重检查，得到的结果大小一致，并且注意到反正切函数参数中的牛顿单位相互抵消了。由于 R_x 和 R_y 都为正，故合力向量的顶端位于 x-y 平面的第一象限内。

$$R = 4194.2\text{N}$$
$$\theta = 71.75° \text{（从 } x \text{ 轴正向沿逆时针量取）}$$

一装置的操纵杆上作用了两个大小分别为 45N 和 111N 的力，如图 4-8 所示，用向量多边形法确定合力的大小和方向。

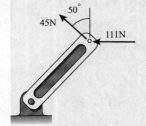

图 4-8

作用在操纵杆上的力

（1）方法　本任务是求出作用在操纵杆上的合力。首先假设相对于所施加的外力，杆的重力可以忽略不计，然后用向量首尾相连的规则将力连接起来，画出向量多边形，两个给定的力及其合力形成了一个向量三角形，如图 4-9 所示。利用余弦定理和正弦定理来

例 4-2（续）

求解向量三角形中未知边（合力）的长度和角度。

图 4-9

向量三角形

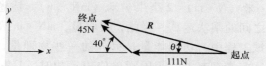

（2）求解　在图中先画出 111N 的力，并将 45N 的力添加到图中，其与垂直方向成 50°角，合力 R 从力向量 111N 的尾端（标记为向量多边形的起点）延伸到力向量 45N 的头部（标记为终点），三个向量形成了一个边角边的三角形，用余弦定理，可以求出未知边的长度为

$$R^2 = (45N)^2 + (111N)^2 - 2 \times 45N \times 111N \times \cos(180° - 40°)$$

$\leftarrow [\, c^2 = a^2 + b^2 - 2ab\cos C\,]$

从上面的公式求出 $R = 148.32N$，用正弦定理确定合力 R 作用的角度 θ 为

$$\frac{\sin(180° - 40°)}{148.32N} = \frac{\sin\theta}{45N}$$

$\leftarrow \left[\, \dfrac{\sin A}{a} = \dfrac{\sin B}{b}\,\right]$

合力的作用角度为 $\theta = 11.25°$，从 x 轴的负方向沿顺时针量取。

（3）讨论　合力的大小小于两个力的总和，因为它们不是作用在同一直线的相同方向。同时，合力的方向位于两个力之间成一个角度，与预期的相匹配。为了双重检查结果，可以将两个力分解成水平和垂直分力，如例 4-1 中的方法。用 $x\text{-}y$ 坐标系，45N 的力向量可以表示成 $F = (-34.47i + 28.92j)N$。用向量代数法双重检查后得到

$$R = 148.32N$$

$$\theta = 11.25°　　从 x 轴的负方向沿顺时针量取$$

◉ 4.4　力的力矩

松开螺栓时，使用长柄扳手转动是很容易的。事实上，手柄越长，手用的力越少。一个力使物体转动的趋势称为"力矩"。力矩的大小与所作用力的大小以及杠杆臂长（力绕旋转点转动的距离）有关。

1. 垂直力臂法

力矩的大小可以定义为

$$M_O = Fd \tag{4-8}$$

式中，M_O 是力 F 绕点 O 转动形成的力矩；F 是垂直力的大小；距离 d 称为垂直力臂，其大小是力的作用线到 O 点的垂直距离。术语"转矩"可以用来描述一个力通过力臂作用的效果。然而，机械工程师一般用"转矩"来描述电动机、发动机、变速器中使旋转轴做旋转运动的力矩，第

8章将讨论这些应用实例。

根据式（4-8），一个力矩的量纲包含作用力和作用长度，力矩的国际单位是牛·米（N·m），而且当力矩很大或者很小时，可以用多种加前缀的单位表示。例如，5000 牛·米（N·m）= 5 千牛·米（kN·m），0.002 牛·米（N·m）= 2 毫牛·米（mN·m）。注意：符号"·"用于表示量纲之间的乘法运算，因此，很明显，mN·m 表示毫牛·米。

在机械工程中，功和能量是另外的一些物理量，它们也与作用力和作用长度这些量纲有关。用国际单位表示功时，1 焦耳（J）被定义为 1 牛·米（N·m），表示 1N 的力在其作用线上完成了 1m 的距离所做的功。当然，功和能量是完全不同于转矩和力矩的物理量，它们之间有明显的区别，在国际单位中，只有牛·米（N·m）可以用于力矩和转矩。

通过一个具体的结构，可以很好地理解公式 $M_O = Fd$ 的应用。在图 4-10a 中，力 F 的方向指向支架的右下方，我们感兴趣的可能是力 F 绕支承立柱基点（在图中标记为点 O）产生的力矩，立柱有可能在基点位置发生破坏。为了保证立柱能承受外力 F，工程师需要设计合适的立柱直径和长度，计算力矩时要同时依据力 F 的大小和力作用线与点 O 的垂直偏移距离 d，位于力向量方向的连续直线被称为作用线。实际上，支架上的作用力 F，只要其作用线方向不变，不论力作用在作用线上的任一点，对点 O 产生的力矩都是不变的。图 4-10a 中绕点 O 的力矩方向是顺时针方向，因为力 F 会引起立柱有向这个方向转动的趋势（尽管刚性座架会阻止立柱在这种情况下产生运动）。

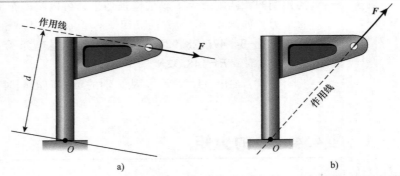

图 4-10

计算力 F 产生的力矩
a) 力 F 的作用线离开点
   O，垂直力臂距离为 d
b) 力 F 的作用线通过 O
   点，力矩 $M_O = 0$

在图 4-10b 中，改变了力的方向，此时，力的作用线正好通过了点 O，因此偏移距离 $d = 0$，不会产生力矩，力的作用趋势是使立柱的底座直接受拉，而没有旋转运动的趋势。简言之，计算力矩时，必须考虑力的方向和大小。

2. 力矩分量法

正如可以将一个力分解成直角坐标分量一样，有时用分量计算力矩也很有效。力矩由两个力分量产生的力矩分量的总和确定，而不是由合力直接确定。用这种方法计算力矩的一个主要原因是单个分力的作用力臂比整个合力的力臂容易求得。用这种方法求解时，需要通过符号约定来明确每个力矩分量的贡献是顺时针的还是逆时针的。

为了阐明这种方法，仍以受到一个力作用的立柱支架为例。如图 4-11所示，选择下面的符号约定来确定旋转方向：引起逆时针旋转趋势的力矩为正，引起顺时针旋转趋势的力矩为负。这种正、负方向的选择是任意的，可以也很容易选择顺时针方向为正。当然，一旦符号约定确定后，就要一直坚持执行和使用这个约定。

图 4-11a 所示为力分量 F_x 和 F_y 的第一种情况，不是确定从点 O 到力 F 的作用线的距离，这样可能涉及具体的几何结构，是应避免的；而是计算 F_x 和 F_y 各自力臂的距离，这样更直接。按照符号约定，绕点 O 的力矩为 $M_O = -F_x\Delta y - F_y\Delta x$，$F_x$ 和 F_y 对 M_O 的单独贡献均为负，因为两个分量都有引起立柱朝顺时针旋转的趋势，它们的联合作用效果对合力矩大小的贡献是积极的，将得到一个合力矩增大的净作用力矩。

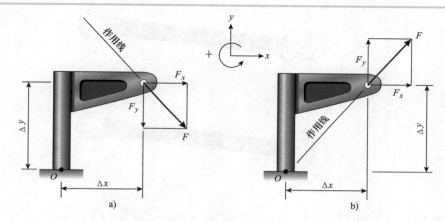

图 4-11

立柱支架受力分析

a) F_x 和 F_y 都绕点 O 产生顺时针力矩

b) F_x 产生顺时针力矩，F_y 产生逆时针力矩

在图 4-11b 中，力 F 的方向改变了，此时，F_x 仍然施加一个负力矩，而 F_y 有引起逆时针旋转的趋势，绕点 O 产生一个正力矩，净力矩变为 $M_O = -F_x\Delta y + F_y\Delta x$。这里，两个力分量的联合作用对合力矩大小的贡献是消极的，得到使合力矩减小的净力矩。事实上，当力分量处于特定的方向时，即当 $\Delta y/\Delta x = F_y/F_x$ 时，两个力矩分量正好抵消，这种情况下合力矩为 0，因为 F 的作用线通过点 O。

用力矩分量法，可写成如下的一般形式

$$M_O = \pm F_x\Delta y \pm F_y\Delta x \tag{4-9}$$

式中，假设 F_x、Δx、F_y 和 Δy 的数值均为正，等式中的正、负号根据求解问题时力矩分量引起的旋转趋势是顺时针还是逆时针而定。

不管用垂直力臂法还是力矩分量法，报告结果时，都应该指出：①力矩大小的数值；②单位；③旋转方向是顺时针还是逆时针。若在图中已做了符号约定，则可以用加减号（±）表明其方向。

例 4-3　开口扳手

机械工程师用扳手拧紧六角螺母，计算当力作用在扳手的方向如图 4-12a、b 所示，绕螺母中心的力为 155N 时产生的力矩。手柄稍微倾斜，其开口端中心到封闭端中心的长度是 16cm，力矩的单位为 N·m。

例 4-3（续）

（1）方法　本任务是求出两个方向下的力矩，首先假设可以忽略扳手重力引起的力矩，然后将采用垂直距离法求两种情形下的力矩。在图 4-12a 所示情况下，力的作用方向垂直向下，从螺母中心到力的作用线的垂直距离是 $d = 15$cm，扳手手柄的倾斜角度和长度在这种情况下不重要，因为计算力矩时只关心 d 的值，手柄的长度不必和垂直力臂相一致。

图 4-12

开口扳手受力

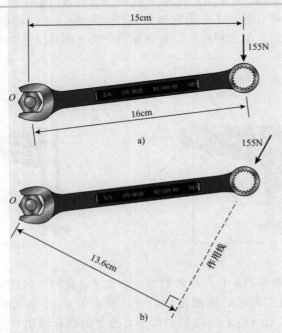

（2）求解

1）图 4-12a 所示情况下力矩的大小为

$M_O = 155$N$\times 15$cm$= 23.25$N$\cdot$m　　　　$\leftarrow [M_O = Fd]$

且为顺时针方向。

2）在图 4-12b 所示情形下，力的倾斜角度改变了，其作用线也变了，因此 $d = 13.6$cm，力矩减小到

$M_O = 155$N$\times 13.6$cm$= 21.08$N$\cdot$m　　　　$\leftarrow [M_O = Fd]$

（3）讨论　每一种情况下的力矩都是顺时针的，但图 4-12b 所示情形下的力矩较小，因为其垂直距离比图 4-12a 所示情况下小。如果考虑重力，则每种情形下的顺时针力矩都会增大，因为重力会在扳手中间产生一个向下的附加作用力。报告最终结果时，要指出数值、单位和方向。

图 4-12a 所示情况　　　　　$M_O = 23.25$N$\cdot$m　　（顺时针）

图 4-12b 所示情况　　　　　$M_O = 21.08$N$\cdot$m　　（顺时针）

例 4-4　可调扳手

　　如图 4-13 所示，当可调扳手承受的作用力为 250N 时，用垂直力臂法和力矩分量法，分别确定其绕螺母中心的力矩。

图 4-13

可调扳手受力

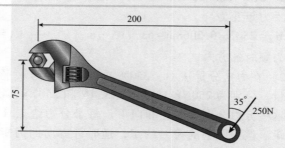

　　（1）方法　本任务是用两种方法求出作用力产生的力矩，再次假设可以忽略扳手重力的影响，螺母的中心用点 A 表示，力的作用点用 B 表示。分别运用式（4-8）和式（4-9）计算力矩，用三角等式确定必要的长度和角度，如图 4-14 所示。

图 4-14

可调扳手受力分析

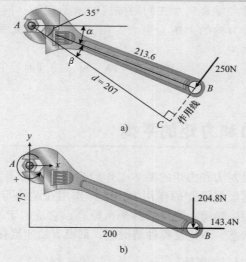

a)

b)

　　（2）求解

　　1）首先需要确定垂直力臂的长度，这一步涉及几何结构，根据给定的尺寸有

$$AB = \sqrt{(75\text{mm})^2 + (200\text{mm})^2} = 213.6\text{mm} \qquad \leftarrow [z^2 = x^2 + y^2]$$

　　尽管这是作用力的位置距离，但它不是垂直力臂的长度。为此，需要计算力作用线的垂直距离 AC。因为力的作用方向与垂直方向倾斜成 35°，垂直于力的直线（AC）从水平方向旋转 35°，直线 AB 所处的角度为

$$\alpha = \arctan \frac{75\text{mm}}{200\text{mm}} = \arctan 0.375 = 20.56° \qquad \leftarrow \left[\tan\theta = \frac{y}{x} \right]$$

　　　　AB 位于水平线下，与 AC 偏移的角度为 $\beta = 35° - 20.56° = 14.44°$，垂直力臂的距离变成

$$d = 213.6\text{mm} \times \cos 14.44° = 206.8\text{mm} \qquad \leftarrow [\, x = z\cos\theta \,]$$

则扳手力矩变为

$$M_A = 250\text{N} \times 0.2068\text{m} = 51.71\text{N} \cdot \text{m} \qquad \leftarrow [\, M_A = Fd \,]$$

方向为顺时针方向。

　　2）在力矩分量法中，250N 的力被分解为水平方向和垂直方向的分量，分别为 $250\text{N} \times \sin 35° = 143.4\text{N}$ 和 $250\text{N} \times \cos 35° = 204.8\text{N}$。在图中这些分力分别指向左和向下。每个分力绕点 A 产生一个顺时针的力矩。按照图中的符号约定，逆时针方向的力矩为正，通过对每个分量求和得到

$$\begin{aligned} M_A &= -143.4\text{N} \times 0.075\text{m} - 204.8\text{N} \times 0.2\text{m} \qquad \leftarrow [\, M_A = \pm F_x \Delta y \pm F_y \Delta x \,] \\ &= -51.71\text{N} \cdot \text{m} \end{aligned}$$

因为数值为负，所以净力矩为顺时针方向。

　　（3）讨论　在这个例子中，用力矩分量法更容易，因为扳手的水平尺寸和垂直尺寸在问题描述时就给定了。同样，如果考虑重力，则顺时针方向的力矩会更大，因为重力会在扳手中间产生一个向下的附加作用力。

$$M_A = 51.71\text{N} \cdot \text{m} \qquad （顺时针）$$

◉ 4.5　力和力矩的平衡

　　现在已对力和力矩的基本工作原理和性质有了适当的了解，下面的任务将转移到根据已知的作用力，计算作用在结构与机械中的未知作用力。这涉及运用牛顿第一定律的静平衡原理，它适用于结构与机械中的静止或匀速运动状态。不论在哪种情况下，都没有加速度存在，且合力为 0。

1. 质点和刚体

　　一个机械系统可以包含一个单个的物体（如一个发动机活塞），或者多个相连接的物体（如整个发动机）。在计算力时，如果物体的物理尺寸不重要，则该物体被称为"质点"。这个概念是把系统理想化，把系统集中看成一个单个的点，而不是分布在一个扩大的面积或体积中。为了求解，质点的尺寸可以被忽略不计。

　　另一方面，如果物体的长度、宽度和高度在求解问题时都很重要，则该物体称为"刚体"。例如，考查通信卫星绕地球旋转的运动时，该航天器可以被看成是一个质点，因为其尺寸与轨道尺寸相比很小。然而，当卫星发射时，工程师感兴趣的是火箭的空气动力学和飞行特征，运载火箭就会被看成刚体而进行建模。图 4-15 所示为力作用在质点上与刚体

上的概念差别，可以看出，不平衡的力作用在刚体上会引起刚体转动，而作用在质点上则不会。

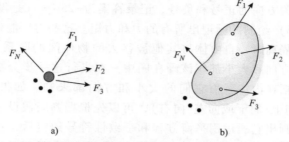

图 4-15

N 个力作用在质点和
刚体上的区别
a）作用在质点上
b）作用在刚体上

a)　　　　　　　　　b)

如果作用在质点上的力的合力为 0，那么质点就处于平衡状态。因为力是向量，质点所受的 N 个力的合力在两个相互垂直方向上的分力必须均为 0，这里标记为 x 和 y 方向，则

$$\begin{cases} \sum_{i=1}^{N} F_{x,i} = 0 \\ \sum_{i=1}^{N} F_{y,i} = 0 \end{cases} \tag{4-10}$$

对于刚体，如果要处于平衡状态，其合力矩也必须为 0。当这些条件都满足时，在力的作用下刚体就不会沿着任何方向发生移动或在力矩的作用下发生转动，即刚体平衡需满足的方程为式（4-10）和式（4-11）

$$\sum_{i=1}^{N} M_{O,i} = 0 \tag{4-11}$$

式中，$M_{O,i}$ 为第 i 个力产生的力矩。

符号约定是一个很好的标记方法，可以区分相反的作用力和力矩的转动是顺时针还是逆时针。平衡方程中的求和包括所有存在的力和力矩，不管它们的大小和方向是否已知。在开始分析时，未知力也包括在求和公式里，给它们分配几何变量，之后用平衡方程确定其数值。

从数学上讲，刚体的平衡方程是一个包含三个线性等式的系统，其中包括未知力。这一特征的含义是，对单个刚体用式（4-10）和式（4-11）最多可以求解三个未知量。对应于质点，平衡方程中就不必用力矩方程了，在这种情况下，只存在两个独立方程，最多可以求解两个未知量。不可能通过绕着不同的点求解力矩或沿不同方向求解合力的方法获得更多的独立平衡方程。附加方程仍然是有效的，但它们只是与其他已导出的方程简单地组合，因此它们不会提供新的信息。求解平衡问题时，通常要进行检查以确保未知量的个数不超过独立方程的数量。

2. 受力图

受力图是草图，用于分析作用于结构与机械上的力和力矩，绘制受力图是一项很重要的技能。受力图清楚地标示了待检查的机械系统，描述所有存在的未知力和已知力。下面是绘制受力图的三个主要步骤：

1）选择要运用平衡方程进行分析的物体，假设绕着物体绘制一条虚线，将研究对象隔离出来，并将研究对象所受的各个作用力表示出来，保证这些力都出现在图中。

2）建立坐标系统，指出力和力矩的符号约定的正方向，如果没有定义相关方向的正号和负号，记录答案为 -25N·m 是没有意义的。

3）绘制并标记出所有的力和力矩。这些力可能代表重力，或当自由体被隔离时，自由体与其他被移去的物体间的联系。当一个力已知时，它的方向和大小都应该画在图中。在进行这一步分析时，所有的力都应该包括在内，哪怕它们的大小和方向都未知。如果一个力的方向未知（如向上/向下或向左/向右），可以先根据判断假设一个方向，在受力图上先画出它。运用平衡方程和一致性符号约定后，在计算中就会确定出其正确的方向。如果求出的数值是正的，说明刚开始假设的方向是正确的；如果计算出的数值是负的，则意味着作用力的方向与假设的方向相反。

关注   工程失效分析

前面已经介绍了机械工程是怎样设计新产品的，但有时还需要分析产品故障。广为人知的是工程技术鉴定，这一领域内的重要事件是鉴定发生在 1981 年夏天的灾难性结构倒塌背后的原因。

当时，位于密苏里州堪萨斯城的凯悦酒店是一个只有一年历史的设施，包括一个 40 层的塔和一个宽敞的、四层、开放式天井。悬挂于主门厅区域上方、从顶棚上悬挂下来的，是三层浮动通道（称为空中走廊），它们可以使酒店头几层的客人从上面观赏和享受昂贵的大厅，第二层通道在第四层通道的正下方。一个周五的晚上，有 1500~2000 人出席了在酒店天井内举行的派对，大多数派对人员都在大厅底面这层，其他人很多正在通道上面跳舞。晚上 7 点 5 分，听到一声剧烈的爆裂声，支承第四层通道的连接突然断裂，上层（第四层）通道扣入第三层，并压垮到下层（第二层）通道。整个结构，包括 45000kg 的残骸，落入下面拥挤的天井，造成当时在美国被认为最严重的结构损坏，有 114 人死去，185 人受伤，其中许多人身受重伤。

问题出在哪里？经过广泛、全面的调查，技术鉴定人员发现，通道的设计在没有进行充分评审的情况下被变更了，且施工已

开始。如图 4-16 所示，原设计要求上层和下层通道用相同的、连续的、直径为 3.2cm 的钢吊杆从顶棚上悬挂下来，通道由垫圈和螺母通过螺纹连接到吊杆上进行支承。然而，在施工期间，单根长吊杆被一对并列的连接上层通道的短吊杆所取代。乍一看，设计变更背后的基本理论似乎讲的通，短杆更易获得，且安装它们所产生的弯曲风险更低。取代单根吊杆，实际结构由两根吊杆组成，一根从顶棚延伸到上层通道，而另一根连接上层和下层通道。当通道倒塌时，垫圈、螺母和吊杆在外侧螺栓连接处撕裂了上层通道的结构，而上层吊杆仍保持连接到顶棚。

结果是，看似无害的设计变更，使得上层吊杆和上层通道之间螺母和垫圈的连接不得不承受双倍载荷。事实上，正如本章结尾部分的习题 4.24 和习题 4.25 所描述的那样，用受力图进行工程计算后的事实表明，将单根吊杆变更为两根吊杆后，力将会增加一倍。遗憾的是，力平衡计算很明显没有由负责的工程师来完成。

从这个案例中可以吸取什么教训？一项设计的变更有时会在施工或制造开始后出现。工程师应该有积极的道德责任，通过工程分析来评价设计变更，并保证变更不危及

图 4-16

设计变更

a）设计的通道

b）修建的通道

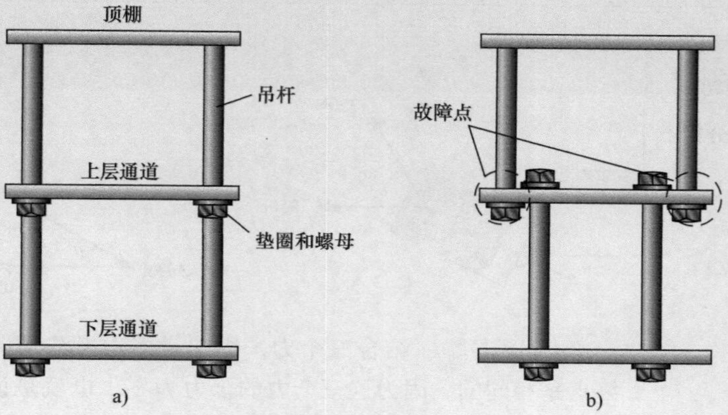

顶棚
吊杆
上层通道
垫圈和螺母
下层通道
a)
故障点
b)

安全。运用本章所描述的原理进行力平衡分析可以使设计变更的缺陷暴露出来，公众信任工程师们，并期望他们将工作做得更好，因为工程师们设计的产品和结构可以更好地影响人们的生活，而在这个例子中，却造成了更坏的影响。

例 4-5　座椅安全带带扣

汽车碰撞试验期间，腰肩座椅安全带所产生的张紧力为 1350N，如图 4-17 所示。把带扣 B 看成一个质点，确定固定带 AB 的张力 T 及其作用的角度。

（1）**方法**　本任务是求解座椅安全带固定带张力的大小和方向。将带扣看作质点，假设肩带和腰带的所有力作用在固定带上，且假设带的重力可以忽略不计。根据指定的水平和垂直正方向的符号约定，在 x-y 坐标系统中可以画出带扣的受力图。有三个力作用在带扣上：两个给定的力 1350N 和一个未知的固定带作用力。对处于平衡状态的带扣，这三个力必须处于平衡状态，尽管带 AB 的张力大小 T 和方向 θ 均未知，但两个量在受力图中都完整地表达出来了，有两个未知量 T 和 θ，而式（4-10）中有两个表达式，所以可以有效地求解该问题，如图 4-18 所示。

图 4-17

安全带带扣所受作用力

1350N
60°
B
1350N
A

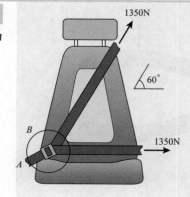

例 4-5（续）

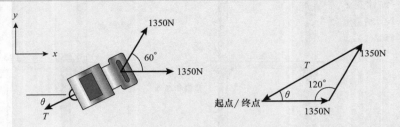

图 4-18

安全带带扣受力分析

（2）**求解**　结合三个力，用向量多边形法求解。多边形的起点和终点是相同的，因为这三个力的合力为零。也就是说，多边形的起点和终点之间的距离为零。运用三角形的边角边余弦定理确定张力的大小。

$$T^2 = (1350\text{N})^2 + (1350\text{N})^2 -$$
$$2 \times 1350\text{N} \times 1350\text{N} \times \cos 120° \qquad \leftarrow [\, c^2 = a^2 + b^2 - 2ab\cos C \,]$$

计算得 $T = 2338.27\text{N}$。固定带的作用角度用正弦定理求得

$$\frac{\sin\theta}{1350\text{N}} = \frac{\sin 120°}{2338.27\text{N}} \qquad \leftarrow \left[\, \frac{\sin A}{a} = \frac{\sin B}{b} \,\right]$$

求得 $\theta = 30°$

（3）**讨论**　向量多边形中的三个力形成了一个等腰三角形。作为双重检查，内角之和为 180°，正如要求的一样。实际上，肩带和腰带上的力将首先作用在带扣上，然后作用在固定带上。假设带扣是质点，则可以简化分析。另一种可替代方法，是将两个 1350N 的力分解成沿 x 轴和 y 轴的分量，用式（4-10）求解，得

$$T = 2338.27\text{N}$$
$$\theta = 30° \qquad \qquad 从 -x \text{ 轴沿逆时针旋转}$$

例 4-6　钢丝钳

如图 4-19 所示，技术员用 70N 的握力作用在钢丝钳的手柄上，那么作用在电线 A 上的剪切力和作用在铰链销 B 上的力各是多大？

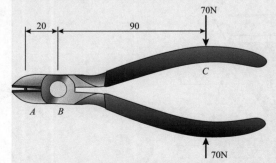

图 4-19

钢丝钳尺寸及受力

（1）**方法**　本任务是求解剪切点和铰链点的力。假设钢丝钳的重

例 4-6（续）

力与作用力相比可以忽略不计，接下来建立坐标系并规定力和力矩的正符号约定方向。画出装配中单个钳口/手柄的受力图，钳口/手柄是刚体，因为它可以转动，且力之间的距离对该问题是有意义的。当钢丝钳的刃口给电线一个压紧力时，根据作用力与反作用力定律，电线反过来给刃口一个推力。如图 4-20 所示，标记钳口的剪切力为 F_A，施加在钳口/手柄铰链销上的力为 F_B，70N 的握力是给定的，也包括在受力图中。

图 4-20

钢丝钳受力分析

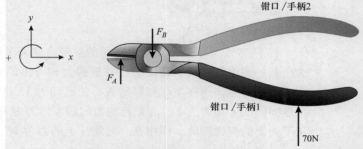

（2）求解　用刚体平衡方程求解剪切力，在垂直方向，力平衡条件为

$$F_A - F_B + 70\text{N} = 0 \qquad \leftarrow \Big[\sum_{i=1}^{N} F_{y,i} = 0 \Big]$$

有两个未知量 F_A 和 F_B，需要添加一个方程，求关于 B 点的合力矩，得到

$$70\text{N} \times 90\text{mm} - F_A \times 20\text{mm} = 0 \qquad \leftarrow \Big[\sum_{i=1}^{N} M_{B,i} = 0 \Big]$$

负号表示 F_A 产生一个绕 B 点顺时针转动的力矩。计算得剪切力 $F_A = 315\text{N}$，将其代入合力方程，得 $F_B = 385\text{N}$。这个数值也是正值，表示受力图上所示的方向是正确的。

（3）讨论　钢丝钳遵循杠杆原理工作，剪切力与作用在手柄上的力成比例，它也与距离 AB 和 BC 的比率相关。一台机器的机械优势定义为输出与输入的比值，本例中为 315N/70N = 4.5，即钢丝钳将握力放大至 450%。

$$F_A = 315\text{N}$$
$$F_B = 385\text{N}$$

例 4-7　叉车负载能力

如图 4-21 所示，叉车自重 15500N，并带有一个重 3500N 的运输容器，叉车有两个前轮和两个后轮。（1）确定轮子与地面间的接触力；（2）叉车绕前轮开始倾覆前能负载多重？

图 4-21

叉车的尺寸

60cm　105cm　75cm

（1）方法　本任务是求解轮子的接触力和叉车前倾前能承受的最大负载。假设叉车是不移动的，并根据力和力矩的符号约定画出受力图，标记分别作用在叉车和容器质心的已知力 15500N 和 3500N，前轮与地面间的未知力为 F，后轮与地面间的未知力为 R，如图 4-22 所示。从受力图的侧视图看，作用在一对轮子上的力为 $2F$ 和 $2R$。

图 4-22

叉车受力分析

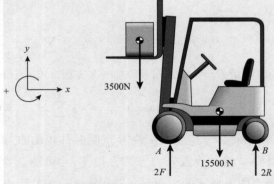

y

$+$　x

3500N

A　B

$2F$　15500 N　$2R$

（2）求解

1）有两个未知量 F 和 R，因此需要两个独立的平衡方程来求解问题。首先求垂直方向的合力为

$$-3500\text{N}-15500\text{N}+2F+2R=0 \qquad \leftarrow \Big[\sum_{i=1}^{N} F_{y,\,i}=0\Big]$$

得 $F+R=9500\text{N}$。此时需要第二个方程来确定两个未知量，但水平方向的合力无法提供任何有用的信息，因此，需要采用力矩平衡方程。可以选取任何位置作为支点，选取与前轮一致的点作为支点，可以方便地从计算中消除力 F。绕 A 点的力矩为

$$3500\text{N}\times0.6\text{m}-15500\text{N}\times1.05\text{m}+2R\times1.8\text{m}=0 \qquad \leftarrow \Big[\sum_{i=1}^{N} M_{A,\,i}=0\Big]$$

计算得 $R=3937.5\text{N}$。这里，3500N 的重力和后轮的作用力绕 A 点施加的力矩为逆时针方向（正力矩），而叉车的重力 15500N 产生一个

例 4-7（续）

负力矩，将求解所得的 R 代入到垂直方向的力平衡方程中，$F+$ 3937.5N = 9500N，得到 $F = 5562.5$N。

2）当叉车处于绕前轮倾覆的临界点时，后轮正好与底面失去了接触，故 $R = 0$。假设引起倾覆的运输容器的新重力为 w，则关于前轮的力矩平衡方程为

$$w \times 0.6\text{m} - 15500\text{N} \times 1.05\text{m} = 0 \qquad \leftarrow \left[\sum_{i=1}^{N} M_{A,\,i} = 0 \right]$$

当叉车操作员试图举起 $w = 27125$N 的容器时，会使叉车处于倾覆的临界点。

（3）讨论　作用在前轮上的力比作用在后轮上的力大是有道理的，因为负载作用在前轮的前面。轮子所受的合力也等于叉车和负载的总重力，引起倾覆需要较大的重力也与叉车设计的预期情况一样。为了检验问题（1）答案的正确性，可以在没求得后轮作用力的情况下，先求解前轮的力，关键点是求出绕后轮上点 B 的合力矩。未知力 R 正好通过点 B，垂直力臂长度为 0，在力矩计算中被消除。关于后轮的力矩平衡方程为

$$3500\text{N} \times 2.4\text{m} + 15500\text{N} \times 0.75\text{m} - 2F \times 1.8\text{m} = 0 \qquad \leftarrow \left[\sum_{i=1}^{N} M_{A,\,i} = 0 \right]$$

得到 $F = 5562.5$N，只有一个方程而没有涉及未知力 R 的任何中间步骤。总之，通过仔细选择力矩的支点，可以直接消除未知力而推算出几何量的数值。

轮子受力：$F = 5562.5$N，$R = 3937.5$N

最大倾覆载荷：$w = 27125$N

◉ 4.6　设计应用：滚动轴承

前面的部分讨论了力和力矩的特性，并运用力和力矩的平衡需求检验了作用在结构和机器上的力。现在研究机械设计中的一个特定应用，分析作用在机械零件滚动轴承上的力。滚动轴承是用来支承轴的，而轴是相对于固定的支承物旋转的。例如，电机、变速箱的壳体（轴承座）就是这样的固定支承物。在设计动力传动装置时，机械工程师往往会进行力或平衡分析，从而选择合适的轴承尺寸和类型以满足某个特定的应用。

轴承可以分为两大类，即滚动轴承和滑动轴承。本章只讨论滚动轴承。滚动轴承通常包括以下零件：

1）内圈。

2）外圈。

3）滚动体：有球、圆柱体、圆锥体等形式。

4）分离架（保持架）：分离架的作用是防止滚动体之间相互接触而产生摩擦。

滚动轴承在机械设计中十分普遍，它们被应用在各种各样的场合，如硬盘驱动、自行车车轮、机器人关节、汽车传动装置等。而滑动轴承没有滚动体，取而代之的是，轴在抛光的轴瓦内做简单旋转运动，由油或其他流体形成的薄膜进行润滑。就像冰球桌上的冰球流畅地在空气薄膜上滑动一样，滑动轴承中的轴在油形成的薄膜支承下滑动。尽管不被众人所熟知，滑动轴承的应用也很普遍，如内燃机曲轴、泵和压缩机的轴都是由滑动轴承支承的。

滚动轴承安装如图 4-23 所示，轴和轴承的内圈一起转动，而外圈和箱体是静止的。当轴以这种方式安装时，轴承的外圈与传动箱紧密配合。当图 4-23 中的轴旋转并传输功率时，轴承可能承受沿着轴线方向的力（称为轴向力）或垂直于轴线的力（称为径向力）。工程师将根据轴承的受力情况，如轴向力、径向力或轴向力和径向力同时存在，来选择其类型。

图 4-23

球轴承安装实例

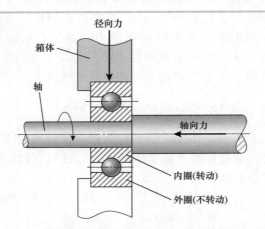

最常见的滚动轴承类型是球轴承，这种轴承包含若干个经过硬化和精密研磨的钢球。图 4-24 所示为标准球轴承的主要组成部件：内圈、外圈、滚动体（球）和分离（保持）架。轴承的内圈和外圈分别连接轴和箱体。分离架使钢球在轴承的圆周方向等距分布，以避免它们彼此接触。否则，当轴承用于高速或承受重载荷时，摩擦将导致过热而使轴承受损。在某些情况下，轴承的内圈和外圈之间的间隙用橡胶或塑料环密封，以

图 4-24

球轴承的组成部件

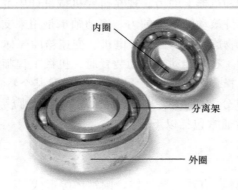

保持润滑脂不外泄并防止污垢和碎片进入轴承内部。

　　理论上，轴承钢球与轴承内圈和外圈之间是点接触，类似于弹珠与地板之间的接触。每个球在轴承的内圈和外圈之间传递的力集中在一点上，如图 4-25a 所示。如果滚动体与轴承的内圈和外圈之间传递的力能分布在更大的面积上，则轴承的寿命就能更长。滚动轴承用圆柱滚子或圆锥滚子代替钢球就是为了传递更大的力。

图 4-25

轴承中的点接触和线接触

a）轴承钢球与内圈滚道之间的点接触

b）普通圆柱滚子轴承中的线接触

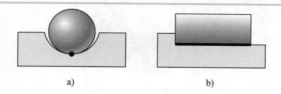

a)　　　　b)

　　图 4-25b 所示的圆柱滚子（或短圆柱滚子）轴承，可以更好地在滚动体和轴承的内圈与外圈之间分散传递载荷。把几支笔放在双手之间，然后揉搓双手，就可以对圆柱滚子轴承的本质有一个直观的了解。图 4-26a所示举例说明了圆柱滚子轴承的结构。

　　圆柱滚子轴承主要承受沿着半径方向的径向力，而圆锥（角接触）滚子轴承可以承受径向力和轴向力的联合作用，这是由于这些轴承的滚动体的形状都是锥形辊，如图 4-26b 所示。汽车轮毂轴承就是圆锥滚子轴承的一个典型应用实例，因为两种力同时存在：轴承必须同时支承汽车的重量（这是一个径向力）和在转弯过程中产生的转弯力（这是一个推力或轴向力）。

图 4-26

圆柱滚子轴承和圆锥滚子轴承的结构

a）圆柱滚子轴承（内圈已移开以显示滚动体和分离架）

b）圆锥滚子轴承广泛应用于汽车的前轮

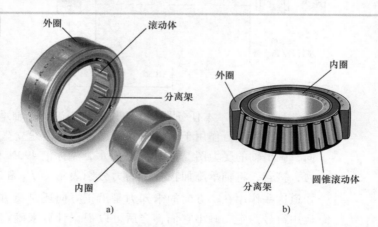

外圈　　滚动体

分离架

内圈

a)

外圈　　内圈

分离架　　圆锥滚动体

b)

　　相对于圆柱滚子轴承适合承受径向载荷，圆锥滚子轴承可以同时承受径向力和轴向力，推力滚子轴承可以承受沿着中心线的轴向力。典型的推力滚子轴承如图 4-27 所示，这种类型轴承中的滚动体是轻微桶形的锥形辊。与图 4-26a 中的圆柱滚子轴承相比，这些锥形辊相当于将轴径向放置并垂直于轴。推力轴承适合以下应用场合：比如一个转盘，必须支持货物的重量，同时也需要自由旋转。

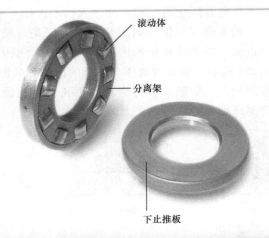

图 4-27

推力轴承

滚动体

分离架

下止推板

例 4-8　跑步机中的带传动

　　电动机给锻炼用的跑步机提供动力。电动机驱动带将力作用于跑步机的轴上，又宽又平的输送带表面用于走步或跑步。驱动带作用于轴上的力为 490N，而跑步带受力为 310N，在带的每一边，轴由球轴承支承。如图 4-28 所示，计算轴施加在两轴承上的力的大小和方向。

图 4-28

跑步机中的带传动

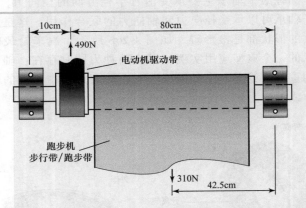

10cm　　　　　80cm

490N

电动机驱动带

跑步机
步行带/跑步带

310N

42.5cm

　　（1）方法　本任务是求出两边带作用于两个轴承上的力。首先假设所有的力平行作用于 y 方向，根据符号约定建立坐标方向和旋转方向，画出轴的受力图。如图 4-29 所示，先标记 490N 和 310N 的带张紧力，接着，将轴承施加在轴上的力分别表示为 F_A 和 F_B。此时，还不知道这些作用在 y 方向的未知力是沿正方向还是负方向，在受力图上运用符号约定先画出它们，之后可以根据计算来确定这些力的实际方向。如果计算出的数值是负值，则意味着该力作用在 y 轴的负方向。

　　（2）求解　因为有两个未知量 F_A 和 F_B，所以需要两个平衡方程来求解该问题。y 方向上的合力为

$$490\text{N} - 310\text{N} + F_A + F_B = 0 \qquad \leftarrow \left[\sum_{i=1}^{N} F_{y,\,i} = 0 \right]$$

例 4-8 （续）

图 4-29

轴受力分析

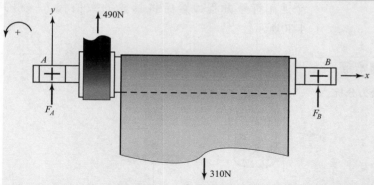

即 $F_A + F_B = -180\text{N}$。第二个方程根据力矩平衡，选择轴承 A 的中心作为支点，力 F_A 在计算中将被消除。关于 A 点的合力矩为

$$490\text{N} \times 0.1\text{m} - 310\text{N} \times 0.475\text{m} + F_B \times 0.9\text{m} = 0 \qquad \leftarrow \left[\sum_{i=1}^{N} M_{A,\, i} = 0 \right]$$

计算得 $F_B = 109.2\text{N}$。电动机驱动带的张力和 F_B 施加在 A 点的力矩为逆时针方向（为正），而跑步带的张力产生一个负力矩以保持平衡，将 F_B 的数值代入力平衡方程，求得 $F_A = -289.2\text{N}$。

（3）讨论　这些力的大小与作用的外力具有相同数量级，这是合理的。同时，在使用中，跑步机将力施加在轴承的 x 和 z 方向上，但分析中没有考虑那些力。由于计算出的 F_A 值是负的，由轴承 A 施加在轴上的力，其作用方向是 y 轴的负方向，大小为 289.2N。根据牛顿第三定律作用力与反作用力的原理，由轴施加在轴承上的力的方向与轴承施加在轴上的力的方向相反。

> 轴承 A：289.2N　　　y 轴的负方向
> 轴承 B：109.2N　　　y 轴的正方向

例 4-9　汽车车轮轴承

重 13.5kN 的汽车以 50km/h 的速度被驱动通过一个半径为 60m 的弯道，假设这些力在四个轮子间同样平衡，计算作用在支承每个轮子的圆锥滚子轴承上的合力大小。为了计算转向力，运用牛顿第二定律 $F = ma$，向心加速度 $a = v^2/r$，式中，m 为车辆的质量；v 为速度；r 为转弯半径。

（1）方法　本任务是根据作用在汽车车轮轴承上的径向力和轴向力求出合力。假设每个轮子承受 1/4 的汽车重力，且力的分量沿着半径方向作用在车轮的轴承上，作用在整个汽车上的转向力大小是 mv^2/r，方向指向弯道的中心，每个车轮承受的一部分力是与车轮

例 4-9（续）

轴线平行的轴向力。根据这些变量，为一个车轮的合力大小确定一个通用符号方程，然后将具体的数值代入，得到数值结果，如图 4-30 所示。

图 4-30

汽车车轮受力分析

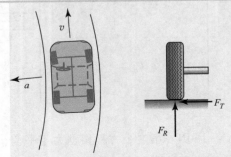

（2）**求解** 用 w 表示汽车的重力，每个车轮承受的径向力为 $F_R = w/4$，一个车轮承受的轴向力由公式给定，为

$$F_T = \frac{mv^2}{4r} \qquad \leftarrow [\, F = ma \,]$$

式中，车辆的质量为 $m = w/g$。

两个相互垂直的分力的合力为

$$F = \sqrt{F_R^2 + F_T^2} = \frac{m}{4}\sqrt{g^2 + \left(\frac{v^2}{r}\right)^2} \qquad \leftarrow [\, F = \sqrt{F_x^2 + F_y^2} \,]$$

接下来，将问题中给定的数值代入通用方程中，车辆的质量是

$$m = \frac{13.5 \times 10^3\,\text{N}}{9.81\,\text{m/s}^2}$$

$$= 1.376 \times 10^3\ \frac{\text{kg} \times \cancel{\text{m}}}{\cancel{\text{s}^2}}\ \frac{\cancel{\text{s}^2}}{\cancel{\text{m}}}$$

$$= 1.376 \times 10^3\,\text{kg} \leftarrow \left[\, m = \frac{w}{g} \,\right]$$

或者 1.376Mg。速度为

$$v = 50\,\frac{\cancel{\text{km}}}{\cancel{\text{h}}} \times 10^3\,\frac{\text{m}}{\cancel{\text{km}}} \times \frac{1}{3600}\,\frac{\cancel{\text{h}}}{\text{s}} = 13.89\,\frac{\text{m}}{\text{s}}$$

在 60m 的弯道半径下，作用在车轮轴承上的合力大小为

$$F = \frac{1.376 \times 10^3\,\text{kg}}{4} \times \sqrt{\left(9.81\,\frac{\text{m}}{\text{s}^2}\right)^2 + \left[\frac{(13.89\,\text{m/s})^2}{60\,\text{m}}\right]^2} \qquad \leftarrow \left[\, F = \frac{m}{4}\sqrt{g^2 + \left(\frac{v^2}{r}\right)^2} \,\right]$$

$$= 3551\,\frac{\text{kg} \cdot \text{m}}{\text{s}^2} = 3551\text{N} = 3.551\text{kN}$$

（3）**讨论** 由于转向力的作用，车轮轴承承受的力比车辆重力的 1/4（3.375kN）稍微多些。作为双重检查，可以证实其计算结果大小的一致性，通过联合计算 v^2/r 与重力加速度 g，得到加速度的大小。

$$F = 3.551\text{kN}$$

本章小结

　　本章的目标是介绍工程结构和机械背景下的一些工程概念，如力系、力矩及其平衡，其主要的变量、符号和度量等归纳在表 4-1 中，而重要方程列在表 4-2 中。在给出了这些概念后，就可以用它们去确定作用在简单结构和机械上的力的大小和方向，工程师常常进行受力分析，以确定一项设计是否可行和安全。机械工程师应具备的一项技能就是有能力了解并应用相应的方程去解决物理问题，包括在受力图中选择一个研究对象、选择坐标轴、在一些供选择项中挑选力矩平衡的最好支点等。

　　本章也将这些力系的概念运用在机械设计中几种不同类型的滚动轴承中。将在后面章节中研究轴承和其他机械零件，它们具有特殊的性质和术语。为了选取最适合某个特定零部件的元件，工程师需要熟悉这些构件。

　　在下一章里，将采取另一种手段去设计结构和机械，以便它们能够支承作用在其上的力。将建立力系的性质，并根据制造机械零部件的材料，考虑材料的强度特性。

表 4-1 结构与机械受力分析时出现的量、符号和单位	量	常用符号	常用单位
	力向量	F	N
	力分量	$F_x, F_y, F_{x,i}, F_{y,i}$	N
	力大小	F	N
	力方向	θ	(°), rad
	合力	R, R, R_x, R_y	N
	绕 O 点的力矩	$M_O, M_{O,i}$	N · m
	垂直力臂	d	m
	力矩分量偏移量	$\Delta x, \Delta y$	m

表 4-2 结构与机械受力分析时出现的重要方程		
力向量： 直角坐标-极坐标转换 极坐标-直角坐标转换		$F = \sqrt{F_x^2 + F_y^2}, \theta = \arctan\left(\dfrac{F_y}{F_x}\right)$ $F_x = F\cos\theta, F_y = F\sin\theta$
N 个力的合力		$R_x = \displaystyle\sum_{i=1}^{N} F_{x,i}, R_y = \displaystyle\sum_{i=1}^{N} F_{y,i}$
绕 O 点的力矩： 垂直力臂法 力矩分量法		$M_O = Fd$ $M_O = \pm F_x \Delta y \pm F_y \Delta x$
平衡： 移动 旋转		$\displaystyle\sum_{i=1}^{N} F_{x,i} = 0, \sum_{i=1}^{N} F_{y,i} = 0$ $\displaystyle\sum_{i=1}^{N} M_{O,i} = 0$

自学和复习

　　4.1　牛顿三大运动定律分别是什么？

4.2 力和力矩的常用国际单位是什么？

4.3 怎样把一个力向量从直角坐标分量转换为极坐标分量？反过来呢？

4.4 怎样运用向量几何法和向量多边形法计算力系的合力？你认为什么时候用哪种方法更方便？

4.5 怎样运用垂直力臂法和力矩分量法计算力矩？你认为什么时候用哪种方法更方便？

4.6 用分量法计算力矩时，为什么要进行符号约定？

4.7 质点和刚体的平衡条件各是什么？

4.8 绘制受力图时涉及哪些步骤？

4.9 论述球轴承、圆柱滚子轴承、圆锥滚子轴承和推力轴承的不同特点，举例说明在实际应用时选择哪一种更合适。

4.10 轴承隔离装置的作用是什么？

4.11 绘制一张圆锥滚子轴承的横截面图。

4.12 举例说明轴承在什么情况下承受径向力、轴向力或者同时承受两种力的作用。

习 题

4.1 1995 年，韩国的 Sampoong 百货商店倒塌，导致 501 人死亡，937 人受伤。刚开始人们以为这是一场恐怖活动所致，后来经过调查人员确定，该事故是由于低劣的工程结构管理所致。分析这次事故，并提出可以阻止这次灾难发生的合理结构的力分析。

4.2 工厂装配线上的圆柱坐标机器人的俯视图如图 4-31 所示，50N 的力作用在机器人手臂末端的工件上。根据与 x、y 轴一致的单位向量 i 和 j 表达出 50N 的向量。

图 4-31

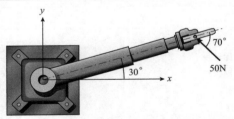

4.3 内燃机的动力冲程期间，1780N 的压力推动活塞在气缸内运动，如图 4-32 所示。确定该力沿着连杆 AB 和垂直于 AB 的分量。

图 4-32

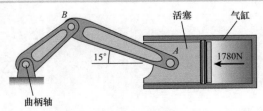

4.4 图 4-33 所示为对 2kN 和 7kN 的力求和的向量多边形，试确定：

1）用余弦定理求合力的大小 R；

2）用正弦定理求其作用角度 θ。

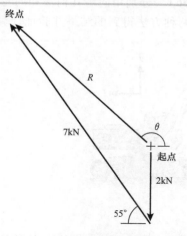

图 4-33

4.5　液压升降车在仓库的斜坡上装载一个倾斜的运输容器，如图 4-34所示，后轮上作用有如图所示的垂直于斜坡和平行于斜坡方向的力，大小分别为 12kN 和 2kN。

1）用单位向量 *i* 和 *j* 表示这两个力的合力向量；

2）确定合力的大小及其相对于斜坡的角度。

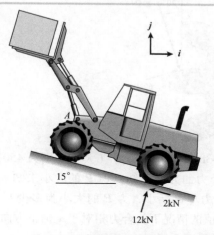

图 4-34

4.6　三个张紧杆被螺栓固定在加固板上，如图 4-35 所示。分别用向量几何法和向量多边形法确定合力的大小和方向。对比两种方法得到的结果并验证计算的正确性。

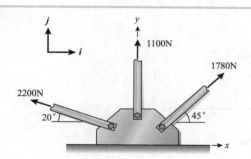

图 4-35

4.7 一建筑工地上，挖掘机的铲斗在其尖端受到 5340N 和 3110N 的挖掘力作用（图 4-36）。分别用向量几何法和向量多边形法确定其合力的大小和方向。对比两种方法得到的结果并验证计算的正确性。

图 4-36

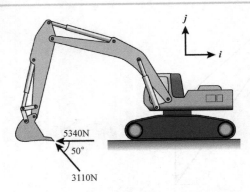

4.8 如图 4-37 所示，225N 和 60N 的力作用在直齿轮的轮齿上，两个力相互垂直，且均相对于 x-y 坐标倾斜 20°。分别用向量几何法和向量多边形法确定其合力的大小和方向。对比两种方法得到的结果并验证计算的正确性。

图 4-37

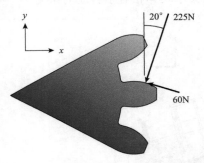

4.9 如图 4-38 所示，三个力（大小分别为 450N、900N 和 P）作用的合力为 R，三个力的方向已知，但 P 的大小未知。

1）为了使合力尽可能小，力 P 的大小为多少？

2）P 在所求值的情况下，合力相对于 x 轴正方向的倾斜角度是多少？

图 4-38

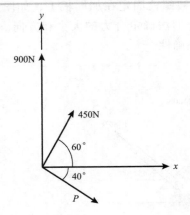

4.10　研究一个在机械结构或机器上作用有力矩的真实物理实例。

1）画出清晰、标记好的受力情况图。

2）判断作用在其上的力的作用尺寸、大小和方向，将它们都表示在图中。简单说明这样估计力的作用尺寸和分配力数值大小的原因。

3）选择一个力矩支点，解释选择这个点的原因（也许从结构和机器不破坏的观点看，这一点很重要），并估算出关于该支点所产生的力矩。

4.11　如图 4-39 所示，由于微风，压强为 100Pa 的不平衡气压作用在宽 1.2m、长 2m 的高速公路广告牌上。

1）计算作用在广告牌上的合力大小。

2）计算关于标志杆底座的支点 A 产生的力矩。

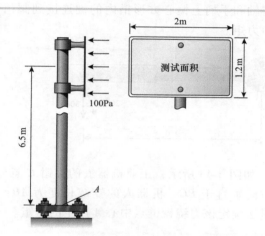

4.12　如图 4-40 所示，直齿轮的节圆半径为 6.2cm，在齿轮传动过程中，受到相对于水平方向成 25°的啮合力 900N 的作用。运用垂直力臂法和力矩分量法确定该力绕轴心的力矩。对比两种方法得到的结果并验证计算的正确性。

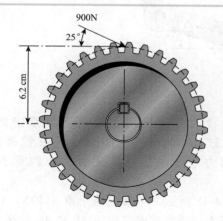

4.13　如图 4-41 所示，确定 160N 的力绕六角圆柱头螺母中心 A 点

的力矩。

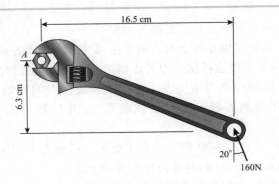

4.14　两个建筑工人拉开冷冻阀的控制杆，如图 4-42 所示，控制杆通过装配在轴和手柄上偏心方形槽内的键连接到阀门的阀杆上。确定关于轴心的净力矩。

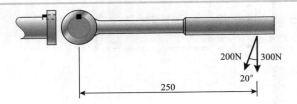

4.15　如图 4-43 所示，工业机器人的夹钳 C 意外受到 260N 的偏载作用，其方向垂直于 BC。机器人的铰链长度为 AB = 55cm，BC = 45cm。用力矩分量法确定该力绕铰链点中心 A 产生的力矩。

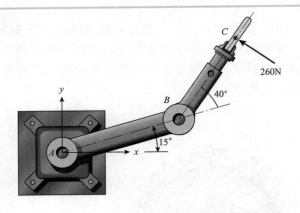

4.16　移动臂式升降机用于建筑和维修中的一些应用，如图 4-44所示，液压缸 AB 施加一个 10kN 的力在铰链点 B 上，其方向沿液压缸方向。用力矩分量法计算该力绕臂的低支承点 C 所产生的力矩。

4.17　如图 4-45 所示，一槽混凝土重 3550N。1）画出缆绳环 A 的受力图；2）把环看作质点，确定缆绳 AB 和 AC 的张力。

图 4-44

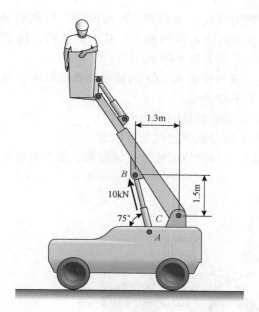

图 4-45

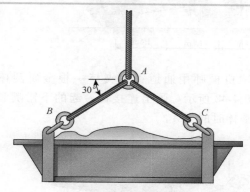

4.18 移动臂式车的缆绳 *AB* 举起重 11100N 的混凝土预制件，如图 4-46 所示，第二根缆绳受到向下的张力 *P*，在混凝土被升起时，工人用它拉动并调整混凝土预制件的位置。

1）把钩 *A* 看作质点，画出其受力图。

2）确定力 *P* 的大小和缆绳 *AB* 的张力。

图 4-46

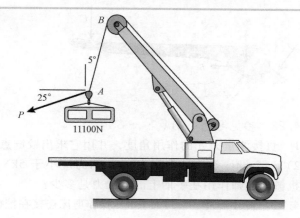

4.19 用力分量法求解例 4-5 的问题，用水平和垂直分量 T_x 和 T_y 代替极坐标表示的固定带的张力，并求解它们；用求得的 T_x 和 T_y 确定固定带张力的大小 T 和方向 θ。

4.20 一辆质量为 4.5Mg 的前端装载机举起质量为 0.75Mg 的砾石，其侧视图如图 4-47 所示。

1）画出前端装载机的受力图。

2）确定车轮与地面之间的接触力。

3）装载机在即将绕前轮发生倾覆前，能负载多重的载荷？

图 4-47

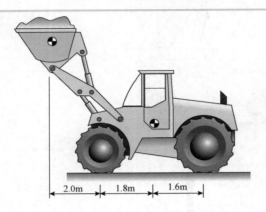

4.21 机械师用通道锁钳夹持一根金属圆棒，手柄的握力为 $P = 50\mathrm{N}$，如图 4-48 所示。画出连接在一起的下钳嘴和上手柄的受力图，并计算夹持圆棒时的力 A。

图 4-48

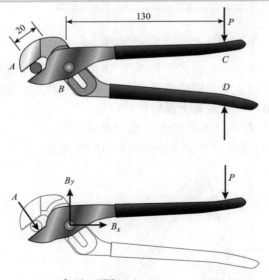

4.22 参见习题 4.21。

1）直接测量力 A 的作用角度，并用它求出铰链点 B 所受力的大小；

2）一个设计条件是作用在点 B 的力应小于 5kN，在达到这个条件前，机械工程师作用在手柄上的最大力是多少？

4.23 图 4-49 中，一对大型液压操作剪床连接在挖掘机臂端，在拆除工作中，剪床用来剪切钢管和工字钢，液压缸 AB 在上钳嘴上施加 18kN 的力。

　　1）完成上钳嘴的受力图，该图已完成一部分受力分析。

　　2）确定剪切钢管的剪切力。

图 4-49

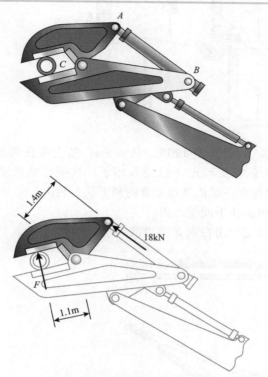

　　4.24　堪萨斯城凯悦酒店的双层通道原设计的横截面图如图 4-50 所示，力作用在支承上层和下层通道的螺栓和垫圈上。

　　1）画出上层和下层通道的受力图，包括作用在每层的重力 w。

　　2）确定垫圈和通道之间的力 P_1 和 P_2，以及吊杆的张力 T_1 和 T_2。

图 4-50

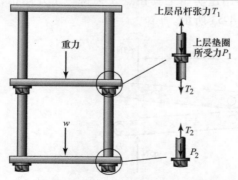

　　4.25　堪萨斯城凯悦酒店的双层通道实际建造形式的横截面图如图 4-51 所示，力作用在连接两层通道的螺栓和垫圈上。

　　1）画出上层和下层通道的受力图，包括作用在每层的重力 w。

　　2）确定垫圈和通道之间的力 P_1、P_2 和 P_3，以及吊杆的张力 T_1、T_2 和 T_3。

　　3）通道的坍塌与力 P_1 的过载有关，与习题 4.24 得到的值相比，这里计算的值应是多少？

图 4-51

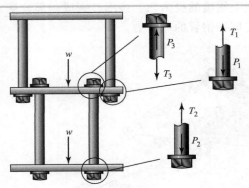

4.26 一扶手重 120N，长 1.8m，被安装在邻近小台阶的墙上，如图 4-52 所示，支承点 A 已经破坏了，扶手已从松动的螺栓连接 B 处落下，因此现在一端依靠在光滑的最下层台阶上。

1）画出扶手的受力图。

2）确定作用在点 B 的力的大小。

图 4-52

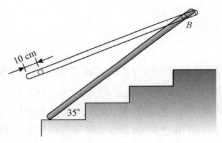

4.27 多用途实用工具在点 A 夹持一个开尾销，作用在手柄上的力为 65N，如图 4-53 所示。

图 4-53

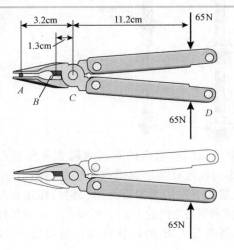

1）完成上钳嘴和下手柄联合体的受力图，该图已完成一部分受力分析。

2）计算作用在点 A 的力。

3）另外，如果销被放在点 B 剪切，剪切力应该比在 A 点大多少？

4.28　轴承座中的滚动轴承被包含在外壳里，外壳又通过螺栓固定在另一个表面上。两个径向力作用在轴承座上，如图 4-54 所示。

1）可以调整力 F 的数值，使得两个力的合力为零吗？

2）如果不能为零，合力的最小值是多少？

图 4-54

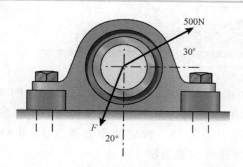

4.29　如图 4-55 所示，水平和垂直力分别作用于支承回转轴的轴承座上，确定其合力的大小及其相对于水平方向的角度，并说明作用在轴承上的合力是轴向力还是径向力。

图 4-55

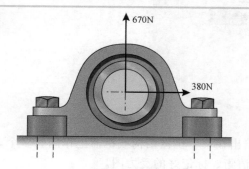

4.30　一轴由球轴承支承在点 A 和点 B 处（图 4-56），该轴用于传递两根 V 带之间的动力，带作用在轴上的力分别为 1kN 和 1.4kN。试确定作用在两轴承上的力的大小和方向。

图 4-56

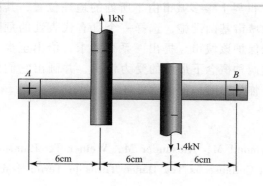

4.31　便携式音乐播放器放置在底座上（图 4-57），底座的质量为 500g，播放器的质量为 100g。确定两个支点处的反作用力。

图 4-57

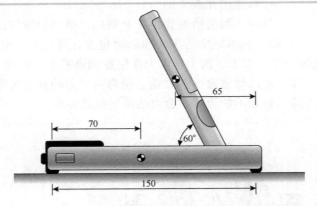

4.32　两锅食物放在太阳能炊具上煮，如图 4-58 所示，小锅重 18N，大锅重 40N。同时，由于抛物面反射器的热膨胀，向外施加在两个支承点上的水平力是 2.5N。确定两个支承点 A、B 的合力大小，以及每个合力相对于水平方向的角度。

图 4-58

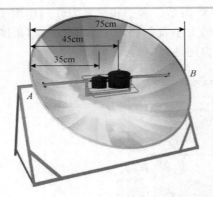

4.33　给出在一个机械结构或机器上作用有多个力的例子。

1）画出清晰、标记好的受力图。

2）判断作用在其上的力的作用尺寸、大小和方向，将它们都表示在图中，简单说明这样估计力的作用尺寸和分配力数值大小的原因。

3）用选择的方法计算力系的合力。

4.34　世界上很多城市由于所处的地理位置，其极端的天气条件会损害重要的城市基础设施，选择一个具有代表性的危险城市并设计一个结构系统来保护该城市。提出一系列需求，给出至少两种不同的设计概念，估计这两种概念下最坏的受力情况，并画出它们的受力图。在最坏的情况下，你认为哪一种概念更好？

参考文献

[1]　DeArmond M，Alexander M，Weiner T，Ramstack T. 46 Killed in Hyatt Collapse as Tea Dance Turns to Terror ［M］. *The Kansas City*

Times, 1981.

［2］ Meriam J L, Kraige L G. *Engineering Mechanics*：*Statics* ［M］. 5th ed. Hoboken, NJ: Wiley, 2002.

［3］ Pfrang E O, Marshall R. Collapse of the Kansas City Hyatt Regency Walkways *Civil Engineering-ASCE*, 1982: 65-68.

［4］ Pytel A, Kiusalaas J. *Engineering Mechanics*：*Statics* ［M］. 3rd ed. Mason, Ohio: Cengage, 2010.

［5］ Roddis W M K. Structural Failures and Engineering Ethics ［J］. *ASCE Fournal of Structural Engineering*, 1993, 119 (5): 1539-1555.

材料和应力

本章目标

- 认识机械构件受到拉伸、压缩或者剪切载荷的环境，并计算应力值。
- 绘制应力-应变曲线，用其描述材料受到载荷时的响应。
- 解释材料特性的含义，如弹性模量和屈服强度。

- 了解材料弹性和塑性响应的区别以及延展和脆性特性间的区别。
- 讨论金属及合金、陶瓷、高分子和复合材料等材料的特性及用途。
- 将安全系数的概念应用于承受拉伸应力或剪切应力时机械构件的设计中。

5.1 概述

　　作为一项责任，工程技术人员应设计在使用中不会损坏的金属构件，并且保证构件受力时的可靠性和安全性。以波音767商用飞机为例，其满载时的重量高达1500kN。当飞机停靠在地面上时，它的重量完全由起落架和机轮支承。在飞行过程中，飞机机翼产生向上的升力，并恰好平衡飞机的重力。每个机翼产生的升力可以承担飞机一半的重力，相当于70辆家用轿车的重量。当承受升力作用时，机翼向上弯曲，而如果飞机飞行过程中遭遇恶劣天气，在涡流作用下，机翼将上下异常摆动。工程师在选择飞机材料时，会考虑到飞机机翼承受的巨大作用力，机翼在自身重力下会下垂，而在升力作用下会上扬。因此，在不超过设计重量要求的条件下，机翼应该设计得结实、安全，并且可靠。

　　如第4章所述，通过作用到系统上的力的特性，已经知道如何计算作用在机械结构上的力的大小和方向。然而，仅仅知道这些力，还不足以确定某个金属构件是否足够坚固而不会在任务中失效。通过所谓"失效"，不仅表示金属构件不会断裂，而且也表示它不会拉伸或弯曲到产生明显变形的程度。比如，5kN的力也许足以使一个螺栓断裂，或者使一根轴弯曲以至于该轴产生晃动而不能平稳旋转；相反，一根直径较大或者采用高级材料制造的轴却能承受该力而不发生任何损坏。

基于上述情况可知，机械构件发生断裂、拉伸、弯曲不仅取决于所受作用力的大小，还取决于其尺寸和其材料的性能。为此，提出应力的概念，作为度量作用在某个面积上的力的强度。反过来说，材料的强度描述了其承受作用于其上的应力的能力。工程师们将构件中存在的应力和材料的强度进行比较，来确定其设计是否合理。图 5-1 所示为从一台单缸内燃机中取出的断裂的曲轴。曲轴上的方形键槽用来传递曲轴和齿轮之间的转矩，而键槽中出现的尖角加速了其失效。断裂表面的螺旋形状表明，曲轴在断裂前已经在高转矩作用下过载了。工程师们能够将力、材料和尺寸等方面的知识结合起来，从过去的失效中吸取教训，改善和提高新的金属构件的设计。

图 5-1

从一台单缸内燃机中取出的断裂的曲轴（图片由作者提供）

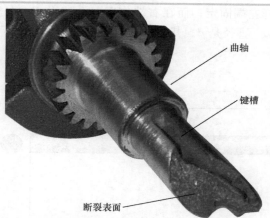

曲轴

键槽

断裂表面

本章将讨论工程材料的特性，检验材料中所产生的应力。固体力学知识将出现在这些讨论中，并且属于图 5-2 所示的机械工程研究范畴。

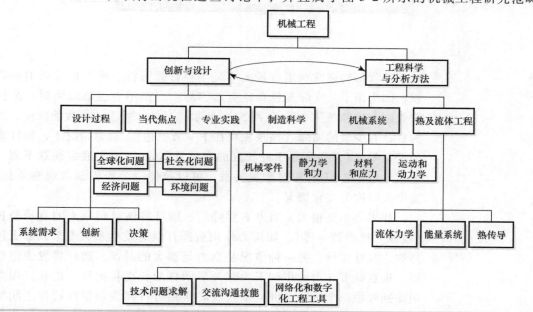

图 5-2　　本章主题（阴影框）与机械工程总体研究内容的关系

当工程师分析机械构件的尺寸与作用在其上的力的关系时，拉应力、压应力和剪切应力是常用的定量计算指标。将计算得到的应力值与材料的物理特性进行比较，来确定材料结构或机械构件的失效是否会按预期发生。当材料的强度高于所承受的应力时，认为结构或者机械构件能够承受该力而不发生失效。工程师们在设计产品时，要对力、应力、材料以及失效等进行分析。

◉ 5.2 拉应力和压应力

最常见和最易于理解的应力种类是拉应力和压应力，如图 5-3 所示，一根圆杆左端固定，而在右端作用一个拉力 F。在施加作用力前，杆的长度是 L，直径是 d，其横截面面积为

$$A = \pi \frac{d^2}{4} \tag{5-1}$$

图 5-3

处于原始状态和拉伸状态的直杆

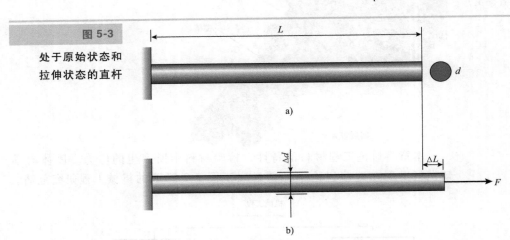

a)

b)

工程师们通常利用直径而不是半径计算圆杆、螺栓以及轴的横截面积，因为用卡尺实际测量直径更加容易。当作用力逐渐增大时，圆杆沿着长度方向伸长了 ΔL，如图 5-3b 所示。另外，由于泊松收缩效应，圆杆的直径有少量的缩减（该现象将在下一节描述）。通常情况下，圆杆直径的变化量 Δd 总是远小于杆长度的变化量 ΔL，以至于通常注意不到。要想估计 Δd 和 ΔL 的相对数量关系，可以拉伸一个橡皮筋来观察其长度、宽度及厚度的变化情况。

如果力不是很大，当力 F 移除后，圆杆将恢复到原来的直径和长度（就像一根弹簧一样）。如果力作用后圆杆没有发生永久变形，那么该拉伸称为弹性拉伸。另一种情况是当力足够大的时候，圆杆将发生塑性变形，这意味着在力的作用下力移开后圆杆的长度将比原来的长。用办公用曲别针做一个试验，可以很直观观察到材料弹性和塑性特性之间的不同。试着少量弯曲曲别针一端 1mm 或 2mm，释放后曲别针将弹性恢复到原来的形状。然而，在将曲别针打开成直线状时，它将无法弹性恢复。因为作用力足够大，以至于通过塑性变形永久地改变了材料的形状。

　　虽然在上例中力只是被加载在圆杆的一端，但是沿着整个杆件长度的横截面都会受到该力的影响。如图 5-4a 所示，想象在内部某点将圆杆切开，切开的自由端的受力图如图 5-4b 所示，力 F 作用在杆件的右端，而相等的内力作用在杆的左端以平衡圆杆的受力，否则杆件将不能保持平衡。例子中假想的圆杆切开位置是任意的，由此可以得出这样的结论：大小为 F 的力必须由圆杆上每个横截面来承受。

图 5-4

圆杆受力分析
 a）杆件被拉长
 b）杆件的一个
　　截面被切开
　　以表示内部
　　　　　　应力
 c）杆件的拉伸
　　力沿着圆杆
　　的横截面分
　　　　　　布

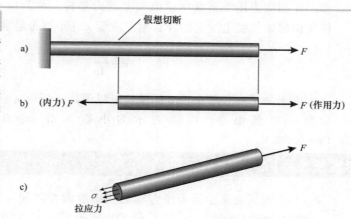

　　由于圆杆是由连续实体材料成形的，内力不会集中作用在图 5-4b 所描述的力向量箭头的一个点上。相反，该力的影响将作用在圆杆的整个横截面上，这是机械构件应力概念的基本思想。应力实质上是一个内力，它分布在圆杆的横截面上（图 5-4c），其定义方程为

$$\sigma = \frac{F}{A} \tag{5-2}$$

　　正如力 F 一样，应力 σ（小写希腊字母）的作用方向垂直于假想的杆的横截面剖面。当应力有将杆件拉长的趋势时，称之为拉应力，此时 $\sigma > 0$。相反，当杆件缩短时，应力称为压应力，应力的方向是向内的，此时 $\sigma < 0$。拉应力和压应力的方向如图 5-5 所示。

图 5-5

**压缩力和拉伸力的
方向**

　　类似于液体或气体中的压强，应力也被解释成分布在单位面积上的力。因此，应力和压强的单位是一样的。在国际单位制中，应力的单位是帕斯卡（1Pa = 1N/m²）。因为涉及应力和材料性质的计算中经常出现较大的数值，实际中往往要加上前缀 "kilo"（k）、"mega"（M）和 "giga"（G）来分别表示 10^3、10^6 和 10^9。即

$$1\mathrm{kPa} = 10^3\mathrm{Pa}, \quad 1\mathrm{MPa} = 10^6\mathrm{Pa}, \quad 1\mathrm{GPa} = 10^9\mathrm{Pa}$$

其中，应力的大小与力的作用强度有关，采用名为应变的工程量来测量

杆件的伸长量。图 5-3 中的伸长值 ΔL 是一种描述杆件受到力 F 作用时如何伸长的方法，但这不是唯一的方法，也不一定是最好的方法。如果有另一根杆件具有相同的横截面面积，但只有前面杆件长度的一半，那么根据式（5-2），该杆件内部的应力与前面的杆件相同。然而，直观上可以感觉到，较短杆件的拉长量要小一些。要验证这个想法，可以用两根不同的长度橡皮筋挂同一个重物，观察长度较长的橡皮筋是否伸长得更多。正如应力用于衡量单位面积上的力那样，称为应变的量被定义为杆件单位原始长度上发生的伸长量。应变 ε（小写希腊字母）的表达式为

$$\varepsilon = \frac{\Delta L}{L} \tag{5-3}$$

由于分子和分母中长度的单位可以消掉，所以 ε 是一个无量纲的量。应变一般都很小，可以表示为小数（如 $\varepsilon = 0.005$）或百分数（$\varepsilon = 0.5\%$）。

例 5-1 堪萨斯城凯悦酒店天桥上的吊杆

在酒店高架步行天桥走廊坍塌事故调查期间，发现吊杆与上层走廊之间的连接在承受了约 90kN 的载荷时发生断裂。以兆帕（MPa）为单位，确定作用在 $\phi30mm$ 吊杆上所产生的应力。

（1）**方法** 如图 5-3 所示，吊杆承受拉力的作用，拉力 $F = 90kN$，$d = 30mm$。用式（5-2）计算应力。

（2）**求解** 利用式（5-1），吊杆的横截面积为

$$A = \frac{\pi (0.03m)^2}{4} \qquad \leftarrow \left[A = \frac{\pi d^2}{4} \right]$$

$$= 7.065 \times 10^{-4} m^2$$

拉应力为

$$\sigma = \frac{9 \times 10^4 N}{7.065 \times 10^{-4} m^2} \qquad \leftarrow \left[\sigma = \frac{F}{A} \right]$$

$$= 1.274 \times 10^8 N/m^2$$

$$= 1.274 \times 10^8 Pa$$

常用 "MPa" 表示 $10^6 Pa$，这样在形式上更加紧凑，即

$$\sigma = 1.274 \times 10^8 Pa \left(10^{-6} \frac{MPa}{Pa} \right)$$

$$= 1.274 \times 10^2 MPa$$

$$= 127.4 MPa$$

（3）**讨论** 如下节将要讲述的那样，与钢的强度相比，该应力并不高。虽然该拉力可能不足以使吊杆断裂，但它却足以破坏吊杆和步行通道之间的连接。作为天桥走廊坍塌的案例，构件之间的连接要弱于构件结构本身，这在机械工程领域不是一种罕见的情况。

例 5-2　U 形螺栓夹子

U 形螺栓用来将商用车车身（由工字梁构成）和底盘（由空心盒状梁构成）连接在一起（图 5-6）。U 形螺栓由 $\phi10\text{mm}$ 的杆制成，上面的螺母被拧紧，直到 U 形螺栓每个直段部分的拉力为 4kN。

1）绘制受力图，标明 U 形螺栓和螺母、车身、底盘以及夹紧板构成的装配体中力是如何传递的；

2）以 MPa 为单位，计算 U 形螺栓直段部分的拉应力。

图 5-6

U 形螺栓夹子

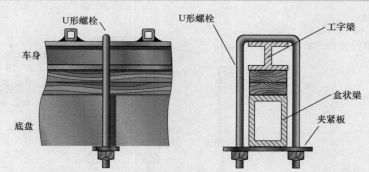

（1）**方法**　对于问题 1），需要分离出三个自由体，每个自由体都必须保持平衡：U 形螺栓和螺母，车身和底盘，夹紧板。作用在装配体中相邻构件之间的力大小相等但方向相反。在图 5-3 中，U 形螺栓的直段承受拉力 $F=4\text{kN}$，$d=10\text{mm}$。用式（5-2）计算应力。

（2）**求解**

1）由于 U 形螺栓的两个直段部分每个都承受 4kN 的拉力，得到 8kN 的合力，以压力的方式传递到车身和底盘上（图 5-7）。8kN 的负荷同样由盒状梁作用在夹紧板上。大小相等、方向相反的 4kN 的力作用在 U 形螺栓上的夹紧板和通过螺纹连接在 U 形螺栓上的螺母之间。

2）螺栓的横截面面积为

$$A=\frac{\pi\,(10\text{mm})^2}{4}\leftarrow\left[A=\frac{\pi d^2}{4}\right]$$

$$=78.54\text{mm}^2$$

单位必须转换成和国际标准中应力的单位一致，即

$$A=78.54\text{mm}^2\times\left(10^{-3}\frac{\text{m}^2}{\text{mm}}\right)$$

$$=7.854\times10^{-5}\ (\text{mm}^2)\left(\frac{\text{m}^2}{\text{mm}^2}\right)$$

$$=7.854\times10^{-5}\text{m}^2$$

拉应力变为

$$\sigma=\frac{4000\text{N}}{7.854\times10^{-5}\text{m}^2}\leftarrow\left[\sigma=\frac{F}{A}\right]$$

$$=5.093\times10^7\ \frac{\text{N}}{\text{m}^2}$$

$$=5.093\times10^7\text{Pa}$$

这里应用了从表 3-2 中导出的帕斯卡单位的定义。为了使结果更加简洁，使用国际标准中的前缀"mega"（M，见表 3-3）令较大的 10 次幂更紧凑

$$\sigma = \left(5.093 \times 10^7 \ \cancel{Pa}\right)\left(10^{-6} \frac{MPa}{\cancel{Pa}}\right)$$

$$= 50.93 MPa$$

图 5-7

U 形螺栓受力分析

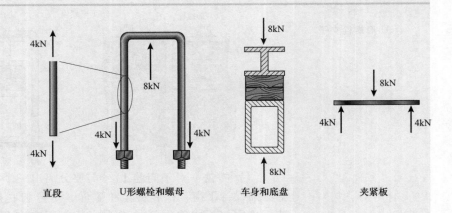

直段   U形螺栓和螺母   车身和底盘   夹紧板

（3）讨论　在杆的直段部分，拉应力很明显，这是因为施加的载荷较大。在 U 形螺栓的上端，杆有 90°角的部分与工字梁的接触，应该存在更复杂的应力状态，这需要进行不同的分析。

$$\sigma = 50.93 MPa$$

关注　马斯达尔市

马斯达尔市（图 5-8）已经被设计成世界上环境最具可持续发展前景的城市之一。位于阿布扎比之外 17km，马斯达尔市被设计为碳中性，即无任何碳排放。城市设计的关键是，街道、行人通道以及建筑物等基础设施由一种创新结构设计、太阳能挡板以及风塔进行自然冷却。城市里也没有汽车，居民将使用由太阳能电池供电的地下个人快速运输系统。在城市设计过程中，工程师必须考虑更大范围的加载条件、力、应力和材料性能。作为设计过程的一部分，工程师必须为每个承力的单元选择最好的结构布局和材料，还要考虑截面的形状、长度、连接类型、安全因素以及潜在的失效模式。在马斯达尔市的城市设计中，通过开发太阳能应用和可持续基础设施的创新解决方案，工程师们将直接面对第 2 章中提出的 NAE 挑战。

图 5-8

一名艺术家绘制的马斯达尔市

图片显示马斯达尔学院校园的庭院和风塔

（马斯达尔市提供）

◎ 5.3　材料响应

与力和伸长量不同，应力和应变的定义很实用，因为它们与杆的尺寸成比例。假定对采用同样材料，但直径、长度不同的一组杆件进行试验分析。每根杆都承受拉力的作用，力和伸长量都可以测量。一般来说，对于一个给定的力，由于直径和长度的变化，每根杆将有不同的伸长量。

然而，对于每根杆，所施加的力和伸长量彼此成正比，如式（5-4）所示

$$F = k\Delta L \tag{5-4}$$

式中，参数 k 称为刚度。该现象是胡克定律概念的基础。实际上，英国科学家罗伯特·胡克在 1678 年写道：

弹簧的力量同其伸长量成正比，即一个单位的力量使弹簧拉伸或弯曲一个单位的长度，两个单位的力量将会使其拉伸两个单位的长度，三个单位的力量则会使其拉伸三个单位的长度，以此类推。

需要注意的是，这里胡克所用的术语"力量"就是今天所说的"力"。为此，可将拉伸或弯曲的任何结构件视为一个具有刚度 k 的弹簧，即便该构件本身看起来不一定是螺旋状的"弹簧"。

继续假设的试验，接下来设想为每根不同的杆件构建 $F\text{-}\Delta L$ 关系图。如图 5-9a 所示，图中的直线具有不同的斜率（或刚度），其值取决于 d 和 L。对于一个给定的力，长而具有较小横截面积的杆件的伸长量超过其他杆件。反之，短而具有较大横截面积的杆件的伸长量则较小。图中显示的若干条直线，每一条都具有不同的斜率。尽管杆件的材料相同，但在 $F\text{-}\Delta L$ 图中的表现完全不同。

另一方面，当其拉伸由应力和应变来描述时，杆件的表现基本一致。如图 5-9b 所示，在应力-应变图中，各个 $F\text{-}\Delta L$ 曲线汇集成为一条线。从这些试验得出的结论是：刚度取决于杆的尺寸，而应力-应变仅与材料的

属性有关，而与试验样件的尺寸无关。

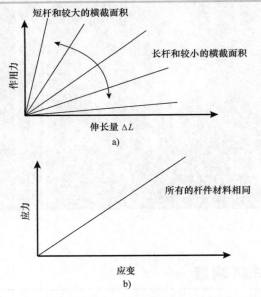

图 5-9

F-ΔL 曲线

a）具有不同横截面积和
　长度的杆的力与伸长
　量之间的关系
b）每根杆拥有相似的应
　力-应变关系

图 5-10 所示为一种典型结构钢的理想应力-应变曲线。其应力-应变图被分成两个区域：低应变的弹性区域（力被施加和移除后，材料没有发生永久形变）和高应变的塑性区域（力足够大以至于移除后该材料永久伸长），对于低于比例极限（点 *A*）的应力，从图中可以看出，应力和应变成正比，它们满足以下关系

$$\sigma = E\varepsilon \qquad (5\text{-}5)$$

图 5-10

结构钢的应力-应
变曲线

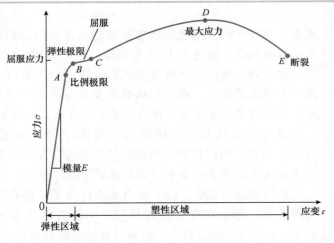

式中，*E* 称为弹性模量，其单位是单位面积上的力。在国际标准单位中，弹性模量的单位通常为 GPa。弹性模量是材料的物理特性，它其实是低应变区域应力-应变曲线的斜率。根据式（5-2）和式（5-3），当杆被加载低于其比例极限的力时，伸长量为

$$\Delta L = \frac{FL}{EA} \qquad (5\text{-}6)$$

式（5-4）的刚度为

$$k = \frac{EA}{L} \tag{5-7}$$

许多金属和其他多数工程材料中都添加了多种化学元素，材料的弹性模量与其原子间键的强度有关。例如，合金钢中含有不同比例的碳、钼、锰、铬、镍等元素。1020 钢（20 钢）作为一种常用材料，其碳的质量分数为 0.18% ~ 0.23%，锰的质量分数为 0.30% ~ 0.60%，磷和硫的最高质量分数为 0.04% 和 0.05%。就像其他钢的成分一样，这种合金主要由铁构成，因此每种合金钢的弹性模量没有太大区别。各种铝合金也存在类似的情况。对于大多数工程计算和设计来说，下述钢和铝的弹性模量数值是足够精确的

$$E_{\text{steel}} \approx 210\text{GPa}$$

$$E_{\text{aluminum}} \approx 70\text{GPa}$$

可以看出，铝的弹性模量是钢弹性模量的 1/3。根据式（5-6），这个差别意味着，对相同尺寸的铝杆和钢杆施加相同大小的力，铝杆的伸长量是钢杆的 3 倍。对于一个特定样件，其弹性模量可能与这些值不同，因此在特殊应用中，材料的特性应根据实际测量确定数值。

正如前面所述，杆被拉伸之后，其直径也有少量的收缩。反过来，如果施加压力，其直径也会稍稍变大。此横截面效应称为泊松收缩或膨胀，它表示在垂直于所施加力的方向上尺寸发生了变化。当柔软的材料（如橡皮筋）被拉伸时，横截面尺寸的变化通常无需通过任何特殊的设备和条件即可观察到。对于工程应用中的金属和其他材料，这种变化非常小，必须用精密仪器进行测量。

量化横截面的收缩或膨胀的材料特性是泊松比，用希腊字母 ν 表示，通常由杆件的直径变化 Δd 与长度变化 ΔL 来定义，即

$$\Delta d = -\nu d \frac{\Delta L}{L} \tag{5-8}$$

式中的负号表示由拉力（$\Delta L > 0$）导致的直径收缩（$\Delta d < 0$），以及压缩导致的直径扩大。对于许多金属来说，$\nu \approx 0.3$，泊松比的变化范围为 0.25 ~ 0.35。

在图 5-10 所示的应力-应变图中，点 B 被称为弹性极限。对于点 A 和点 B 之间的加载，该材料仍然表现为弹性，当力被卸掉后材料仍会弹回，但是应力和应变不再成正比。当载荷增加超过点 B 数值时，材料开始呈现永久变形。屈服现象出现在点 B 和点 C 之间的区域，也就是说，此区域即使应力发生小幅的变化，杆的应变也会很大。在屈服区，即使应力小幅度增长，杆也会急剧伸长，因为此时应力-应变曲线的斜率较小。出于这个原因，当材料开始屈服时，常被工程师当作材料失效的标志。区域 BC 中的应力值定义了材料的属性，称为屈服强度 S_{y}。当载荷进一步增加并超越点 C 时，应力增大至极限强度 S_{u}（即点 D），该值代表材料能够承受的最大应力。随着测试的进行，由于杆横截面面积的减少，图中

的应力实际上在减小，最终试件在点 E 处断裂。

应力-应变曲线是在材料试验机上测量的。图 5-11 所示即为该设备的一个例子，设备中的计算机控制测试台架，同时记录试验数据。在拉伸试验中，用夹头夹紧试件（如钢杆）两端，然后逐渐向两端拉伸，让试件处于拉伸状态。测量力的载荷传感器与其中一个夹头相连，第二个传感器（称为伸长仪）测量试件伸长了多少。计算机记录试验过程中的力和伸长量，然后根据式（5-2）和式（5-3）将这些数值转换成应力和应变。将应力-应变数据绘制成图时，测量低应变区域的斜率以确定点 E，同时在曲线上找出屈服点处的应力数值 S_y。

图 5-11

材料试验机的应用实例

注：工程师们正在使用一种材料试验机在两个支承之间弯曲一根金属棒，计算机负责控制试验和记录力和变形数据（照片由 MTS 系统公司提供）。

图 5-12 所示为某结构钢试件的应力-应变曲线。应力采用国际单位 MPa，而无量纲应变用百分比表示。可以用这张图确定该试件的弹性模量和屈服强度。对于低应变区域（应变不超过 0.2%），σ 和 ε 之间的关系几乎是线性的，弹性模量 E 可由该区域直线的斜率来确定。无应力时，应变为零。在图的坐标轴上可以看到，试件应变为 0.15% 时的应力为 317MPa。根据式（5-5），其弹性模量为

$$E = \frac{317 \times 10^6 \, \text{Pa}}{0.0015} = 211.3 \text{GPa}$$

这与钢的弹性模量经验值（207GPa）非常接近。在图 5-12b 中屈服点也很明显，可以直接从图中的坐标测量得到 $S_y = 372$MPa。

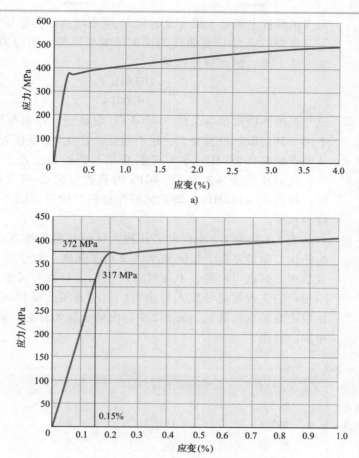

图 5-12

某结构钢样件的应力-应变曲线

a）大范围内的应变曲线
b）低应变弹性区与屈服区的放大图

对于铝和其他非铁金属，图 5-10 所示的应力-应变曲线中的屈服点处将出现尖角，狭窄的屈服区域 *BC* 通常不容易见到。而这样的材料在弹性和塑性区域之间往往表现为光滑、平稳的过渡。对于这种情况，可以采用一种被称为 0.2%偏移法的方法来定义屈服强度。例如，图 5-13 所示

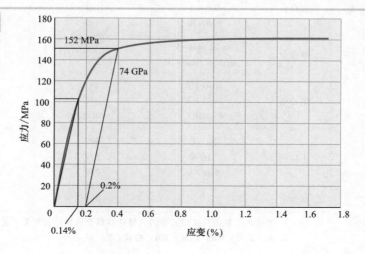

图 5-13

铝试样的应力-应变曲线

为在试验机上测量某铝合金的应力-应变曲线。弹性模量是由通过原点画一条直线与应力-应变曲线的比例区域相匹配。当应力为 103MPa 时，应变为 0.14%，因此弹性模量为

$$E = \frac{103 \times 10^6 \mathrm{Pa}}{0.0014} \approx 74\mathrm{GPa}$$

这与铝的弹性模量名义值（72GPa）很接近。然而与图 5-12 中的钢合金不同，其屈服处没有突变，也不明显。在 0.2% 偏移法中，屈服应力是由从原点偏移 0.2% 且斜率为 E 的直线与曲线的交点来确定的。在图 5-13 中，从偏移点绘制斜率为 74GPa 的直线与应力-应变曲线相交在屈服点处，得到 $S_y = 152\mathrm{MPa}$。将该值看作材料开始屈服而不能进一步被应用的应力水平。

表 5-1 和表 5-2 中列出了几种金属的材料特性数据，包括弹性模量、泊松比、重量密度、极限强度以及屈服强度。对于给定的金属试件的特性数据，其值可能与表中所列有所不同。只要有可能，特别是对于应用中材料的失效可能导致人身伤害的，应直接测量材料特性，或与材料的供应商联系取得数据。表 5-2 中列出的金属和合金的常见用途将在 5.5 节中加以讨论。

材　　料	弹性模量 E/GPa	泊松比 ν	重量密度 ρ_w/(kN/m³)
铝合金	72	0.32	27
铜合金	110	0.33	84
钢合金	207	0.30	76
不锈钢	190	0.30	76
钛合金	114	0.33	43

表 5-1 所选材料的弹性模量和密度

注：所列出的数值只是代表性的，特殊材料会因成分和工艺而发生变化。

材　　料		极限强度/MPa	屈服强度/MPa
铝合金	3003-A	110	41
	6061-A	124	55
	6061-T6	310	276
铜合金	Naval brass-A	376	117
	Cartridge brass-CR	524	434
钢合金	1020-HR	455	290
	1045-HR	638	414
	4340-HR	1041	910
不锈钢	303-A	600	241
	316-A	579	290
	440C-A	759	483
钛合金		551	482

表 5-2 所选材料的极限强度和屈服强度

注：1. 所给出的数值只是代表性的，特殊材料会因成分和加工工艺而变化。

　　2. A：退火；HR：热轧；CR：冷轧；T：回火。

例 5-3 U 形螺栓尺寸的变化

对于例 5-2 中直径为 10mm 的 U 形钢制螺栓，求出：

1）应变；

2）长度的变化；

3）螺栓长度为 325mm 的直段直径的变化。采用弹性模量经验值 $E = 210\text{GPa}$，泊松比为 $\nu = 0.3$（图 5-14）。

图 5-14

U 形螺栓尺寸的变化

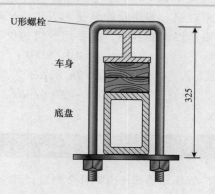

（1）**方法** 前面的例 5-2 中得出 U 形螺栓直段的应力 $\sigma = 5.093 \times 10^7 \text{Pa}$，下面利用式（5-5）、式（5-3）和式（5-8），针对问题 1）、2）和 3）分别计算 U 形螺栓的应变、长度的改变和直径的改变。

解：1）直段部分的应变为

$$\varepsilon = \frac{5.093 \times 10^7 \text{Pa}}{210 \times 10^9 \text{Pa}} \qquad \leftarrow \left[\varepsilon = \frac{\sigma}{E} \right]$$

$$= 2.425 \times 10^{-4}$$

因为该值是一个小的无量纲数，所以将它写为百分比 $\varepsilon = 0.02425\%$。

2）U 形螺栓长度的改变（伸长量）为

$$\Delta L = 2.425 \times 10^{-4} \times 0.325\text{m} \qquad \leftarrow \left[\Delta L = \varepsilon L \right]$$

$$= 7.882 \times 10^{-5} \text{m}$$

根据表 3-2 中的定义，把这个数值转换为导出的国际单位 μm

$$\Delta L = 7.882 \times 10^{-5} \text{m} \times 10^6 \frac{\mu\text{m}}{\text{m}}$$

$$= 78.82 \mu\text{m}$$

在这里，SI 前缀 μ（微）代表百万分之一。

3）螺栓直径的变化比其长度的变化更小，为

$$\Delta d = -0.3 \times 0.01\text{m} \times \frac{7.882 \times 10^{-5} \text{m}}{0.325\text{m}} \qquad \leftarrow \left[\Delta d = -\nu d \frac{\Delta L}{L} \right]$$

$$= -7.276 \times 10^{-7} \text{m}$$

为避免大的负 10 次幂指数的出现，采用表 3-3 中的前缀 n（纳），即

例 5-3（续）

$$\Delta d = (-7.276 \times 10^{-7}) \left(10^9 \frac{\text{nm}}{\text{m}}\right)$$

$$= -727.6 \text{nm}$$

（2）讨论　实际上，U 形螺栓的伸长量很小，这是由于 U 形螺栓的材质为钢。其伸长量大致与人的头发丝直径相同，比氦氖激光器中光的波长 632.8nm 稍大。因此，螺栓直径仅以比光的一个波长稍大的量来收缩。即使螺栓承受 4kN（约 900lb）的载荷，其尺寸变化也是人眼难以觉察到的，需要用专门的仪器来测量。

$$\varepsilon = 0.02425\%$$

$$\Delta L = 78.82 \mu \text{m}$$

$$\Delta d = -727.6 \text{nm}$$

例 5-4　杆件的拉伸

如图 5-15 所示的圆杆由钢合金制成，其应力-应变曲线如图 5-12 所示。当它承受 15.5kN 拉力（约等于一辆轿车的重量）时，计算：1）该圆杆的应力和应变；2）圆杆的伸长量；3）圆杆直径的变化量；4）圆杆的刚度；5）若拉力只有 4.5kN，求杆的伸长量。取泊松比 $\nu = 0.3$。

图 5-15

杆件的拉伸

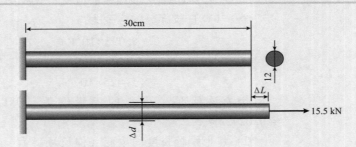

（1）方法　首先根据式（5-2）计算应力；之后，再分别用式（5-5）、式（5-3）、式（5-8）和式（5-7）计算出圆杆的应变、直径的变化量以及刚度。

解：1）杆件的横截面面积为

$$A = \frac{\pi \times (0.012 \text{m})^2}{4} \leftarrow \left[A = \frac{\pi d^2}{4}\right]$$

$$= 1.1304 \times 10^{-4} \text{m}^2$$

则圆杆承受的拉应力为

$$\sigma = \frac{15.5 \times 10^3 \text{N}}{1.1304 \times 10^{-4} \text{m}^2} \leftarrow \left[\sigma = \frac{F}{A}\right]$$

$$= 1.371 \times 10^8 \text{N/m}^2$$

$$= 137.1 \text{MPa}$$

例 5-4（续）

圆杆内的应变由下式得出

$$\varepsilon = \frac{137.1\text{MPa}}{210 \times 10^3 \text{MPa}} \quad \leftarrow \left[\varepsilon = \frac{\sigma}{E} \right]$$

$$= 6.53 \times 10^{-4}$$

或记作 $\varepsilon = 0.0653\%$。由于应力和弹性模量具有相同的单位，通过式（5-5）计算时其单位就被消去了。

2）15.5kN 载荷使圆杆产生的伸长量为

$$\Delta L = 6.53 \times 10^{-4} \times 300\text{mm} \quad \leftarrow [\Delta L = \varepsilon L]$$

$$= 0.196\text{mm}$$

3）取钢的泊松比 $\nu = 0.3$，圆杆直径的变化量为

$$\Delta d = -0.3 \times 12\text{mm} \times \frac{0.196\text{mm}}{300\text{mm}} \quad \leftarrow \left[\Delta d = -\nu d \frac{\Delta L}{L} \right]$$

$$= -0.0023\text{mm}$$

其中，负号表示圆杆的直径是收缩的。

4）圆杆的刚度由材料的弹性模量、横截面积和长度决定，即

$$k = \frac{210 \times 10^9 \text{Pa} \times 1.304 \times 10^{-4} \text{m}^2}{0.3\text{m}} \quad \leftarrow \left[k = \frac{EA}{L} \right]$$

$$= 7.91 \times 10^7 \text{N/m}$$

5）若拉力只有 4.5kN，则杆的伸长量为

$$\Delta L = \frac{4.5 \times 10^3 \text{N}}{7.91 \times 10^7 \text{N/m}} \quad \leftarrow \left[\Delta L = \frac{F}{k} \right]$$

$$= 5.69 \times 10^{-5} \text{m}$$

$$= 0.0569\text{mm}$$

（2）**讨论**　一张纸的厚度只有 $25 \sim 30 \mu\text{m}$，所以杆的伸长量仅有两张纸的厚度，对选择的钢材在给定载荷下满足要求。而杆直径的收缩量更小，小于 $2.5\mu\text{m}$。考虑到变化量较小，测量时取六位有效数字，则杆的初始直径为 0.012000m，那么拉伸后杆的直径将变为 0.011998m。事实上，要测量一个变化在小数点后第六位的杆的直径值，需要使用灵敏而标定好的仪器。

$$\sigma = 137.1\text{MPa}$$

$$\varepsilon = 0.0653\%$$

$$\Delta L(15.5\text{kN 时}) = 196\mu\text{m}$$

$$\Delta d = -2.3\mu\text{m}$$

$$k = 7.91 \times 10^7 \text{N/m}$$

$$\Delta L(4.5\text{kN 时}) = 56.9\mu\text{m}$$

⊙ 5.4　剪切

　　在图 5-4 中，拉应力 σ 作用在杆的长度方向上，并且垂直于杆的横截面。简单来说，拉应力将拉伸机械构件并试图使其分离。但是，过大的力也会通过其他方式损坏构件。剪切应力就是一个例子，当作用力试图切开某结构或构件时将产生该应力。

图 5-16

作用在两个刚性支承之间的材料上的剪切力和剪应力

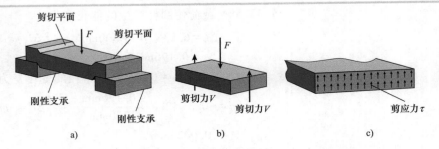

　　与拉应力和压应力不同，剪应力的方向与杆件横截面的方向一致，即剪应力与平行作用于横截面上的力相关。在图 5-16 中，某弹性材料体放置在两个刚性支承之间，承受向下的压力作用。在施加向下的压力 F 时，该材料体有沿着图中标注的剪切平面两个边缘切开的趋势。图 5-16b 所示为受力图，垂直方向上的平衡条件为 $V = F/2$。这两个力 V 称为剪切力，它们作用在剪切平面上并与之平行。

　　与拉力、压力相同，剪切力也是在材料内部沿着假想的横截面连续分布的。剪切力 V 是由图 5-16c 中的剪应力联合作用产生的，它作用在整个露出的面积上。为此，剪应力 τ 定义为

$$\tau = \frac{V}{A} \tag{5-9}$$

式中，A 是露出的横截面的面积。

　　剪应力通常与结构或机器上的构件连接有关，如螺栓、销、铆钉、焊接和粘接等。实际中有单剪切和双剪切两种类型，它们是指剪切力在连接在一起的两个物体之间的传递方式。图 5-17 所示为几种典型连接方式中的粘接情况。利用受力图，想象将构件拆开，暴露出粘接层内的剪切力。对于图 5-17a 所示的单剪切情况，全部载荷都由一层粘接层来承

图 5-17

单剪切和双剪切

（粘接层由粗线表示）

a）单剪切

b）双剪切

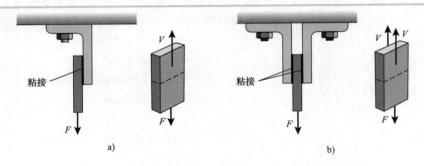

受，即 $V = F$。双剪切如图 5-17b 所示，因为两个面共同承受载荷，剪应力减半，故 $V = F/2$。双剪切的连接方式沿两个平面同时传递剪切力。

例 5-5　剪线钳的铰链连接

在例 4-6 中，剪线钳手柄按在一起时铰链销 B 必须承受 385N 的力。如图 5-18 所示，若铰链销的直径为 8mm，确定该销承受的剪应力（使用国际单位 MPa）。

图 5-18

剪线钳受力分析

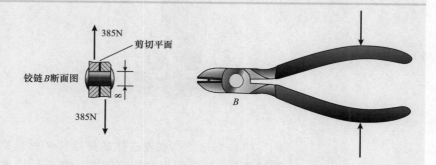

385N

剪切平面

铰链 B 断面图

∞

385N

（1）**方法**　根据静力平衡，可知力由铰链销 B 在两个钳头/手柄组成的钳体之间传递，如例 4-6。现在做进一步分析，以检验加载时铰链销材料的强度。由于 385N 的力仅通过一个剪切平面从一个钳体传递到另一个钳体，铰链销以单剪切方式承载，故 $V = 385N$。利用式（5-9）计算剪应力。

解：销的横截面积由式（5-1）得

$$A = \frac{\pi \times (0.008\text{m})^2}{4} \qquad \leftarrow \left[A = \frac{\pi d^2}{4} \right]$$

$$= 5.027 \times 10^{-5} \text{m}^2$$

剪应力为

$$\tau = \frac{385\text{N}}{5.027 \times 10^{-5}\text{m}^2} \qquad \leftarrow \left[\tau = \frac{V}{A} \right]$$

$$= 7.659 \times 10^6 \text{Pa}$$

最后一步中，采用了表 3-2 的导出单位帕斯卡（Pa）。将数值按照常规的应力单位转换为 MPa 的方法如下

$$\tau = 7.659 \times 10^6 \text{Pa} \times 10^{-6} \frac{\text{MPa}}{\text{Pa}}$$

$$= 7.659 \text{MPa}$$

（2）**讨论**　当 385N 的力从一个钳体传递到另一个钳体时，该力的作用效果是将铰链销 B 切成两片。铰链销在单剪切方式作用下，沿着一个平面承受 7.659MPa 的强度。与铰链销常用材料钢的屈服强度相比，剪切强度要小得多。

$$\tau = 7.659 \text{MPa}$$

例 5-6　U 形接头

如图 5-19 所示，1560N 的拉力作用在螺纹杆上，并且通过 U 形接头传递给底座。确定作用在 $\phi9.4mm$ 铰链销上的剪应力。

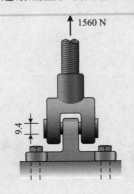

1560 N

9.4

（1）**方法**　与底座连接的螺纹杆和螺栓沿其轴线长度方向承受拉伸载荷。U 形接头的铰链销在垂直于长度方向承受剪切力。为确定剪切力的大小，绘制 U 形接头的受力图来表明其内部力的变化，如图 5-20 所示。

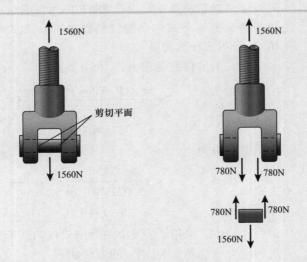

1560N　　　　1560N

剪切平面

1560N

780N　780N

780N　780N

1560N

解：　1560N 的力通过两个剪平面从销传递到底座，$V = 780N$。销的横截面面积是

$$A = \frac{\pi\,(9.4\times10^{-3}\,\text{m})^2}{4} \quad \leftarrow \left[A = \frac{\pi d^2}{4}\right]$$

$$= 6.936\times10^{-5}\,\text{m}^2$$

剪应力为

$$\tau = \frac{780\text{N}}{6.936\times10^{-5}\,\text{m}^2} \quad \leftarrow \left[\tau = \frac{V}{A}\right]$$

$$= 11.24\text{MPa}$$

例 5-6（续）

（2）讨论　作用在 U 形接头上的力会使铰链销的两个位置产生剪切力。该接头以双剪切方式承受载荷，其强度为 11.24MPa，它同样远小于铰链销常用材料钢的屈服强度。

$$\tau = 11.24\text{MPa}$$

◎ 5.5　工程材料

关于工程材料，前面已经讨论了其在承受应力时如何响应的一些基本特征。接下来的内容是确定何种类型的材料可用于特定的设计应用。应用于工程产品的材料非常多，选择合适的材料在产品设计过程中是至关重要的。机械工程师要根据产品的用途和加工过程选取材料。机械工程中常见的材料主要包括以下几类：

- 金属及合金
- 陶瓷
- 高分子
- 复合材料

电子材料属于另一个范畴，包括广泛应用在电子产品、计算机、通信系统中的半导体材料。微处理器和记忆芯片等采用金属材料做导电体以及陶瓷材料做绝缘体。

工程师们选择材料时，往往是根据材料的性能、成本、可用性以及以往类似应用的记录。因为工程材料的生产涉及自然资源和能源的消耗，所以环境因素也是选择过程中要考虑的因素。生产材料并将其制成最终产品所需的制造步骤越多，材料在经济和环境方面的成本越高。材料的整个生命周期包括自然资源的利用（如以矿石的形态）、原材料的加工、产品的装配制造、产品的使用、产品的废弃处理以及材料的回收等。

在选择产品所用材料的过程中，工程师首先需要决定材料的种类。材料的种类一旦确定（例如金属或合金），接下来便要确定该种类中哪种材料最合适（例如钢或铝）。许多产品都是由各种不同种类的材料组合设计的，每种材料都很好地适合特定的功能。以汽车为例，支架、发动机、传动系部件包含 50%~60% 的钢，车身和发动机包含 5%~10% 的铝，内饰件包含 10%~20% 的塑料，其余部分包含车窗用玻璃、电池用铅、轮胎用橡胶和其他材料。

1．金属及其合金

金属是相对硬而重的材料。换句话说，从技术上看，金属的弹性模量和密度都比较高。金属的强度可以通过机械加工和热处理得到提高，也可以通过合金化来实现，合金化就是将少量仔细挑选的其他元素添加到基体金属中的过程。从设计上看，对于承受重载的结构和机械而言，金属是不错的选择。然而金属容易被腐蚀，其性能会随着时间退化而导致强度下降。金属另一个吸引人的特点是可以通过多种方式生产、成形、连接。金属具有广泛的加工性，因为可以对其进行铸造、挤压、锻造、轧制、切削、钻孔和磨削等。

有些金属通过加工和合金化拥有很高的延展性，所谓延展性就是在其断裂前能够最大限度延伸的能力。在图 5-10 所示的应力-应变曲线中，延展性材料的塑性变形范围很大，曲别针所使用的钢材就是一种具有很好延展性的金属的例子。另一方面，像玻璃这样的脆性材料，不存在塑性变形。很显然，延展性金属适用于结构和机械中，因为过载时，材料会在断裂前通过明显的拉伸或弯曲给予预警。

金属包括大量重要的合金，比如铝合金、铜合金、钢和钛合金（见表 5-2）。

1）3003 铝合金通常被制成平板形状，其易于弯曲成形，适合制造电子设备的壳体和面板。对于那些用于承受中等载荷的加工过的机械构件，可以使用经过退火（A）或回火（T）的 6061 铝合金。退火和回火是通过热处理来改善金属强度的加工工艺。

2）铜合金包括黄铜（淡黄色的铜锌合金）和青铜（褐色的铜锡合金）。这些材料的强度不是很高，但其耐蚀并且容易通过焊接结合在一起。铜合金应用在齿轮、轴承、冷凝器和换热器中的管路上。

3）1020 钢（20 钢）是一种常见、容易加工且价格相对低廉的中等合金钢。4340 钢（40CrNiMoA 钢）比 1020 钢的强度高且价格贵。尽管所有的钢都主要包含铁和少量的碳，它们的区别基于不同的机械和热处理方法，同时添加不同的合金金属，如碳、锰、镍、铬和钼，可具有不同的性能。

4）对于不锈钢，316 合金用于耐蚀的螺母、螺栓以及管接头。更高强度的材料 440C 用于成形滚动轴承的滚道。

5）钛合金的强度高、重量轻、耐腐蚀、其缺点是比其他金属昂贵和难加工。钛用于化工管道、燃气涡轮叶片、高性能的飞机结构、潜艇和其他要求苛刻材料的应用。

2. 陶瓷

想到陶瓷时，人们脑海中会浮现出咖啡杯、餐盘和艺术品。而工程陶瓷由于耐高温、耐蚀、具有电绝缘性、耐磨，而被应用在汽车、航空航天、电子、通信、计算机、医疗等行业。可以通过在炉中加热天然矿物质和化学处理的粉末生产陶瓷，然后制成刚性的机械构件。

陶瓷是硬而脆的晶体材料，由金属和非金属构成。陶瓷的弹性模量很大，但由于它是脆性材料，过载时会突然断裂，因此陶瓷不适合承受过大的拉力。用陶瓷制成的机械零部件，当存在瑕疵、裂纹、孔洞、螺栓连接等问题时，会变得非常脆弱。

陶瓷的一个重要特性是能够承受极高的温度并能隔热。陶瓷可用作隔热涂层，防止喷气发动机中的涡轮叶片过热。

航天飞机使用了数以万计的轻型陶瓷瓦隔离飞机框架，使其在返回时免受高达 1260℃ 高温的影响。

部分陶瓷的成分有氮化硅、氧化铝、碳化钛等。氧化铝可以做成汽车排气系统和催化转换器中的蜂窝状支承结构。因为高级陶瓷 AlTiC 的机械、电和热特性，可将其用于计算机的硬盘驱动器，以支承旋转的磁盘表面上的记录头。

工程师和医生们发现陶瓷在医疗领域中的应用范围正变得越来越广，包括人的股骨、膝盖、手指、牙齿和心脏瓣膜的修复与更换。陶瓷是为数不多的可以在人体内长时间承受腐蚀的材料。已经发现陶瓷植入体和金属关节替代物上的陶瓷涂层能够刺激骨骼生长和保护植入物的金属部分不受免疫系统的影响。

3. 高分子（聚合物）

塑料和弹性体是两种高分子材料。高分子（聚合物）这个词来自希腊语，意为"许多部分"，强调高分子是大分子，是由若干个小的分子团形成的长链结构。这些高分子（聚合物）大分子拥有巨大的分子量，包含成千上万个原子。每个大分子都是由连在一起的简单单元经过有规律的重复拼接而成的。聚合物是有机物，它们的化学式都基于碳元素而形成的。碳原子比其他原子更容易彼此结合，而其他原子（如氧原子、氢原子、氮原子、氯原子）可以连接在碳链上。从化学角度看，高分子（聚合物）均是基于碳的，并由大型的有规律的链状分子形成。

橡胶和丝绸是两种天然生成的大分子，化学家和化学工程师们已经开发出数百种有用的大分子材料。合成的高分子分为两类：塑料（可以挤压成板材和管材，或者用模具制作不同类型的产品）和弹性体（具备和橡胶一样柔顺的特点）。与前面提到的两种材料——金属及其合金和陶瓷不同，塑料和弹性体比较柔软。它们的弹性模量比金属小很多倍。另外，它们的性能随着温度变化而变化。常温条件下，高分子可以拉伸和发生弹性变形；然而随着温度降低，它们会变得很脆。这样的材料不适合在强度高和温度会发生变化的场合使用。但不管怎样，塑料和弹性体仍是应用广泛的工程材料。它们相对便宜，重量轻，对热和电的绝缘性好，容易成型，可以用模具制成各种复杂的零件。

塑料是工业生产中使用最多的工程材料之一，最常见的塑料有聚乙烯、聚苯乙烯、环氧树脂、聚碳酸酯、聚酯、尼龙。弹性体是第二类高分子，是一种具有弹性且伸缩自如的合成橡胶大分子。弹性体具有较大的变形并且在卸载后能够恢复原来的形状。

弹性体最大的应用之一是车辆的轮胎，从山地自行车到飞机。其他的弹性体包括聚氨酯泡沫（可用来隔离建筑）、硅密封胶和黏合剂，如氯丁橡胶，可以抵抗化学物和油的侵蚀。弹性体还可以制成减少机器振动的安装块。内置弹性体的隔振块安装在汽车发动机和底盘之间，也安装在笔记本计算机的硬盘或者平板计算机上，以缓冲它们突然掉在地上所带来的冲击与振动。

4. 复合材料

顾名思义，复合材料是由多种材料混合而成的，可以根据特定需求来定制。复合材料通常包含两种成分：基体和增强体。基体相对来说材质柔软，可以将嵌入其中的增强颗粒或纤维结合在一起。有些复合材料的高分子基体（通常为环氧或聚酯），由许多小直径的玻璃纤维、碳纤维或者芳纶纤维来增强。

复合材料不能承受高温，因为像塑料和弹性体那样的高分子基体会随着温度的升高而软化。纤维增强复合材料背后的主要思想是纤维承担大部分的作用力。其他复合材料的例子包括由钢筋加强的混凝土，在弹性基体中加入钢增强带的汽车轮胎，采用纤维或者钢丝承受张力的动力传动带等。

俗话讲：整体大于各部分之和，作为一个实例，复合材料的整体力学性能优于每个组成材料的力学性能。复合材料的基本优点是能够制作得非常坚硬、结实而且重量轻。然而，生产这些材料的附加加工步骤会提高其成本。

纤维增强复合材料在航空航天领域得到了广泛的应用（图 5-21），因为在该领域，重量是首要考虑因素。一架飞机可以通过在机身框架、水平和垂直尾翼、襟翼和机翼上蒙皮复合材料，来减少大部分重量。波音767 客机大约 30% 的外部表面是由复合材料构成的。随着复合材料的技术成熟和成本降低，该材料已经用于汽车、宇宙飞船、船舶、建筑结构、自行车、滑雪板、网球拍和其他消费品。

图 5-21

由铝、钛、复合材料以及其他先进材料制成的飞机（由洛克希德-马丁提供）

关注　新材料的研发

工程师和科学家们不断地开发新材料，以用于产品的创新设计。由加州理工大学、NASA 和美国能源部组成的研究团队开发出一种新的被称为 Liquidmetal 的金属合金，它

综合了钛和塑料的特点，其屈服强度是钛的2 倍以上。Liquidmetal 合金是由锆、钛、铜、镍和铍等构成的混合物，它拥有独特的无定形原子结构，与标准金属展示的晶体结构相

反，其原子结构排列不清晰。其最终性能优于传统的金属能达到的极限。例如，材料测试表明，其屈服强度超过 1.72GPa，约为传统钛合金的 2 倍。此外，Liquidmetal 合金具有一种意义深远的能力，即承受高强载荷和应力后，仍能保留其原始形状，同时具有很高的耐磨损与耐蚀性能。因此，Liquidmetal 合金将成为多项产品与系统的有效设计选择，包括闪存驱动器、MP3 播放器、移动电话、体育器材、工业机械的保护涂层，以及与医疗、军事和宇航相关的设备。

其他研究团队从生物系统的设计中寻找灵感。瑞典皇家技术研究院的研究人员开发了所谓的"纳米纸"，它是将在植物和藻类的细胞壁中发现的纳米尺寸的纤维素丝紧密地编织在一起。由此产生的结构比铸铁更坚

硬，而且可以用可再生的材料在较低的温度和压力制造。另一种形式的纳米纸是由纳米金属线制成的。由于其可以吸收自身重量 20 倍的油，因此该纳米纸用来帮助清理漏油和其他环境毒素。麻省理工学院的研究人员已经研制出一种新的自组装的光伏电池。这种电池模仿了植物的自修复机制，有望比当前光伏电池的能源转换效率提高 40%。这种新电池对延长太阳能电池板的有限寿命具有潜在的意义。

这一发现也许有一天会在材料科学与工程领域引起一场革命。试想采用随着时间自我修复的材料，也许可以设计一种能够修复裂纹的玻璃产品或者一种能够自我更新保护涂层用于防腐的金属产品。对于产品、系统和机器设计的工程师而言，其中有些材料技术会很快变成现实。

例 5-7　选择轻量化材料

在桁架结构设计中，工程师发现选择杆的金属材料时受到三个条件的限制（图 5-22），该杆必须：

1）承受大小为 F 的力。

2）长度为 L。

3）伸长量小于 ΔL。

杆的横截面积和材料由设计者来选择，为了减轻杆的重量，在钢、铝和钛三种材料中，你会选择哪种？

图 5-22

桁架

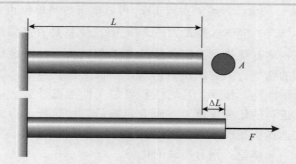

（1）方法　为了确定最佳材料，必须考虑两个材料特性——密度和弹性模量，用于计算杆的重量和伸长量。杆的重量为 $w = \rho_w AL$，其中 ρ_w 是表 5-1 中列出的金属单位体积的重量。杆的长度、横截面积、弹性模量、作用力之间的关系见式（5-6）。

例 5-7（续）

（2）求解   虽然杆的横截面积未知，但是可以通过已知量（F、L 和 ΔL）和弹性模量 E 表示成

$$A = \frac{FL}{E\Delta L} \qquad \leftarrow \left[\Delta L = \frac{FL}{EA}\right]$$

通过替换已知量和代数变换，得到杆的重量为

$$w = \rho_w L \frac{FL}{E\Delta L} \qquad \leftarrow [w = \rho_w AL]$$

$$= \frac{FL^2 \rho_w}{\Delta L\ E}$$

$$= \frac{FL^2/\Delta L}{E/\rho_w}$$

表达式中的分子由该问题描述中给定的一组变量组成：作用力、杆的长度和允许的伸长量。因此，分子的数值是确定的。另外，分母 E/ρ_w 只是材料特性。为了使杆的重量最轻，应该选择 E/ρ_w 尽可能大的材料。杆的横截面面积也可由表达式 $A = FL/E\Delta L$ 决定。通过采用表 5-1 中列举的弹性模量和密度值，钢的比值为

$$\frac{E}{\rho_w} = \frac{207 \times 10^9\,\text{Pa}}{76 \times 10^3\,\text{N/m}^3}$$

$$= 2.724 \times 10^6\,\text{m}$$

利用类似的方法，可以得到铝的比值（$2.667 \times 10^6\,\text{m}$）和钛的比值（$2.651 \times 10^6\,\text{m}$）。将这些数值列于表 5-3 中，可知钢的比值比铝和钛的比值稍小，但是相差不大，只有百分之几。

表 5-3

钢、铝、钛的比值

材　　料	E/ρ_w
钢	2.724×10^6
铝	2.667×10^6
钛	2.651×10^6

（3）讨论   参数 E/ρ_w 可以衡量材料单位重量的刚度。对于拉伸场合，应该选择最大的 E/ρ_w 值，使其具有高强度和轻的重量，因此钢略有优势，而铝和钛的几乎相同。一旦考虑成本，显然钢是优先的选择，因为铝比钢稍贵，而钛更贵。当然，这里的分析还没有把耐蚀性、强度、延展性和可加工性考虑进去。这些因素也许对正在进行的任务很重要，也会影响最终的选择。由此可以看出，材料的选择应在成本和性能之间进行权衡。

结论：钢有些许的优势。

◉ 5.6 安全系数

机械工程师根据产品的适用范围和金属构件的类型，确定其形状、

尺寸并选择材料。这些分析支撑他们的设计决策，要把拉伸、压缩、剪切等应力考虑进去，并将材料的特性和其他以后在机械工程研究中将要遇到的因素也考虑进去。设计者都知道机械构件会损坏或者由于多种原因报废。例如，由于材料很脆，会发生屈服而永久变形，突然变成碎片或者由于腐蚀而毁坏。本节将介绍一个简单的模型，工程师们用它确定在拉伸或剪切应力作用下机械构件将产生的预期屈服。该分析预测了延展性材料何时发生屈服现象，是一个非常有用的工具，使机械工程师可以避免某金属构件达到或超过其材料的屈服应力。然而，屈服仅仅是许多可能的失效原因之一，本节的分析并没有对其他类型的失效进行预测。

从实用的角度来看，工程师们认识到，尽管他们拥有分析、试验、经验和设计编码，但无法达到完美。此外，无论他们如何仔细地估计结构或机械承受的作用力，机械构件还是会突然过载或者使用不当。由于这些原因，人们提出了安全系数这一参数，主要用来考虑无法预测的效应、不精确、不确定性、潜在的装配缺陷以及材料的退化问题。安全系数通常定义为失效时应力与正常使用过程中应力的比值。用于防范延展性屈服的安全系数的数值通常为 1.5~4.0，也就是说，设计上需要的强度是正常使用时强度的 1.5~4.0 倍。对于具有高于平均水平的可靠性或者良好控制工作条件的工程材料而言，较小的安全系数更合适。当采用新的、未曾用过的材料或者存在其他不确定因素时，为了得到更安全的设计，需要取较大的安全系数。

如图 5-3 所示，当一根直杆承受拉伸时，其屈服可能性可以通过比较应力 σ 和材料屈服强度 S_y 进行评估。如果 $\sigma > S_y$，则可预测由于延展性屈服导致的失效。工程师将拉伸应力安全系数定义为

$$n_{\text{tension}} = \frac{S_y}{\sigma} \tag{5-10}$$

如果安全系数大于 1，则可预计该构件不会发生屈服；如果安全系数小于 1，则预期的失效将会发生。对于承受纯剪切的构件，将剪应力 τ 与剪切屈服强度 S_{sy} 进行比较。随着更先进的应力分析方法被开发出来，一个有关材料失效的概念将剪切屈服强度与拉伸屈服强度联系在一起，并表达如下

$$S_{sy} = \frac{S_y}{2} \tag{5-11}$$

剪切屈服强度可以由标准拉伸试验得到的拉伸强度值确定，见表 5-2。为估计延展性材料发生剪切屈服的可能性，利用剪切安全系数来比较应力与强度

$$n_{\text{shear}} = \frac{S_{sy}}{\tau} \tag{5-12}$$

工程师对某一特定设计中安全系数的选择取决于许多参数，包括设计者的背景、类似构件的分析经验、将测试的数量、材料的可靠性、失效的原因、维护和检查过程以及成本。为了减轻重量，某航天飞机部件设计的安全系数仅稍稍大于 1，这是航天应用中优先考虑的。为了平衡看

似很小的误差，需对这些部件进行全面的分析和测试，而且应由一个拥有丰富经验的工程师团队研发和测试。在施加的力或载荷未知的情况下，或者部件的失效原因非常明显并危及生命时，选取大的安全系数比较合理。设计手册和代码建议的安全系数范围通常很宽，而且无论何时应用均具有参考价值。其中，设计代码为很多机械产品设定安全标准，正如 1.3 节讨论的，在机械工程设计前十名的成就中所看到的那样。

例 5-8   设计一个齿轮与轴的连接

直齿轮常用在变速器中，它通过横截面积为 6mm×6mm、长度为 44mm 的键与 φ24mm 的轴连接在一起（图 5-23）。该键由 1045 钢（45 钢）制成，与轴和齿轮上加工的键槽匹配。当该齿轮的轮齿作用 7kN 的驱动力时，确定：

图 5-23

齿轮与轴的连接

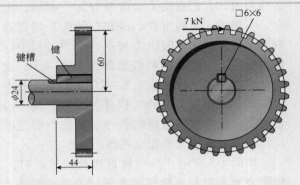

1）键的剪切应力；

2）抵抗屈服的安全系数。

（1）方法   齿轮和轴之间的转矩是通过键传递的，该键的剪切由齿轮和轴之间的力沿着一个单剪切平面作用，如图 5-24 所示。通过对齿轮应用旋转平衡条件确定该剪切力的大小。虽然 7kN 的力会使齿轮沿顺时针方向旋转，但齿轮与键之间的剪切力却以逆时针方向与转矩平衡。

（2）求解

1）键的剪切力是由其转矩和 7kN 的轮齿力相对轴心的转矩之间的平衡确定的

图 5-24

键

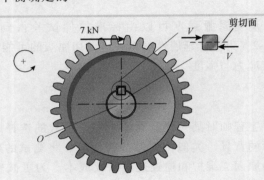

例 5-8（续）

$$-7\text{kN}\times60\text{mm}+V\times12\text{mm}=0 \qquad \leftarrow \left[\sum_{i=1}^{N}M_{O,i}=0\right]$$

得 $V=35\text{kN}$，该力在键的横截面内沿着剪切平面分布。

$$A=44\times10^{-3}\text{m}\times6\times10^{-3}\text{m}=2.64\times10^{-4}\text{m}^2$$

剪应力为

$$\tau=\frac{35000\text{N}}{2.64\times10^{-4}\text{m}^2} \qquad \leftarrow \left[\tau=\frac{V}{A}\right]$$

$$=132.57\text{MPa}$$

2）屈服强度 $S_y=418\text{MPa}$（见表 5-2），但这只是抗拉强度。根据式（5-11），该合金的剪切屈服强度为

$$S_{sy}=209\text{MPa}\leftarrow\left[S_{sy}=\frac{S_y}{2}\right]$$

键的延展性材料的安全系数为

$$n_{\text{shear}}=\frac{209\text{MPa}}{132.57\text{MPa}} \qquad \leftarrow \left[n_{\text{shear}}=\frac{S_{sy}}{\tau}\right]$$

$$=1.576$$

这是一个无量纲数值。

（3）讨论　由于该安全系数大于 1，表明齿轮与轴之间的连接强度足以防止屈服并有 57.6% 的剩余强度。如果轮齿的受力增大，超过了该数值，那么键会产生预期的屈服，该设计将不能令人满意。在这种情况下，需要增加键的横截面积，或者选择强度更高的材料。

本章小结

　　机械工程师的主要工作之一就是设计机械结构和机械构件，并保证它们工作可靠且完好。工程师通过分析应力、应变和强度来确定构件是否安全或者有过载的风险，以及导致过度变形或断裂的节点。本章介绍的重要参数、常用符号和单位见表 5-4，主要方程见表 5-5。

表 5-4

分析应力和材料属性时常用的物理量的名称和单位

名　称		常用符号	常用单位
拉应力		σ	Pa, kPa, MPa
剪应力		τ	Pa, kPa, MPa
弹性模量		E	GPa
屈服强度	拉应力	S_y	MPa
	剪应力	S_{sy}	MPa
最大强度		S_u	MPa
应变		ε	—
泊松比		ν	—
安全系数		$n_{\text{tension}}, n_{\text{shear}}$	
刚度系数		k	N/m

表 5-5	拉伸和压缩	
分析材料和应力时的关键方程	应力	$\sigma = \dfrac{E}{A}$
	应变	$\varepsilon = \dfrac{\Delta L}{L}$
	材料响应	$\sigma = E\varepsilon$
	杆变形	
	弹性模量	$\Delta L = \dfrac{EL}{EA}$
	直径变化	$\Delta d = -\nu d\,\dfrac{\Delta L}{L}$
	胡克定律	$F = k\Delta L$
	刚度	$k = \dfrac{EA}{L}$
	剪切	
	应力	$\tau = \dfrac{V}{A}$
	屈服强度	$S_{sy} = \dfrac{S_y}{2}$
	安全系数	
	拉伸	$n_{\text{tension}} = \dfrac{S_y}{\sigma}$
	剪切	$n_{\text{shear}} = \dfrac{S_{sy}}{\tau}$

一般来说，工程师在设计过程中进行应力分析，其计算结果用于指导材料和尺寸的选择。如第 2 章中介绍的那样，当构件的形状或加载的条件特别复杂时，工程师将使用计算机辅助设计工具计算应力和变形。图 5-25 所示为 U 形连接（见例 5-6）的计算机辅助应力分析结果。

图 5-25

U 形连接的计算机辅助应力分析（着色深度显示了应力的大小）

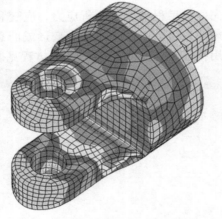

本章讨论了加载条件，如拉伸、压缩、剪切，以及所谓的延展性屈服失效形式。下面的概念以结构和机械设计中的材料选择和尺寸确定为核心：

1）应力是分布在材料表面上的力的强度。根据应力作用的方向，可以是拉伸或剪切。

2）应变是单位原始长度的变化。由于以两个长度的比值来定义，所以应变是一个无量纲的量，通常表示为百分数。例如，0.1%的应变表示将一根长 1m 的杆拉伸 0.001m 或者是 1mm。

3）强度表示材料承受作用于其上的应力的能力。机械工程师将应力与材料的强度进行比较来估计屈服是否会发生。

机械工程的一个重要组成部分涉及机械结构或机械构件设计时的材料选择，这是设计过程中的一个重要方面。当机械工程师做决策时，必须考虑性能、经济、环境和制造等因素。本章介绍了机械工程中主要用到的材料（金属及其合金、陶瓷、高分子（聚合物）、复合材料）的一些特征。每种材料都有其自身的优点、特殊性和首选应用。

一旦作用在机械构件上的力和构件的尺寸已确定，生产所用的材料也已选定，即可对该设计的可靠性进行评估。安全系数是失效应力与正常使用中应力的比值。实际中存在着已知量（知道而且设计中考虑的量）、已知的未知量（虽然不知道，但是知道有我们不知道的量）以及未知的未知量（出乎意外的未知量，我们并不知道有这个量，而且其对设计有意想不到的影响）。安全系数用来提高设计的可靠性，需要考虑已知的和未知的未知量，这些量以使用、材料和装配中的不确定形式存在。

自学和复习

5.1 杆在拉伸时应力、应变是如何定义的？

5.2 应力、应变的常规单位是什么？

5.3 绘制应力-应变曲线并标注一些重要特征。

5.4 材料的弹性特性和塑性特性的区别是什么？

5.5 定义下列术语：弹性模量、比例极限、弹性极限、屈服点、最大应力点。

5.6 铝和钢的弹性模量的近似数值是多少？

5.7 使用 0.2%补偿法找到的屈服强度如何？

5.8 什么是泊松比？

5.9 区别拉伸应力和剪切应力的方法是什么？

5.10 讨论金属及其合金、陶瓷、高分子（聚合物）以及复合材料的特点和应用。

5.11 拉伸试验中获得的屈服强度 S_y 与剪切屈服强度 S_{sy} 的关系如何？

5.12 什么是安全系数？什么时候取较小值？取较大值好吗？

5.13 当判断设计的安全系数是太大还是太小时，工程师如何进行权衡？

习 题

5.1 给出一个存在拉应力的机械结构或装置的实例。

1）绘制并标注清晰的状态图。

2）估算结构或装置的尺寸以及作用力的大小和方向，并在图上标识出来。简要解释一下你是如何估算尺寸和作用力的。

3）计算应力的大小。

5.2 铝-镁容器悬挂在一根 ϕ15mm 的钢绳上，钢绳上的应力如何？

5.3 1020 钢（20 钢）的屈服强度为 290MPa，弹性模量为 207GPa。另一个级别的钢的屈服强度为 910MPa，它的弹性模量是多少？

5.4 连接到吊环螺栓上的 ϕ4.8mm 的钢绳受到 2220N 的拉应力（图 5-26）。计算钢绳上的应力，并分别用 Pa、kPa、MPa 表示其大小。

图 5-26

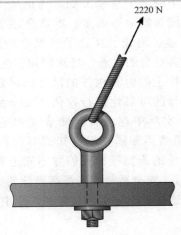

5.5 当一个体重为 55kg 的女子站在一条被雪覆盖的滑道上时，因为她的滑雪靴和雪之间的压应力大于雪可承受而不致破碎的应力，她稍稍陷入雪中。她的越野滑雪板长 1.65m，宽 4.8cm。测量完滑雪靴的靴底尺寸后，计算当她穿上滑雪板后作用在雪上的应力减少的百分比。

5.6 当机械师按压复合作用断线钳的手柄时，连接杆 *AB* 间作用了 7.5kN 的力（图 5-27）。如果该连接杆具有 14mm×4mm 的矩形横截面，计算其内部的拉应力。

图 5-27

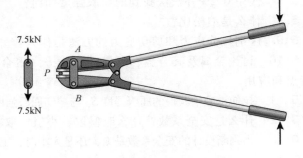

5.7 如图 5-28 所示：

1）使用向量代数法或多边形法找出合力，确定力 *F* 的大小，该力使这三个作用力所引起的最终结果是垂直的。

2）根据力 *F* 的值，确定吊环柄 ϕ1cm 直段部分的应力。

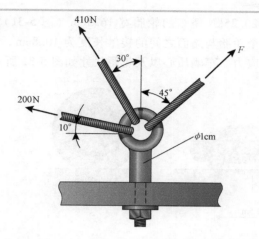

图 5-28

5.8 在某机加工车间，用带锯锯片切割放在两个导向块 *B*（图 5-29）之间的工件。如果使用中应力达到 350MPa，锯片的拉力 *P* 应为多少？假设相对于锯片的宽度，锯齿的尺寸可以忽略。

图 5-29

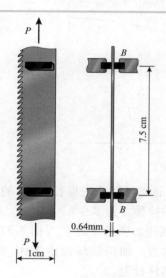

5.9 在一根 *φ*8mm 的铝杆上画出相距 10cm 的线（图 5-30）。施加 2.11kN 的力后，线之间的距离增加到 10.006cm。

1）计算杆所受的应力和应变。

2）铝杆一共伸长了多长？

图 5-30

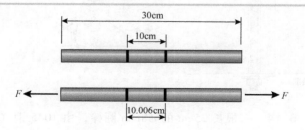

5. 10　20.25kN 轿车的轮胎宽 16.5cm（图 5-31）。沿着车辆长度方向测量，每个轮胎与路面之间的接触长度为 10.8cm。计算每个轮胎和地面之间的压应力。车辆质心以及轮距尺寸如图 5-31 所示。

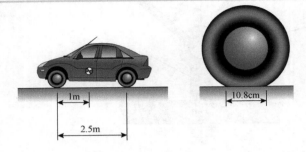

图 5-31

5. 11　按照图 5-32 所示的应力-应变曲线，采用 0.2% 偏移法计算材料的弹性模量和屈服强度。

图 5-32

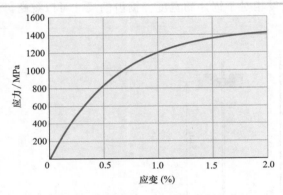

5. 12　用习题 5.11 中的材料制造一根长 30cm 的杆。杆从原来的长度拉伸到开始屈服时需要的拉伸力为多少？

5. 13　使用钢螺栓和底座加强地下煤矿（图 5-33）通道的顶部，安装时，螺栓受到 22kN 的拉力。如果该螺栓由 1045 钢（45 钢）合金制成，计算它的应力、应变和伸长量。

图 5-33

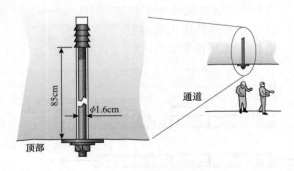

5. 14　一根长 25cm 的 φ8mm 圆棒，由 1045 钢（45 钢）制成。

1）当受到 5kN 的拉力时，计算杆的应力、应变和伸长量。

2）圆棒开始屈服时所需的力是多大？

3）圆棒发生屈服时，其超过原始长度多少？

5.15　图 5-34 所示为修复桥梁基础时所需的一个两层构架系统，每个平台由两根钢索支承。所有的支承钢索直径均为 1.3cm。假设施加的载荷作用在每个平台的中点。确定点 A 到点 D 之间每根钢索伸长了多少。

图 5-34

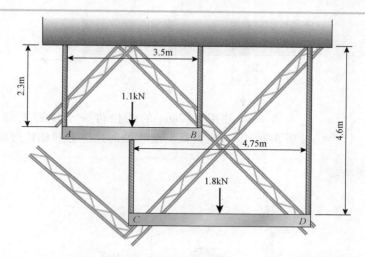

5.16　对于习题 5.15 中的系统，假如有两个体重均为 80kg 的工人站在系统上修复桥梁，每个平台上站一个人。必须满足下列设计要求：在最差的载荷状态下，每根电缆的伸长量必须少于 0.25mm。确定每根电缆的最小直径。

5.17　某工程师确定一根长 40cm 长的 1020 钢（20 钢）杆，会受到 20kN 的拉力。设计必须满足的两个要求为：应力必须小于 145MPa，杆的伸长量小于 0.125mm。确定满足这两个要求的杆的直径（数据圆整到毫米）。

5.18　给出存在剪应力的机械结构或装置的实例。

1）绘制并标注清晰的状态图。

2）估算结构或装置的尺寸以及作用力的大小和方向，并在图上标示出来。简要解释一下你是如何估算尺寸和作用力的。

3）计算应力的大小。

5.19　胶带能够承受较大的剪应力，但它不能承受太大的拉应力。如图 5-35 所示，按以下要求测量一片胶带的剪切强度。

1）将胶带切割成 12 条长为 L、宽为 b 的一组试样。长度是否精确不重要，但是试样应该容易处理。

2）找到一种方法将拉力 F 施加到胶带上并保证能够进行测量。例如，可以利用固定的重量（苏打水罐或砝码）或小的钓鱼秤进行测量。

3）将一片胶带粘到桌子边缘，只有一部分胶带粘在桌面上。在测试中，粘接长度可以从几分之一厘米到几厘米。

4）仔细地将拉力直接施加在胶带上，测量使粘接层脱离桌子所需的剪切力。取几个不同的长度 a，并将测得的拉力数据记录在表格里。

5）绘制拉力、剪应力与 a 的关系曲线。通过数据曲线，估计出胶带将要滑动并从桌面脱落时所需的剪应力。

6）当胶带由于剪应力开始从桌面脱落时，长度值 a 为多少？

7）再做一次试验，力 F 的作用方向垂直于桌子表面，胶带将要承受剪切而剥离开桌面。比较使胶带剪切或脱离时的强度。

图 5-35

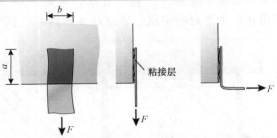

粘接层

5.20　使用 $\phi10\text{mm}$ 的螺栓将一小块钢板与直角撑架连接在一起（图 5-36）。确定钢板上点 A 处的拉应力和螺栓剪应力。

图 5-36

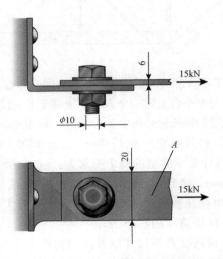

5.21　将 2.66kN 的力作用在垂直板上，通过 5 个 $\phi4.8\text{mm}$ 的铆钉将垂直板连接到水平桁架上（图 5-37）。

1）如果铆钉所受的载荷相同，确定它们的剪切应力。

图 5-37

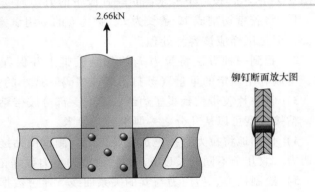

铆钉断面放大图

2）最糟糕的情况是，有 4 个铆钉被腐蚀，只有一个铆钉承受所有的载荷。此时的剪应力是多少？

5.22　将第 4 章的习题 4.17 中混凝土槽连接点 B 的视图放大显示（图 5-38）。确定吊环上 $\phi9.4mm$ 螺栓上的剪应力。

图 5-38

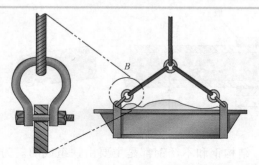

5.23　在图 5-39 中，通过螺栓将固定底座与货车车厢连接起来并固定钢绳，钢绳受到 1.2kN 的拉力。确定 $\phi6mm$ 螺栓所承受的剪应力。忽略螺栓和钢绳之间水平和垂直方向的偏移量。

图 5-39

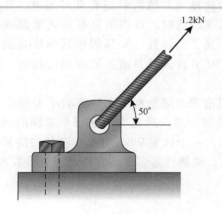

5.24　直齿轮将 35N·m 的转矩传递到 $\phi20mm$ 的驱动轴上。$\phi5mm$ 的螺钉通过螺纹固定在齿轮毂上，并通过轴上加工的孔连接。计算螺纹沿着剪切平面 B—B 所受的剪应力，如图 5-40 所示。

图 5-40

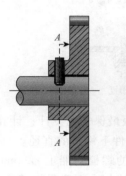

5.25   微电子洁净室中有一根载着去离子水的塑料管，它的一段被密封住（图 5-41）。水压 $p_0 = 350kPa$，通过粘结剂将盖子与塑料管连接在一起。计算粘结剂所受的剪应力 τ。

图 5-41

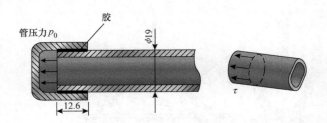

5.26   结构钢和不锈钢都是主要由铁组成的。为什么不锈钢不生锈？研究该问题，并准备一份约 250 字的报告说明其原因。报告至少引用三个参考文献。

5.27   现代技术的进步已经可以生产石墨烯，它是一个原子厚的碳原子膜，成蜂窝结构排列。该材料拥有良好的电、热和光性能，使其成为设计电子元件的理想选材。石墨烯具有杀灭细菌的能力和极高的断裂强度，这进一步补充了其特性，测试表明其强度是钢的 200 倍。研究该材料，并准备约 250 字有关其目前工程应用的报告。至少引用三个参考文献。

5.28   一个具有垂直导轨和水平阶梯的小步梯由 C 形截面铝材制成（图 5-42）。两个铆钉一前一后地安装在每个阶梯的两端，铆钉将阶梯连接到左、右导轨上。一个体重 90kg 的人站在某段阶梯的中间，如果铆钉由 6061-T6 铝制成，则铆钉需要多大直径？安全系数取 6，计算结果圆整到毫米。

图 5-42

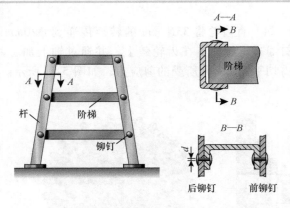

5.29   对于习题 5.28，按照最保守的设计，计算那个 90kg 的人在阶梯上所站的位置。确定此载荷条件下铆钉的直径。

5.30   螺旋桨通过 $\phi10mm$ 的螺栓与船上 $\phi32mm$ 的驱动轴连接在一起（图 5-43）。如果螺旋桨意外地与水下障碍物相撞，为了保护发动机和变速器，当剪应力达到 172MPa 时螺栓将被切断。假设螺旋桨叶片和障碍物接触点和驱动轴中心的有效半径为 10cm，确定将螺栓剪断时叶片和障碍物之间所需的接触力。

图 5-43

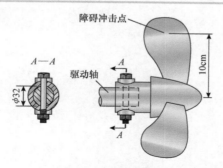

障碍冲击点

10cm

A—A

ϕ32

驱动轴

A

A

5.31　松开拧紧的螺栓时，机械师会握紧老虎钳的手柄（图 5-44）。连接点 A 处的放大图如图 5-44 所示，受力为 4.1kN。

1）计算 ϕ6mm 铆钉在点 A 处所受的剪应力。

2）如果铆钉由 4340 号钢合金制成，确定其安全屈服系数。

图 5-44

连接点A处放大

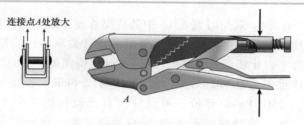

A

5.32　复合剪在点 A 剪断一段电线（图 5-45）。

1）根据手柄 CD 的受力图，确定铆钉 D 受力的大小。

2）参见连接处 D 的放大图，确定铆钉所受的剪切应力。

3）如果铆钉是由 4340 钢（40CrNiMoA 钢）合金制成的，安全系数为多少？

图 5-45

80N

25

110

D

A

B C E

80N

连接点D处放大

ϕ3

D

C

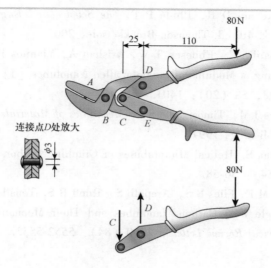

5.33　医学上常用板和杆来帮助治疗骨折（图 5-46）。如果 ϕ5mm 的医用螺栓承受来自骨头的 1300N 的力，确定其所受的剪应力。

图 5-46

1300 N

5.34　采用习题 5.15 中的桥梁修复系统，开发两个附加的使用不同悬挂布置的二维结构。必须满足的设计要求为：需给桥梁提供两层通道，顶部平台比桥面低 2.3m，底部平台比桥面低 4.7m；每层必须能够容纳 2 个体重不超过 90kg 的工人；采用 ϕ12.6mm、长度可变的标准结构钢绳（$S_y = 250$MPa）。评价三种设计（自己设计的两个方案以及习题 5.15 中的方案）在最坏载荷条件下的安全系数，并确定具有最高安全系数的布置。

参考文献

［1］ Ashby M F. *Materials Selection in Mechanical Design*［M］. Butterworth-Heinemann，1999.

［2］ Askeland D R，Phulé P P. *The Science and Engineering of Materials*［M］. 4th ed. Thomson-Brooks/Cole，2003.

［3］ Dujardin E，Ebbesen T W，Krishan A，Yianilos P N，Treacy M M J. Young's Modulus of Single-Walled Nanotubes［J］. *Physical Review B*，1998，58（20）：14013-14019.

［4］ Gere J M，Timoshenko S P. *Mechanics of Materials*［M］. 4th ed. PWS Publishing，1997.

［5］ Iijima S. Helical Microtubules of Graphitic Carbon［J］，*Nature*，1991（354）：56-58.

［6］ Yu M F，Files B S，Arepalli S，Ruoff R S. Tensile Loading of Ropes of Single Wall Carbon Nanotubes and Their Mechanical Properties［J］. *Phyical Review Letters*，2000（84）：5552-5555.

本章目标

◉ 认识流体工程在微流体、空气动力学、
  运动技术及医学等不同领域的应用。
◉ 用术语解释固体和流体的区别以及流体
  密度和黏度的物理含义。
◉ 了解层流和湍流流动的特点。
◉ 计算流体工程中最重要的数值——无量

纲雷诺数。
◉ 确定某些应用中的浮力、阻力和升力等
  流体力的大小。
◉ 分析流体通过管道流动时的体积流量和
  压降。

◉ 6.1 概述

本章介绍流体工程这门学科及其在空气动力学、生物医学工程、管道系统、微流体及体育工程等应用中的作用。流体分为液体或气体，其研究可进一步分为流体静力学和流体动力学领域。机械工程师运用流体静力学原理计算流体作用在静止物体，包括舰船、大容器和水坝上的压力和浮力。流体动力学是指当液体或气体流动时或当一个物体通过原本静止的流体运动时液体或气体的行为。

流体力学和气体力学专注于研究水和空气的运动，而水和空气是工程应用中最常见的两种流体。这些应用不仅包括高速车辆的设计，也包括海洋和大气的运动。一些工程师和科学家应用复杂的计算模型来模拟和理解大气、海洋和全球气候之间的相互作用（图6-1）。空气中细颗粒污染物的运动、气象预报准确度的提升以及雨滴和冰雹的降落是一些已经解决的关键问题。流体力学是需要进行严谨计算的领域，其许多进步都伴随着应用数学和计算机科学的发展而来。如图6-2所示，流体工程在机械工程领域中有着广泛的应用。

机械工程行业的前十大成就（见表1-1）表明，美国大约88%的发电过程利用了水在气、液两相之间的循环转换过程。煤炭、石油、天然气和核燃料被用来加热水，使其变为蒸汽从而驱动涡轮机和发电机工作。

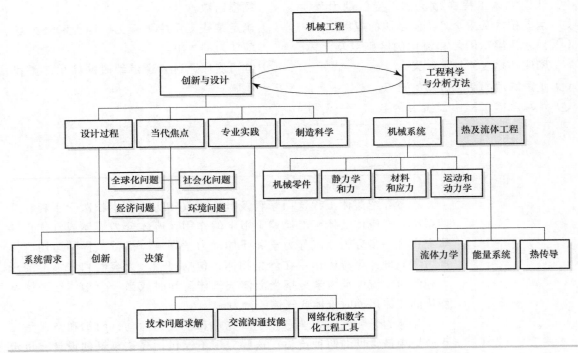

图 6-2   本章讨论的主题（阴影框）与机械工程总体研究体系的关系

另外，在美国水力发电提供了约 7% 的电力，风电也贡献了一小部分。正如 7.7 节将要讨论的那样，整体而言，在美国超过 98% 的电能是利用不同形式的流体工程产生的。流体的性质及其产生的力，以及流体从一个位置流动到另一个位置的方式是机械工程中的关键问题。

流体力学在生物医学工程领域也起到了核心作用，生物医学工程被列为机械工程领域前十大成就之一。生物医学应用包括吸入气雾剂以及动脉及静脉血液流动释放药物设备的设计。这些设备能够利用流体在微观尺度的性质进行化学和医学诊断。微流体这一新兴领域提供了在基因组研究及药物开发方面的潜力。正如电子领域已经发生了小型化革命，目前可以填满整个房间的化学和医学试验室设备正趋于小型化，并且制造更加经济。

由静止或运动的流体产生的力对机械工程师进行硬件设计非常重要。到目前为止，已经考虑了由重力引起或连接部件之间相互作用而产生力的机械系统。液体和气体同样可以产生力，本章将讨论被称为浮力、阻力和升力的流体力。如图 6-3 所示，机械工程师运用先进的计算机辅助工程工具来理解飞机和汽车周围复杂的气流。事实上，这些方法也被用于设计能飞行更远的高尔夫球和帮助跳台滑雪运动员、自行车赛手、马拉松运动员及其他运动员提高他们的成绩。

图 6-3　机械工程师使用三维气流计算机仿真来理解飞机起落架产生的空气涡旋结构（由 ANSYS 公司提供）

◉ **6.2　流体的性质**

尽管我们在日常生活中已经对流体的行为和特性有了一些感性认识，本章仍然以一个看似简单的问题开始：从工程的角度来看，究竟什么是流体？科学家们以不同的方式对物质的组成成分进行分类。化学家根据元素周期表中材料的原子和化学结构进行分类。电气工程师根据材料对电流的响应不同，将它们分为导体、绝缘体或半导体。机械工程师则经常将物质分为固体或液体，从技术角度来说，二者的区别在于被施加力时其表现不同。

第 5 章介绍了利用应力-应变曲线来描述固体材料行为的方法。由弹性固体组成的杆满足胡克定律［式（5-4）］，其伸长量与作用在其上的力成正比。当固体对象被施加拉伸、压缩或剪切力时，其通常会产生少量变形。只要施加的力未达到屈服应力，在力被去除以后，固体材料将恢复到初始形状。

另一方面，如果流体不能连续运动，就无法抵抗剪切力（剪切力和剪应力已在 5.4 节讨论过），即使很小的剪切力都会使流体流动，直到施加的力被移除。流体物质进一步分为液体或气体，其区别在于该流体是否容易被压缩（图 6-4）。当外力作用于液体时，即使液体可能流动或者形状发生改变，其体积也不会出现明显变化。对于大多数工程应用而言，液体是不可压缩流体。在飞机操纵面控制、野外建筑设备驱动以及车辆制动控制中，通过从液体液压油到活塞和其他执行器的压力传递来产生较大的力。气体，即第二类流体，具有彼此广泛分离的分子以膨胀的方式来填充一个封闭空间。气体很容易被压缩，而且在被压缩时，其密度和气压相应增大。

图 6-4

不可压缩性和可压缩性

a）在大多数工程实际应用中，当力作用于液体上时，液体是不可压缩的并保持原来的体积　b）气缸内的气体在活塞和力 F 的作用下被压缩

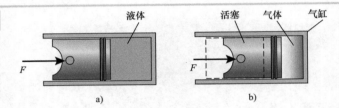

固体和液体之间的主要区别是受到剪切力时其各自的表现方式不同。图 6-5a 所示为在固定表面和水平移动平板之间被剪切的流体薄膜层。平板与固定平面之间分开一小段距离，它们之间的流体可能是一层薄薄的机油。当力施加于上板时，其将开始在油层之上滑动并剪切油层。流体对由连续运动产生的剪应力做出的响应称为流动。比如，将一副纸牌放在桌面上，当用手按住最上面的纸牌并水平滑动（图 6-5b）时，最上面的纸牌随手滑动，最下面的纸牌贴在桌子表面不动，中间的纸牌被剪切且每张牌相对于邻近的纸牌有轻微滑动。图 6-5a 所示油层有相似的表现。

图 6-5

流体被剪切时的表现

a）油层在移动平板和固定表面之间被剪切
b）流体的剪切运动在概念上类似于在人手和桌面之间被按压并滑动的纸牌

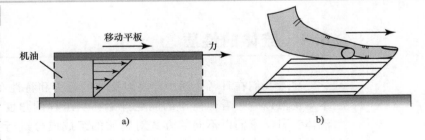

当冰球滑过空气曲棍球台、汽车轮胎在积水路面上打滑以及人沿水滑梯下滑时，流体层同样在两个表面之间被剪切。在计算机数据存储领域，硬盘驱动器的读/写磁头（图 6-6）悬浮在回转的磁盘上方，二者之间有空气薄膜层和液体润滑剂。事实上，读/写磁头和磁盘之间的空气层是硬盘驱动器设计的一个重要部分。如果没有空气层，则快速磨损以及记录头和磁介质的温升会降低产品的可靠性。

试验表明，对于大多数工程应用，无滑移情况发生在固体表面和任何与其接触流体之间的微观层面上。可能仅有几个分子厚的流体膜粘附在固体表面上，其余的流体相对其发生移动。在图 6-5a 所示油膜情况下，无滑移的情形意味着最底层的少量流体是静止的，最顶层的流体元素将以与其相邻平板相同的速度移动。当从油膜厚度方向观察时，流体各层以不同的速度移动，油速沿厚度方向逐渐变化。

当图 6-7 所示上板以恒速滑过流体层时，根据牛顿第二运动定律，其处于平衡状态。作用力 F 与流体施加于板上的剪应力 τ 的累积效应均衡，则

$$\tau = \frac{F}{A} \tag{6-1}$$

黏度是所有气体和液体的物理性质，可以度量流体的黏滞性、摩擦力和所受的阻力。例如与水相比，蜂蜜、枫糖浆具有较高的黏度值。所有流体都存在某些内摩擦，试验表明，在许多情况下，剪应力的大小与平板的滑动速度成正比。这些流体被称为牛顿流体，它们满足以下关系

$$\tau = \mu \frac{v}{h} \tag{6-2}$$

式中，μ（小写希腊字母）是流体的黏度，它与流体的剪应力和平板的速度有关。为使式（6-2）左右两侧量纲一致，黏度的单位是质量/（长度・时间）。

表 6-1 中列出了几种常见流体的黏度值，μ 的数值一般比较小。由于黏度属性在流体工程中频繁出现，一个专门的黏度单位被创建并命名为泊（P）。这是为了纪念法国医生和科学家泊肃叶（1797—1869），他研究了人体血液通过毛细血管的流动情况。泊被定义为

$$1P = 0.1 \frac{kg}{m \cdot s}$$

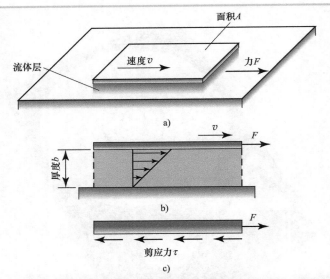

图 6-7

液体黏度的定义

a）流体层在移动平板和固定表面之间被剪切

b）流体速度沿厚度方向变化

c）作用力与流体施加在平板上的剪应力平衡

表 6-1

几种气体和液体在常温、常压下的密度和黏度值

流 体	密 度 ρ/（kg/m³）	黏 度 μ/（kg/m·s）
空气	1.20	1.8×10^{-5}
氦气	0.182	1.9×10^{-5}
淡水	1000	1.0×10^{-3}
海水	1026	1.2×10^{-3}
汽油	680	2.9×10^{-4}
SAE 30 润滑油	917	0.26

关注　微观与宏观系统设计中的流体

流体力学在广大的尺度范围内都起着至关重要的作用。目前，大型实验室设备正在被微流体装置所取代，微流体装置在单一芯片上组合了管道、阀和泵来传送和处理流体样本。这些微流体装置有时被称为芯片实验室，它是以比雨滴还要小数千倍的微量流体的处理原则为基础的。当样品非常昂贵或大量使用有潜在危险时，处理如此小体积的流体是可取的。

在微流体装置中，管道和通道的尺寸被设计和制造成比人的头发直径还小，微量的化学物和生物复合物通过它们被泵送。由于微流体装置的体积如此小，往往以纳升（10^{-9} L）或皮升（10^{-12} L）作为其测量单位。在如此小的尺度上操纵流体，从技术上为自动药物实验、环境中的生物和化学制剂检测、DNA 分析和绘制、燃料电池中层流燃料和氧化剂流的控制、传染病的家庭诊断测试、生物细胞的分拣、甚至精确剂量的释药提供了机会。

在宏观方面，对湍流的新理解可帮助工程师设计更高效的飞机、船舶和宇宙飞船，更好地控制和消除城市污染传播以及改进全球天气预报系统。长期以来，物理学家和工程师们一直在努力地理解近壁湍流的复杂性，包括在飞机外壳上流过的空气以及在水下鱼雷外壳附近的水流。澳大利亚墨尔本大学的研究人员最近发现了接近表面的不可预知流动模式和远离表面的光滑可预测流动模式之间的关系。随着对大规模流动环境理解的提升，工程师们将能够针对这些环境设计出效能更强、效率更高的大型系统。

kg/（m·s）和 P 都可以作为黏度的单位。由于 μ 值经常包含 10 的幂，所以除了 P 之外，有时也使用更小的尺寸——厘泊（cP）。采用表 3-3 中的国际单位制前缀，厘泊被定义为 1cP = 0.01P。厘泊是一个相对方便记忆的量纲，因为淡水在室温下的黏度约为 1cP。

例 6-1　机床导轨

在工厂和金属加工车间，铣床被用来加工金属工件上的沟槽（图 6-8）。被加工的材料固定在快速旋转的切削刀具下方。工件及其夹具在光滑导轨上滑动，导轨上加了黏度为 240cP 的润滑油。两个导轨均长 40cm，宽 8cm（图 6-9）。当设置一个特定的切削过程时，机械师松开驱动装置，对工作台施加 90N 的力将工件夹紧，能够在 1s 内将其推进 15cm。计算工作台和导轨之间的油膜厚度。

图 6-8

加工金属工件上的沟槽

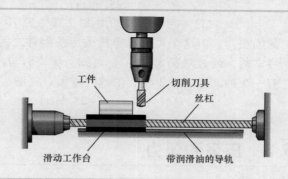

图 6-9

导轨

a）主视图　b）左视图

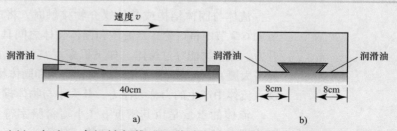

a)　　　　　　　　　　　b)

（1）方法　当机械师推进工作台时，油膜以类似于图 6-7 所示的方式被剪切。工作台以 $v = 0.15\text{m}/(1\text{s}) = 0.15\text{m/s}$ 的速度被推进。工作台和导轨之间的接触面积为 $A = 2 \times 0.08\text{m} \times 0.4\text{m} = 0.064\text{m}^2$。根据式（6-1）和式（6-2）关联力、速度、接触面积与油膜厚度来计算油膜厚度。

（2）求解　首先使用厘泊的定义将润滑油的黏度转换为量纲一致的单位

$$\mu = 240\text{cP} \times 0.001 \frac{\text{kg}/(\text{m}\cdot\text{s})}{\text{cP}}$$

$$= 0.24 \frac{\text{kg}}{\text{m}\cdot\text{s}}$$

根据式（6-1），油层中的剪应力为

$$\tau = \frac{90\text{N}}{0.064\text{m}^2} \qquad \leftarrow \left[\tau = \frac{F}{A}\right]$$

$$= 1406 \frac{\text{N}}{\text{m}^2}$$

由式（6-2）可知油膜的厚度为

$$h = \frac{0.24 \text{kg/(m·s)} \times 0.15 \text{m/s}}{1406 \text{N/m}^2} \qquad \leftarrow \left[\tau = \mu \frac{v}{h}\right]$$

$$= 2.56 \times 10^{-5} \frac{\text{kg}}{\text{m·s}} \frac{\text{mm}^2}{\text{s}} \frac{\text{mm}^2}{\text{N}}$$

$$= 2.56 \times 10^{-5} \text{m}$$

由于这是一个很小的数值，采用表 3-3 中的国际单位制前缀来表示百万分之一，则油膜厚度为

$$h = 2.56 \times 10^{-5} \text{m} \times 10^6 \frac{\mu\text{m}}{\text{m}}$$

$$= 25.6 \mu\text{m}$$

（3）讨论　与人头发的厚度（直径为 70~100μm）相比，油膜的确很薄，但这个尺寸对于机械运动部件之间的油膜厚度来说是很寻常的。通过观察式（6-2）可知，剪应力与油膜厚度成反比。当只有一半的油量时，工作台的推进将困难一倍。

$$h = 25.6 \mu\text{m}$$

⦿ 6.3　压强和浮力

流体与固体结构或其他媒介物接触时，将产生浮力、阻力和升力。6.6 节和 6.7 节中将讨论，当流体和固体物体之间具有相对运动时会产生阻力和升力。媒介物能穿过流体（如飞机穿过空气），或流体绕结构流动（如阵风撞击大厦）。但是即使无相对运动，流体和固体物体之间也可以产生力。物体浸入流体中产生的力称为浮力，其大小与物体排出的流体重量有关。

流体的重量是由其密度 ρ（小写希腊字符）和体积决定的。表 6-1 中列出了几种气体和液体的密度值。体积为 V 的流体的重量由下式给出

$$w = \rho g V \tag{6-3}$$

式中，g 是重力加速度，为常数 9.81m/s^2。

当游向池底或在山中旅行时，人体周围的水或空气的压强将发生变化，耳膜由于调整以适应压强的升降而发出声响。经验表明，液体或气体的压强随着深度的增加而增大。参考图 6-10 所示的液体烧杯，水平面 0 和 1 之间压强 p 的差异是由介于中间的液体重量产生的。由深度 h 隔开的两个水平面之间的液柱重量是 $\omega = \rho g A h$，其中 Ah 是封闭液体的体积。利用图 6-10 所示的受力图，液柱的受力平衡表明，深度 1 处的压强为

$$p_1 = p_0 + \rho g h \tag{6-4}$$

即压强的增大与液体的深度和密度成正比。

类似于第 5 章中的应力，压强的单位是 N/m^2。在国际单位制中，压强的单位是帕斯卡（$1 \text{Pa} = 1 \text{N/m}^2$），以 17 世纪科学家和哲学家布莱士·帕斯卡的名字命名。帕斯卡做了关于空气和其他气体的化学实验。

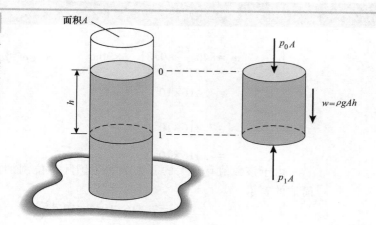

图 6-10

装有液体的烧杯处于平衡状态

注：由于上面液体的重量，压强随深度的增加而增大

当舰船停靠在港口和热气球悬浮在空中时，它们将受到由周围流体产生的浮力。如图 6-11 所示，当潜艇浸入水中并悬浮在固定的深度时，由于（向上的）浮力平衡了潜艇的重力，其所受合力为零。根据式（6-5），浮力 F_B 等于由物体排出的流体的重力，即

$$F_B = \rho_{流体} g V_{物体} \tag{6-5}$$

式中，ρ 是流体的密度；V 是由物体排出的流体的体积。

从历史上来看，该研究成果归因于阿基米德，他是古希腊数学家和发明家，据说他揭露了由叙拉古赫农王委托的打造黄金王冠的骗局。国王怀疑金匠在黄金王冠里面掺杂了银。阿基米德意识到，式（6-5）所体现的原理可以用于确定王冠是由纯金打造或者由密度较小（价值低）的金银合金打造（见本章末习题 6.9）。

图 6-11

作用在浸入水中的潜艇上的浮力

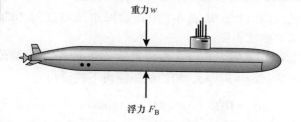

例 6-2　飞机的燃料容量

　　商用客机装载的喷气燃料达到了其最大载油量 90000L。喷气燃料的密度为 $840 kg/m^3$，计算燃料的重量。

　　（1）**方法**　由于喷气燃料的体积和密度已给定，可根据式（6-3）并采用统一量纲单位来计算燃料的重量。

　　（2）**求解**　首先用单位 m^3 表示燃料的体积

$$V = 90000 L \times 0.001 \frac{m^3}{L} = 90 L \frac{m^3}{L} = 90 m^3$$

燃料的重量为

例 6-2（续）

$$w = 840\,\frac{\text{kg}}{\text{m}^3}\times 9.\,81\,\frac{\text{m}}{\text{s}^2}\times 90\text{m}^3 \qquad \leftarrow [\,\omega = \rho g V\,]$$

$$= 7.\,416\times 10^5\,\frac{\text{kg m}}{\text{m}^3\,\text{s}^2}\text{m}^3$$

$$= 7.\,416\times 10^5\,\frac{\text{kg}\,\cdot\,\text{m}}{\text{s}^2}$$

$$= 7.\,416\times 10^5\,\text{N}$$

由于该数值具有大的幂指数，用国际单位制加前缀，得到更加简洁的表示

$$w = 7.\,416\times 10^5\,\text{N}\times 10^{-3}\frac{\text{kN}}{\text{N}}$$

$$= 741.\,6\text{kN}$$

（3）讨论　从放置该数量燃料的角度来看，燃料的重量超过 70t。燃料通常占客机重量的 25%~45%，飞机的起飞重量为 1600~3000kN。例如，波音 767-200 飞机拥有约 90000 L 的燃料，其起飞重量约为 1800kN。

$$w = 741.\,6\text{kN}$$

例 6-3　深潜救生艇

为了在发生潜艇事故时执行救援任务，深潜救生艇可以在海洋中潜至 1500m 的最大深度。以 MPa 为量纲，该深度水的压强要比海洋表面水的压强大多少？

（1）方法　为求压强差，需应用式（6-4），式中水的压强随深度成比例增加。从表 6-1 中读取海水的密度为 1026kg/m^3，并假设海水的密度不变。

（2）求解　将海洋表面处的压强 p_0 与潜水艇处的压强 p_1 之差表示为：$\Delta p = p_1 - p_0$。增加的压强由下式给出

$$\Delta p = 1026\,\frac{\text{kg}}{\text{m}^3}\times 9.\,81\,\frac{\text{m}}{\text{s}^2}\times 1500\text{m} \qquad \leftarrow [\,p_1 = p_0 + \rho g h\,]$$

$$= 1.\,51\times 10^7\,\frac{\text{kg}}{\text{m}^3}\,\frac{\text{m}}{\text{s}^2}\text{m}$$

$$= 1.\,51\times 10^7\,\text{kg}/(\,\text{m}\cdot\text{s}^2)$$

由表 3-2 可知，该单位与 Pa 等价，则

$$\Delta p = 1.\,51\times 10^7\,\text{Pa}$$

$$= 15.\,1\text{MPa}$$

（3）讨论　在此深度，海水的压强比标准大气压 101.4kPa 大 150 倍以上。深潜救生艇船体上每平方米受到大于 14.3MN 的力，作用在船体每平方厘米上的力相当于两个中等男性成年人的重量。海水的密度可能在该深度上发生变化，但这给出了对压差的一个较好的估计。

$$\Delta p = 15.\,1\text{MPa}$$

例 6-4 大白鲨的攻击

在经典惊悚电影《大白鲨》中，昆特队长设法将鱼叉射进正在攻击船的大白鲨身上。每个鱼叉都连着缆绳，缆绳捆系着一个空的水密桶（图 6-12）。昆特的意图是迫使鲨鱼在水中拖曳桶而使其疲劳。对于一个容积为 210L、重 155N 的水密桶，当鲨鱼在船下拖曳桶并将其完全浸入水中必须克服多大的力？

图 6-12

鲨鱼拖曳水密桶

（1）**方法** 为求出鲨鱼必须克服的力，必须考虑作用在桶上的三个力，即桶自身的重力 w、缆绳拉力 T 和浮力 F_B（图 6-13）。鲨鱼必须克服缆绳的拉力，该拉力取决于另外两个力。画出桶的自由体受力图并标明向上为力的正向。浮力与海水密度成正比，海水密度见表 6-1，为 $1026kg/m^3$。

图 6-13

桶受力分析

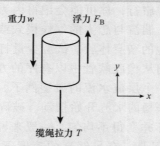

重力 w　　浮力 F_B

y

x

缆绳拉力 T

（2）**求解** 由于桶的重力已给定，首先运用式（6-5）计算浮力的大小。将桶的体积以单位 m^3 表示，以保持量纲一致

$$V = 210L \times 10^{-3} \frac{m^3}{L}$$

$$= 0.21L \frac{m^3}{L}$$

$$= 0.21m^3$$

浮力为

例 6-4（续）

$$F_B = 1026\frac{kg}{m^3} \times 9.81\frac{m}{s^2} \times 0.12m^3 \qquad \leftarrow [\, F_B = \rho_{流体}\, gV_{物体}\,]$$

$$= 2113.7\frac{kg}{m^3}\frac{m}{s^2}m^3$$

$$= 2113.7\frac{kg \cdot m}{s^2}$$

$$= 2113.7N$$

此处应用了式（3-1）中牛顿的定义。依据桶的自由体受力图以及图中标明的正方向，桶的受力平衡可表示为

$$F_B - T - \omega = 0 \qquad \leftarrow \Big[\sum_{i=1}^{N} F_{y,i} = 0\Big]$$

解出缆绳的拉力为

$$T = 2113.7N - 155N$$

$$= 1958.7N$$

（3）讨论 就鲨鱼而言，它感觉到了缆绳的拉力，该力为浮力和桶的重力之差。如果桶的重力等于 F_B，则缆绳的拉力为零。在这种情况下，桶处于中性浮力状态，鲨鱼拖动桶将更加省力。

$$T = 1958.7N$$

◉ 6.4 层流和湍流流体流动

如果曾经坐飞机旅行，你可能会记得因为湍流的原因飞行员指导你系好安全带的情形，湍流与恶劣的气候模式或过山气流有关。你也可能对层流和湍流有其他的亲身体验。试着少量打开橡胶软管（无喷嘴）上的阀门，观察水如何从橡胶软管中以有序的方式流出。水流的形状随时间变化不大，这是一个层流水流的典型例子。逐渐打开阀门最终会达到一个临界点，此时平稳的水流开始摆动、破碎并变得紊乱。曾经像玻璃般的水流现在被破坏并变得不均匀。一般来说，缓慢流动的流体看起来是分层和平稳的，但是，在足够高的速度下，流动模式将变得紊乱和随机。

当流体在物体周围平稳流动时，如同图 6-14a 所示的围绕球体的气流，该流体被称为按层流方式运动。层流发生在流体流动相对缓慢的情况下（"相对"的确切定义将在下文中给出）。当流体快速流过球体时，流动模式开始被破坏并变得紊乱，尤其是在球体的后缘。图 6-14b 所示的不规则流动模式被称为湍流。小的漩涡出现在球体的后面，并导致球体下游的流体被严重破坏。

判断流体是以层流还是湍流形态流动的准则取决于以下因素：通过流体的运动物体的尺寸（或流体流过的管道或导管的尺寸），物体（或流体）的速度，流体的密度和黏度特性。这些变量之间的确切关系在

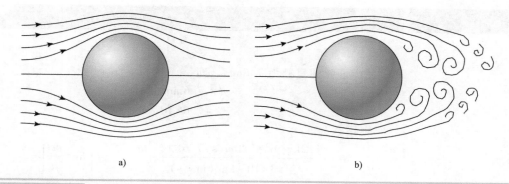

图 6-14 **球体周围流体的层流和湍流**
a）层流 b）湍流

19 世纪后半叶被英国工程师奥斯鲍恩·雷诺发现，他进行了针对流经管道的层流和湍流之间的过渡实验。通过实验，一个目前公认的流体工程中最重要的无量纲参数被发现并用于描述层流和湍流之间的过渡。雷诺数（Re）由式（6-6）来定义，其与流体的密度和黏度、流体的速度 v 以及特征长度 l 有关，即

$$Re = \frac{\rho v l}{\mu} \qquad (6\text{-}6)$$

对于通过管道泵送的原油，特征长度 l 是管道的直径；对于流过图 6-14 中球体的水，l 是球体的直径；对于建筑物中的通风系统，l 是通气管道的直径等。

雷诺数的物理解释是作用在流体内的惯性力与黏性力的比值，惯性力与密度成比例（牛顿第二定律），黏性力与黏度成比例［式（6-2）］。当黏性较小或非常稠密的流体快速流动时，雷诺数将很大，反之亦然。流体的惯性趋向于破坏流体并使其不规则地流动。另一方面，黏滞效应类似于摩擦，它通过耗散能量能够稳固流体以使其平稳地流动。

从计算的角度来看，机械工程中涉及的层流流动情况往往可以通过相对简单的数学方程来描述，但湍流流动则不然。然而，这些方程的有效性仅限于低速和理想形状，如球体、平板和圆柱体。对于工程师理解实物硬件中和实际操作速度下流体流动的复杂性，实验和详细的计算机模拟往往是必要的。

例 6-5 雷诺数

计算下列情况下的雷诺数：（1）$\phi 7.6$mm 的温彻斯特步枪子弹以 720m/s 的速度离开枪口；（2）淡水以 0.5m/s 的平均速度流过 $\phi 1$cm 的管道；（3）SAE 30 号机油在与（2）相同的条件下流动；（4）船体直径为 10m 的快速攻击型潜水艇以 8m/s 的速度航行。

（1）方法 根据式（6-6）中的定义计算每种情况下的雷诺数，并确保各数值的量纲一致。空气、淡水、机油和海水的密度及黏度值见表 6-1。

（2）求解

1）子弹的直径为 7.6mm，即

$$d = 7.6mm$$
$$= 7.6 \times 10^{-3}m$$

雷诺数为

$$Re = \frac{1.2kg/m^3 \times 720m/s \times 7.6 \times 10^{-3}m}{1.8 \times 10^{-5}kg/(m \cdot s)} \quad \leftarrow \left[Re = \frac{\rho v l}{\mu} \right]$$

$$= 3.65 \times 10^5 \frac{kg}{m^3} \frac{m}{s} m \frac{m \cdot s}{kg}$$

$$= 3.65 \times 10^5$$

2）根据国际单位制中的数值，在管中流动的水的雷诺数为

$$Re = \frac{1000kg/m^3 \times 0.5m/s \times 0.01m}{1.0 \times 10^{-3}kg/(m \cdot s)} \quad \leftarrow \left[Re = \frac{\rho v l}{\mu} \right]$$

$$= 5000 \frac{kg}{m^3} \frac{m}{s} m \frac{m \cdot s}{kg}$$

$$= 5000$$

3）当 SAE 30 号机油取代水通过管道泵送时，雷诺数减小到

$$Re = \frac{917kg/m^3 \times 0.5m/s \times 0.01m}{0.26kg/(m \cdot s)} \quad \leftarrow \left[Re = \frac{\rho v l}{\mu} \right]$$

$$= 17.63 \frac{kg}{m^3} \frac{m}{s} m \frac{m \cdot s}{kg}$$

$$= 17.63$$

4）潜水艇的速度为

$$v = 8m/s$$

船的雷诺数为

$$Re = \frac{1026kg/m^3 \times 8m/s \times 10m}{1.2 \times 10^{-3}kg/(m \cdot s)} \quad \leftarrow \left[Re = \frac{\rho v l}{\mu} \right]$$

$$= 6.8 \times 10^7 \frac{kg}{m^3} \frac{m}{s} m \frac{m \cdot s}{kg}$$

$$= 6.8 \times 10^7$$

（3）讨论　正如对无量纲量的预期那样，Re 中分子与分母的单位互相抵消。实验室测量表明，当 Re 小于 2000 时，流体以层流形态流过管道。当 Re 大于 2000 时，流体流动是湍流形态。在 2）中，推测管道中水的流动是湍流，而 3）中机油的流动必定是层流，因为机油的黏度比水大得多。

$$Re_{子弹} = 3.65 \times 10^5$$

$$Re_{水管道} = 5000$$

$$Re_{油管道} = 17.63$$

$$Re_{潜艇} = 6.8 \times 10^7$$

关注　无量纲数

机械工程师经常使用无量纲数，无量纲数是无单位的纯数字或单位恰好相互抵消而仅剩下纯数字的变量组。无量纲数可以是两个其他数的比率，在这种情况下，分子和分母的量纲将互相抵消。前面已经遇到两个无量纲数，即雷诺数 Re 和泊松比 ν（来自第 5 章）。

另一个你可能会熟悉的例子是用于测量飞机速度的马赫数 Ma，它以 19 世纪物理学家恩斯特·马赫的名字命名。马赫数用方程 $Ma = v/c$ 来定义，即飞机的速度 v 与空气中声速 c 的比值。在地面上，声速约为 1100km/h，但是在气压和温度都较低的高空，声速会减小。v 和 c 的数值需要以相同的量纲（如 km/h）来表示，以使得单位在 Ma 的方程中抵消。商用飞机可以 0.7Ma 的速度飞行，而超声速战斗机能以 1.4Ma 的速度飞行。

⊙ 6.5　管道中的流体流动

压强、黏度和雷诺数概念的实际应用是管道、软管和导管中流体的流动。除了分送水、汽油、天然气、空气和其他流体外，管道流动也是人体循环系统生物医学研究的重要课题（图 6-15）。血液通过人体的动脉和静脉流动，以便将氧气和营养物质输送到人体组织中并带走二氧化碳和其他废物。血管系统包括相对较大的动脉和静脉以及由动脉和静脉分支出来的遍及人体的许多较小的毛细血管。在某些方面，血液在血管中的流动与诸如在水力学和气体力学工程应用中遇到的流体流动类似。

图 6-15

人体循环系统中的血液流动

注：人体循环系统中的血液流动在许多方面与其他工程应用中流体在管道中的流动相似。例如，这张由磁共振成像得到的人类肺部系统图能为内科医生和外科医生提供需要的信息以做出准确的诊断并制定治疗方案（经美德瑞达股份有限公司许可重印）。

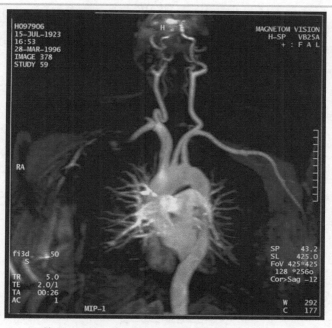

流体趋向于从高压位置流动到低压位置。当流体相应移动时，其产生黏性剪应力来平衡压差并形成稳定流。对于人体循环系统，在所有其他因素相同的情况下，心脏和股动脉之间的压差越大，血液流动得越快。沿着管道、软管或导管长度的压强变化称为压降，用 Δp 表示。流体黏性越大，产生流动所必需的压差越大。图 6-16 所示为从管道中去除一定体积流体的受力图。由于压降与剪应力有关，预测 Δp 将随着流体的黏度和速度的增大而增大。

图 6-16

管道中一定体积流体的受力图

注：图示两个位置之间的压差与流体和管内壁之间的黏性剪切摩擦力平衡。流体处于平衡状态且保持匀速流动。

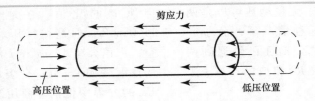

在远离扰动的管道截面（如入口、泵、阀或拐角）并且雷诺数足够低时，管道中的流动是层流。实验表明，当 $Re < 2000$ 时，管道中的流体流动是层流。回顾无滑移条件，流体的速度在管道内表面恰好为零。根据对称原理，流体沿管道中心线流动得最快，并在管道半径 R 处减小为零（图 6-17）。事实上，层流中的速度分布是一个关于半径的抛物线函数，符合式（6-7）

$$v = v_{max}\left[1 - \left(\frac{r}{R}\right)^2\right] \quad （特殊情况：Re < 2000） \tag{6-7}$$

式中，r 由管道中心线向外测量。流体的最大速度由式（6-8）确定，它发生在管道中心线处，并且其大小取决于压降、管的直径（$d = 2R$）、流体的黏度 μ 和管的长度 L。由于直径比较容易测量，工程师通常指定管道的直径而不是其半径，式（6-8）中的项 $\Delta p/L$ 可看作单位管长上产生的压降。

$$v_{max} = \frac{d^2 \Delta p}{16\mu L} \quad （特殊情况：Re < 2000） \tag{6-8}$$

除了流体的速度，通常更令人感兴趣的是特定时间间隔 Δt 内流过管道的流体体积 ΔV，即

图 6-17

管道中流体的稳定层流

注：沿管道中心线的流体流速最大，流速在管道横截面上呈抛物线变化并在管内壁处降为 0。

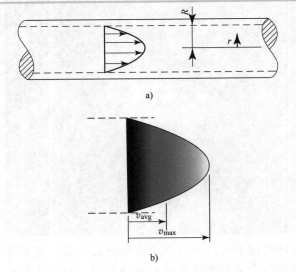

$$q = \frac{\Delta V}{\Delta t} \tag{6-9}$$

该量被称为体积流量，在国际单位制中其量纲为 m^3/s 或 L/s。表 6-2 给出了这些量纲之间的换算公式，可以从表格的第一行中读取量纲 m^3/s 的换算公式

$$1 \; \frac{m^3}{s} = 1000 \; \frac{L}{s}$$

表 6-2	m^3/s	L/s
国际单位制中体积流	1	1000
量的换算公式	10^{-3}	1

体积流量与管道的直径和管道中流体的速度有关。图 6-18 所示为管道中流动的横截面面积为 A、长度为 Δx 的圆柱形流体单元。在时间间隔 Δt 内，流过管道任意横截面的流体体积 $\Delta V = A\Delta x$。由于管道中流体的平均速度为 $v_{avg} = \Delta x / \Delta t$，体积流量也可由式（6-10）给出

$$q = Av_{avg} \tag{6-10}$$

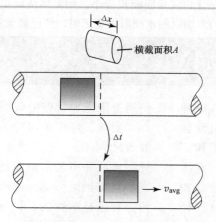

图 6-18

管道中的体积流量

当流动是层流时，流体的平均速度与式（6-8）表示的最大速度之间的关系可用式（6-11）关联起来，如图 6-17b 所示。在计算管道中流体流动的雷诺数时，在式（6-6）中应使用平均速度 v_{avg} 和管道直径 d。

$$v_{avg} = \frac{1}{2}v_{max} \quad （特殊情况：Re<2000） \tag{6-11}$$

结合式（6-8）、式（6-10）和式（6-11），管道中稳定、不可压缩层流的体积流量为

$$q = \frac{\pi d^4 \Delta p}{128\mu L} \quad （特殊情况：Re<2000） \tag{6-12}$$

该方程称为泊肃叶定律，同式（6-7）、式（6-8）和式（6-11）一样，其只限于层流情况。当通过体积测量时，管道中流体体积流量的增加与管道直径的四次方成正比，并与压降成正比，而与管道长度成反比。泊肃叶定律可用于确定管道长度、直径和压降已知时的体积流量，求得压降，或在 q、L 和 Δp 已知时确定管道的必要直径。

当忽略流体的压缩性时，即使管道直径发生变化，体积流量也将保持不变，如图 6-19 所示。实质上，由于流体不能在管道中某点积聚并浓缩，流入管道中的流体也必将等量流出管道。在图 6-19 中，管道的横截面积在截面 1 和 2 之间减小。对于单位时间内流入与流出缩颈段的相同流体体积，截面 2 处的流体流速要高。应用式（6-10），流动流体的平均速度按照式（6-13）变化。

$$A_1 v_1 = A_2 v_2 \qquad (6-13)$$

图 6-19

有缩颈的管道中的流体流动

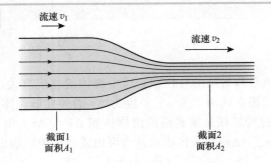

流速 v_1

流速 v_2

截面1
面积A_1

截面2
面积A_2

如果管道、软管或导管的横截面面积变小，则流体流动更快，反之亦然。当把手指放在橡胶软管的末端以使水喷射得更远时，便已经无意中体验了体积流量。

关注 人体内的血液流动

人体内的血液流动是流体工程中各原理的一个有趣应用。人体循环系统部分由动脉管壁中的肌肉调节，动脉管壁通过收缩和扩张来控制流过人体不同部位的血液量。血压由心脏的输出以及毛细血管系统中的收缩和阻力确定。由于式（6-12）中的 Δp 与直径的四次方成比例，血管直径是决定血压的一个重要因素。如果血管直径减小为原来的 1/2，所有其他因素保持不变，则血压必须增大为原来的 16 倍以维持相同的体积流量。一些高血压药物是根据这一原理设计的，它们通过限制血管壁的收缩来降低血压。

当然，应用泊肃叶方程描述人体内的血液流动时有一些注意事项和限制条件。首先，血液并不是以恒定的方式流动的，其随着心脏节拍而脉动。此外，泊肃叶定律分析约定管道是刚性的，但血管是柔顺组织。血液也不是均匀的液体。在非常小的尺度上，毛细血管的直径实际上小于血液细胞本身，这些细胞必须弯折以便通过微小的毛细血管。虽然可能不能直接应用泊肃叶方程，但它定量表明了血管是影响血压的重要因素。

例 6-6 汽车燃料管

汽车以 64km/h 的速度行驶，其经济性因数为 11.8km/L。从油箱到发动机的燃料管内径为 9.6mm。

1）以 m^3/s 为单位确定燃料的体积流量；

2）以 cm/s 为量纲，汽油的平均速度是多少？

3）汽油流动的雷诺数是多少？

（1）**方法** 使用给定的汽车速度和经济性因数来计算汽油消耗

例 6-6（续）

的体积流率。然后，在燃料管横截面面积［式（5-1）］已知的情况下，应用式（6-10）确定汽油流动的平均速度。最后，使用式（6-6）计算雷诺数，其中特征长度是燃料管的直径。汽油的密度和黏度见表6-1。

（2）求解

1）体积流量是车辆速度和经济性因数的比值，即

$$q = \frac{64\text{km/h}}{11.8\text{km/L}}$$

$$= 5.4 \frac{\cancel{\text{km}}}{\text{h}} \frac{\text{L}}{\cancel{\text{km}}}$$

$$= 5.4\text{L/h}$$

将每小时换算为每秒，则体积流量等价于

$$q = 5.4 \frac{\text{L}}{\text{h}} \times 10^{-3} \frac{\text{m}^3}{\text{L}} \times \frac{1}{3600} \frac{\text{h}}{\text{s}}$$

$$= 1.5 \times 10^{-6} \frac{\text{L}}{\text{h}} \frac{\text{m}^3}{\text{L}} \frac{\text{h}}{\text{s}}$$

$$= 1.5 \times 10^{-6} \text{m}^3/\text{s}$$

2）燃料管的横截面面积为

$$A = \frac{\pi}{4} \times (9.6 \times 10^{-3}\text{m})^2 \qquad \leftarrow \left[A = \frac{\pi d^2}{4} \right]$$

$$= 7.23 \times 10^{-5}\text{m}^2$$

汽油的平均速度为

$$v_{\text{avg}} = \frac{1.5 \times 10^{-6}\text{m}^3/\text{s}}{7.23 \times 10^{-5}\text{m}^2} \qquad \leftarrow [q = Av_{\text{avg}}]$$

$$= 2.07 \times 10^{-2} \frac{\text{m}^{\cancel{3}}}{\text{s}} \frac{1}{\text{m}^{\cancel{2}}}$$

$$= 2.07 \times 10^{-2}\text{m/s}$$

或

$$v_{\text{avg}} = 2.07\text{cm/s}$$

3）燃料管线直径为 9.6mm 时，汽油流动的雷诺数为

$$Re = \frac{680\text{kg/m}^3 \times 2.07 \times 10^{-2}\text{m/s} \times 9.6 \times 10^{-3}\text{m}}{2.9 \times 10^{-4}\text{kg/(m·s)}} \qquad \leftarrow \left[Re = \frac{\rho v l}{\mu} \right]$$

$$= 466 \frac{\text{kg}}{\text{m}^3} \frac{\text{m}}{\text{s}} \frac{\cancel{\text{m}} \cdot \cancel{\text{s}}}{\text{kg}}$$

$$= 466$$

（3）讨论　由于 $Re < 2000$，汽油流动是平稳和层流的。更高的汽车经济性因数将导致更低的流量、流速和雷诺数，因为维持相同的车辆速度需要更少的燃料。

$$q = 1.5 \times 10^{-6}\text{m}^3/\text{s}$$

$$v_{\text{avg}} = 2.07\text{cm/s}$$

$$Re = 466$$

◎ 6.6　阻力

在设计汽车、飞机、火箭和其他交通工具时，机械工程师通常需要知道物体在空中或水中高速运动时所受的阻力 F_D（图 6-20）。本节将讨论阻力及其相关量阻力系数 C_D。该参数量化了物体设计合理化的程度，并用于计算物体穿过流体（或者流体绕物体流动）时承受的阻力值。

图 6-20

航天飞机轨道器在肯尼迪航天中心降落

注：其空气动力学设计是一系列环境条件的折中结果。这些环境条件为：穿过相对较低空气稠密的大气层；以超声速重返大气层；无动力滑行着陆（由美国国家航空航天局提供）。

阻力和升力（在 6.7 节中讨论）是由流体和固体物体之间的相对运动产生的，但是即使在静止的流体中也会产生浮力（6.3 节）。在机械工程领域，流体的运动以及物体通过流体的运动被定义为流体动力学。

对于包含层流或湍流的雷诺数值，阻力的大小由式（6-14）定义

$$F_D = \frac{1}{2}\rho A v^2 C_D \qquad (6-14)$$

式中，ρ 为流体的密度；A 为面向流动流体的物体面积，被称为迎风面积。一般而言，阻力随着物体与流体接触面积的增大而增大。阻力也随着流体密度（例如，空气与水相比）的增大而增大，并且随速度平方的增大而增大。如果所有其他因素保持不变，当一辆汽车的速度是另一辆汽车速度的 2 倍时，其所受阻力是另一辆汽车所受阻力的 4 倍。

阻力系数是一个单一的数值，反映了阻力对物体形状复杂程度的依赖关系以及其相对于流动流体的方向。式（6-14）对层流和湍流均有效，只要知道阻力系数的数值即可。然而，关于 C_D 的数学方程仅适用于理想几何体（如球体、平板和圆柱体）和一定的限制条件（如低雷诺数）。在许多情况下，即使阻力系数不能数学化描述，机械工程师也必须获得其实际值。在此情况下，机械工程师依赖于实验室试验和计算机模拟的结合。通过该方法，阻力系数的数值已在工程文献中制成表以便广泛应用。表 6-3 中的典型数据可以使人们对不同情况下阻力系数的相对值有一个直观认识。例如，相对减振的运动型多用途车具有比跑车更大的阻力系数（以及更大的迎风面积）。通过使用该表中 C_D 和 A 的值以及其他公开的数据，可以使用式（6-14）计算出阻力。

举例而言，图 6-21 所示为当流体绕球体流动时作用在球体上的阻力

（或当球体在流体中运动时产生的力）。不管球体或流体是否在运动，两者之间的相对速度 v 是相同的。沿着流体方向看到的球体迎风面积为 $A = \pi d^2/4$。事实上，球体和流体之间的相互作用在释放药物的气雾喷雾装置、大气中污染物颗粒的运动以及暴风雨中雨滴和冰雹的建模方面具有重要的工程应用意义。图 6-22 所示为光滑球体的阻力系数如何随雷诺数（$0.1 < Re < 100000$）变化。在雷诺数较大，即 $1000 < Re < 100000$ 时，阻力系数几乎恒定为 $C_D \approx 0.5$。

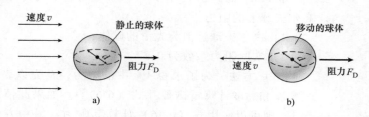

表 6-3

不同系统阻力系数与迎风面积的数值

系　　统	迎风面积 A/m^2	阻力系数 C_D
经济型轿车（96km/h）	1.9	0.34
跑车（96km/h）	2.1	0.29
运动型多用途车（96km/h）	2.7	0.45
自行车和骑手（竞赛）	0.37	0.9
自行车和骑手（直立）	0.53	1.1
人（站立）	0.62	1.2

　　结合图 6-22，式（6-14）可用于计算作用在球体上的阻力。当 Re 非常低时，流体流动是平滑和层状的，阻力系数由式（6-15）近似给出

$$C_D \approx \frac{24}{Re} \qquad \text{（球体的特殊情况：} Re < 1 \text{）} \qquad (6\text{-}15)$$

　　该结果如图 6-22 中的虚线所示。可以看出，只有当雷诺数小于 1 时，式（6-15）中的结果才与普通的 C_D 曲线一致。将式（6-15）代入式（6-14），可得到低速下球体阻力的近似值。

$$F_D \approx 3\pi\mu dv \qquad \text{（球体的特殊情况：} Re < 1 \text{）} \qquad (6\text{-}16)$$

图 6-22

光滑球体的阻力系数随雷诺数变化的曲线图（实线），以及在雷诺数很小时根据式（6-15）得到的阻力系数的预测值（虚线）

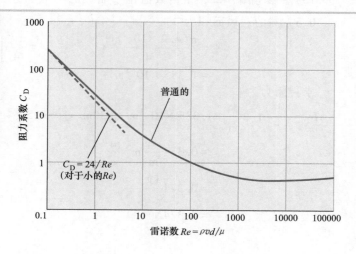

虽然该结果仅适用于低速，但可以看出 F_D 的值如何随速度、流体黏度和球体直径的增大而增大。试验表明，当雷诺数增大时，式（6-16）开始低估阻力。因为流体流动形态的基本特性随 Re（图 6-15）从层流向紊流变化，式（6-15）和式（6-16）仅适用于 $Re<1$ 的情形，此时流体流动为层流。当在任何计算中使用这些方程时，应确保满足 $Re<1$ 的条件。

例 6-7   飞行中的高尔夫球

$\phi4.2$cm 的高尔夫球以 108km/h 的速度离开球座。确定作用在高尔夫球上的阻力：

1）高尔夫球近似为光滑的球体；

2）实际阻力系数为 0.27。

（1）方法   为了求得 1）中的阻力，首先以表 6-1 中列出的空气密度和黏度计算雷诺数［式（6-6）］。如果此情况下的雷诺数小于 1，则可以应用式（6-16）计算其阻力。另一方面，如果雷诺数较大而式（6-16）不适用，则用式（6-14）来计算阻力，其中公式中的阻力系数由图 6-22 确定。将使用后一种方法求得 2）中的阻力。

（2）求解

1）在量纲一致的单位中，高尔夫球的速度为

$$v = 108\ \frac{km}{h} \times 1000\ \frac{m}{km} \times \frac{1}{3600}\ \frac{h}{s}$$

$$= 30\ \frac{\cancel{km}}{\cancel{h}}\ \frac{m}{\cancel{km}}\ \frac{\cancel{h}}{s}$$

$$= 30m/s$$

当高尔夫球直径 $d = 4.2 \times 10^{-2}$m 时，雷诺数为

$$Re = \frac{1.2kg/m^3 \times 30m/s \times 4.2 \times 10^{-2}m}{1.8 \times 10^{-5}kg/(m \cdot s)} \qquad \leftarrow \left[Re = \frac{\rho v l}{\mu}\right]$$

$$= 8.4 \times 10^4\ \frac{kg}{\cancel{m^3}}\ \frac{\cancel{m}}{\cancel{s}}\ \cancel{m}\ \frac{\cancel{m \cdot s}}{kg}$$

$$= 8.4 \times 10^4$$

由于该值远大于 1，不能对阻力系数应用式（6-16）或式（6-15）。参考图 6-22，雷诺数值位于曲线的平坦部分，其对应的 $C_D \approx 0.5$。球的迎风面积为

$$A = \frac{\pi(4.2 \times 10^{-2}m)^2}{4} \qquad \leftarrow \left[A = \frac{\pi d^2}{4}\right]$$

$$= 1.385 \times 10^{-3}m^2$$

求得阻力为

$$F_D = \frac{1}{2} \times 1.2\ \frac{kg}{m^3} \times 1.385 \times 10^{-3}m^2 \times (30m/s)^2 \times 0.5 \qquad \leftarrow \left[F_D = \frac{1}{2}\rho A v^2 C_D\right]$$

$$= 0.374\ \frac{kg}{\cancel{m^3}}m^2\ \frac{\cancel{m^2}}{s^2}$$

$$= 0.374\ \frac{kg \cdot m}{s^2}$$

$$= 0.374N$$

例 6-7（续）

2）当阻力系数 $C_D = 0.27$ 时，阻力减小为

$$F_D = \frac{1}{2} \times 1.2\,\frac{kg}{m^3} \times 1.385 \times 10^{-3} m^2 \times (30 m/s)^2 \times 0.27 \quad \leftarrow \left[F_D = \frac{1}{2}\rho A v^2 C_D \right]$$

$$= 0.202\,\frac{kg}{m^3}m\frac{m^2}{s^2}$$

$$= 0.202\,\frac{kg \cdot m}{s^2}$$

$$= 0.202 N$$

（3）**讨论**　把高尔夫球简化为光滑球体忽视了一个事实，即高尔夫球表面的凹坑能改变球体周围的气流，从而降低阻力系数。通过减小阻力系数，高尔夫球能飞得更远。当从球座离开时，高尔夫球在空中的旋转也对其空气动力学行为有显著的影响。高尔夫球的旋转可以提供额外的升力并使其比其他情况飞行得更远。

$$F_D = 0.374 N \quad（光滑球体）$$

$$F_D = 0.202 N \quad（实际）$$

例 6-8　自行车骑手的空气阻力

在例 3-9 中，人在运动时近似可以产生 100～200W 数量级的功率。基于 200W 的上限值，估计人在该水平下克服空气阻力骑自行车时的运动速度（图 6-23），以 km/h 为量纲表示答案。在计算中，忽略自行车轮胎和路面之间的滚动阻力以及轴承、链条和链轮中的摩擦。功率的数学表达式为 $P = Fv$，其中 F 表示力的大小，v 表示被施加了力的物体的速度。

图 6-23

自行车骑手受力

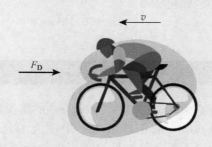

（1）**方法**　为求得速度，假设骑手受到的唯一阻力为空气阻力。阻力由式（6-14）算出，表 6-3 中列出了骑手处于赛车姿势，当迎风面积 $A = 0.365 m^2$ 时对应的阻力系数 $C_D = 0.9$。为计算阻力，需要知道空气的密度，查表 6-1 得该值为 $1.2 kg/m^3$。

（2）**求解**　首先得到一个关于自行车骑手速度的常规符号方程，然后将数值代入。骑手产生的功率平衡了来自空气阻力的损失

例 6-8（续）

$$P = \frac{1}{2}\rho A v^2 C_D v \quad \leftarrow [P = Fv]$$

$$= \frac{1}{2}\rho A v^3 C_D$$

则骑手的速度为

$$v = \sqrt[3]{\frac{2P}{\rho A C_D}}$$

接下来，将数值代入该方程，求得骑手的速度为

$$v = \sqrt[3]{\frac{2 \times 200 \mathrm{W}}{1.2 \mathrm{kg/m^3} \times 0.365 \mathrm{m^2} \times 0.9}} \quad \leftarrow \left[v = \sqrt[3]{\frac{2P}{\rho A C_D}} \right]$$

$$= 10.05 \sqrt[3]{\frac{\mathrm{kg \cdot m^2}}{\mathrm{s^3}} \frac{\mathrm{m^3}}{\mathrm{kg}} \frac{1}{\mathrm{m^2}}}$$

$$= 10.05 \sqrt[3]{\frac{\mathrm{m^3}}{\mathrm{s^3}}}$$

$$= 10.05 \mathrm{m/s}$$

最后，将该值转换为以常规单位 km/h 表示

$$v = 10.05 \frac{\mathrm{m}}{\mathrm{s}} \times \frac{1}{1000} \frac{\mathrm{km}}{\mathrm{m}} \times 3600 \frac{\mathrm{s}}{\mathrm{h}}$$

$$= 36.18 \frac{\mathrm{m}}{\mathrm{s}} \frac{\mathrm{km}}{\mathrm{m}} \frac{\mathrm{s}}{\mathrm{h}}$$

$$= 36.18 \mathrm{km/h}$$

（3）讨论　由于在假设中忽略了其他形式的摩擦力，该计算夸大了骑手的速度。不过该估算是相当合理的，有趣的是，由空气阻力导致的运动抵抗是显著的。克服空气阻力所需的功率随骑手速度的立方而增加。如果骑手的运动强度增大 2 倍，则其速度仅仅增大约 $\sqrt[3]{2} \approx 1.26$，即快 26%。

$$v = 36.18 \mathrm{km/h}$$

例 6-9　机器润滑油的黏度

在实验室中测试密度为 $900 \mathrm{kg/m^3}$ 的实验机器润滑油以确定其黏度。将一个 $\phi 1 \mathrm{mm}$ 的钢球放入一个较大的透明油箱中（图 6-24）。当钢球在油中下落几秒钟后，其速度趋于恒定。技术员记录球体通过容器上相隔 10cm 的标记位置所需时间为 9s。已知钢球的密度是 $7830 \mathrm{kg/m^3}$，机器润滑油的黏度是多少？

（1）方法　为了计算机器润滑油的黏度，将利用包括阻力在内的力平衡来确定钢球在油中下落的速度。当钢球最初落入油箱中时，由于重力的作用，其将向下加速。在短距离加速之后，钢球将达到恒定或终端速度。此时，作用在自由体受力图上且方向向上的阻力

例 6-9（续）

图 6-24

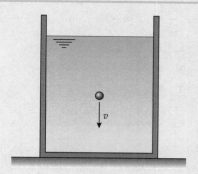

F_D 和浮力 F_B 恰好与球体的重力 w 平衡（图 6-25）。然后可根据式（6-16）由阻力求得黏度。最后，通过验证式（6-16）使用时的必要条件，即雷诺数 $Re<1$ 对求解进行复核。

图 6-25

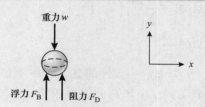

（2）求解　钢球的终端速度为 $v=0.10\mathrm{m}/9\mathrm{s}=0.0111\mathrm{m/s}$。由 y 向受力平衡得

$$F_D + F_B - w = 0 \qquad \leftarrow \left[\sum_{i=1}^{N} F_{y,i} = 0 \right]$$

则阻力为 $F_D = w - F_B$。球体的体积为

$$V = \frac{\pi(0.001\mathrm{m})^3}{6} \qquad \leftarrow \left[V = \frac{\pi d^3}{6} \right]$$

$$= 5.236 \times 10^{-10}\mathrm{m}^3$$

球体的重力为

$$w = 7830\,\frac{\mathrm{kg}}{\mathrm{m}^3} \times 9.81\,\frac{\mathrm{m}}{\mathrm{s}^2} \times 5.236 \times 10^{-10}\mathrm{m}^3 \qquad \leftarrow [w = \rho g V]$$

$$= 4.022 \times 10^{-5}\,\frac{\mathrm{kg}}{\mathrm{m}^3}\,\frac{\mathrm{m}}{\mathrm{s}^2}\mathrm{m}^3$$

$$= 4.022 \times 10^{-5}\,\frac{\mathrm{kg} \cdot \mathrm{m}}{\mathrm{s}^2}$$

$$= 4.022 \times 10^{-5}\mathrm{N}$$

钢球浸入机器润滑油中时，产生的浮力为

例 6-9（续）

$$F_B = 900 \frac{kg}{m^3} \times 9.81 \frac{m}{s^2} \times 5.236 \times 10^{-10} m^3 \qquad \leftarrow \left[F_B = \rho_{fluid} g V_{object} \right]$$

$$= 4.623 \times 10^{-6} \frac{kg}{m^3} \frac{m}{s^2} m^3$$

$$= 4.623 \times 10^{-6} \frac{kg \cdot m}{s^2}$$

$$= 4.623 \times 10^{-6} N$$

因此阻力为

$$F_D = 4.022 \times 10^{-5} N - 4.623 \times 10^{-6} N$$

$$= 3.560 \times 10^{-5} N$$

根据作用于球体上的阻力方程（6-16），求得机器润滑油的黏度为

$$\mu = \frac{3.560 \times 10^{-5} N}{3\pi \times 0.001 m \times 0.0111 m/s} \qquad \leftarrow \left[F_D = 3\pi\mu dv \right]$$

$$= 0.3403 \left(\frac{kg \cdot m}{s^2} \right) \left(\frac{1}{m} \right) \left(\frac{s}{m} \right)$$

$$= 0.3403 \frac{kg}{m \cdot s}$$

（3）讨论　作为求解一致性的复核，将验证钢球的终端速度足够低，即 $Re<1$ 满足式（6-16）的使用条件。通过使用测量的黏度值可以计算出雷诺数为

$$Re = \frac{900 kg/m^3 \times 0.011 m/s \times 0.001 m}{0.3403 kg/(m \cdot s)} \qquad \leftarrow \left[Re = \frac{\rho v l}{\mu} \right]$$

$$= 0.0291 \frac{kg}{m^3} \frac{m}{s} m \frac{m \cdot s}{kg}$$

$$= 0.0291$$

因为 $Re<1$，说明可以应用式（6-16）来求解机器润滑油的黏度。否则，就需要应用式（6-14）及图 6-22 中关于 C_D 的曲线。

$$\mu = 0.3403 \frac{kg}{m \cdot s}$$

◉ 6.7　升力

与阻力类似，升力也是由固体物体与流体之间的相对运动产生的。阻力的作用方向与流体流动方向平行，而升力的作用方向与流体流动方向垂直。例如，对于图 6-26 所示的飞机，机翼周围空气的高速流动产生了一个平衡飞机重力的垂直升力 F_L。飞行中的飞机受到图中所示四个力的作用：飞机的重力 w、喷气发动机产生的推力 F_T、机翼产生的升力 F_L 以及飞机受到的空气阻力 F_D。在稳定水平飞行中，这些力平衡以保持飞

机的平衡状态：发动机的推力克服空气阻力，机翼的升力支承飞机的重量。升力不仅对飞机机翼和其他飞行操纵面非常重要，而且对螺旋桨、压缩机、涡轮叶片、船舶水翼以及商用汽车和赛车车身轮廓的设计同样重要。

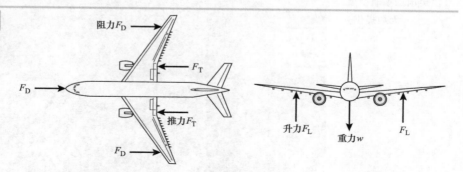

图 6-26

作用在飞机上的重力、推力、升力和阻力

研究物体与其周围流动空气之间相互作用的机械工程领域被称为空气动力学。当工程师进行阻力和升力的空气动力学分析时，他们总是对流体的几何形状和运动做近似假设。例如，忽略流体的黏性或压缩性可以简化工程分析问题，足以使工程师开展初步设计或解释测量结果。

另一方面，工程师们注意到：这样的假设虽然在一些应用中有意义，但在其他的应用中可能并不合适。对于式（6-15）和式（6-16），机械工程师知道这些方程被应用时所涉及的假设和限制条件。例如，本章中假设空气是连续流体，而不是许多彼此碰撞的离散分子。该假设对大多数应用是有效的，包括低速和低空下汽车和飞行器周围的空气流动。然而，对于上层大气中的飞机或航天器，该假设可能并不合适，工程师和科学家们反而可能会从气体运动学的角度来检测流体力。

机械工程师经常使用风洞，例如图 6-27 所示的风洞，做实验以了解和测量当空气在固体物体周围流动时产生的力。风洞使工程师能够对不同速度和飞行条件下的飞机、宇宙飞船、导弹和火箭的性能进行优化。在此类试验中，构建物体的比例模型并固定到专用夹具上以测量气流产生的阻力和升力。风洞也可用于进行与高空和超声速飞行相关的试验。图 6-28 所示为冲击波从高空大气科研飞机的比例模型上传播出去。当飞机周围的气流速度超过声速时产生冲击波，冲击波是产生音爆噪声的原因。风洞也用于设计汽车的轮廓和曲面，以减小空气阻力从而提高燃油经济性。低速风洞甚至应用于奥林匹克运动领域，帮助跳台滑雪运动员改善他们的姿势，帮助工程师设计具有改良的空气动力性能的自行车、骑行头盔和运动服装。

除了速度之外，由飞机机翼产生的升力大小取决于机翼的形状及机翼相对于气流的倾角（图 6-29）。机翼的倾角被称为攻角 α，在一定程度上以失速条件著称，升力通常随攻角 α 增大而增大。在图 6-30 中，空气流过机翼并产生垂直升力 F_L。升力与机翼上表面和下表面之间的压差有关。由流体施加在物体上的力可以被理解为压强和面积的乘积，因此机翼下表面上的压强大于上表面上的压强，从而产生了升力。

图 6-27

用于飞机和飞行研究的几个风洞的鸟瞰图（由美国国家航空航天局提供）

图 6-28

在超声速风洞试验中，冲击波从高空大气科研飞机的比例模型上传播出去（由美国国家航空航天局提供）

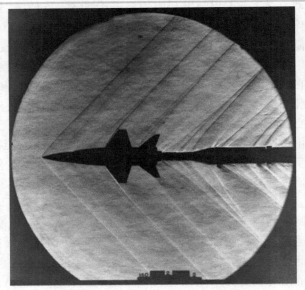

事实上，机翼的设计要在流动流体的压强、速度和高度之间进行权衡，该成绩归功于 18 世纪数学家和物理学家丹尼尔·伯努利。伯努利原理基于以下假设：没有能量由于流体的黏度而损耗，流体不做功或不对流体做功，也不发生热传递。总之，这些限制条件使得流动流体可被视为一个保守的能量系统，则伯努利方程为

$$\frac{p}{\rho}+\frac{v^2}{2}+gh=\text{常数} \tag{6-17}$$

式中，p 和 ρ 为流体的压强和密度；v 为流体的速度；g 为重力加速度常数；h 为流体在某参考点上方的高度。等式左边的三项分别表示压力做的功、流动流体的动能及重力势能。该方程在量纲上是一致的，其中每个量的单位都为每单位质量流体的能量。对于图 6-31 所示机翼周围的空气流动，由于与压强和速度相比高度变化小，重力势能项 gh 可以忽略。

图 6-29

一架高性能军用战斗机以 55°的陡峭攻角爬升（经洛克希德·马丁公司许可重印）

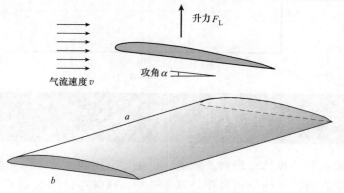

图 6-30

流体流过攻角为 α 的机翼时产生升力

因此，当空气沿机翼上下表面流动时，量 $(p/\rho)+(v^2/2)$ 近似恒定。由于种种原因，空气在机翼上表面上流动时会加速，因而其压强按式（6-17）对应的量减小。机翼升力由低压上表面和高压下表面之间的不平衡产生。

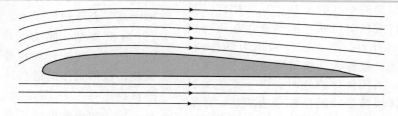

图 6-31

机翼横截面周围的流动形态

以类似于式（6-14）中阻力的处理方式，作用在机翼上的流体产生的升力用升力系数 C_L 来量化并通过式（6-18）计算

$$F_L = \frac{1}{2}\rho A v^2 C_L \qquad (6\text{-}18)$$

其中面积在图 6-30 中由 $A = ab$ 给出。升力系数的值可在工程文献中获得，它已被制成表格以用于各种机翼的设计。图 6-32 所示为 C_L 对机翼攻角的依赖性，该机翼可用于小型单发动机飞机。飞机机翼通常具有一定的弧高，此时机翼的中心线稍微弯曲成下凹形状。在这种方式下，即使零攻角机翼也能产生有限的升力系数。例如，在图 6-32 中，即使攻角 $\alpha = 0$，升力系数 $C_L \approx 0.3$，也可使得飞机在跑道上或在水平飞行期间产生升力。在稳定巡航飞行期间，飞机机翼仅仅稍微拱起以提高效率。

在起飞和着陆的低速飞行期间，失速可能是一个问题，额外的弧高可通过在机翼的后缘延伸襟翼来产生。此外，升力系数在大攻角时减小会导致失速现象，此时机翼产生升力的能力将迅速减小。

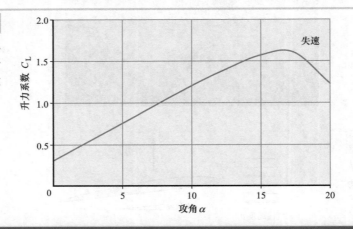

图 6-32

可用于小型单发动机飞机的某型机翼的升力系数

关注 运动中的气体力学

当在运动中被击打、投掷或踢时，球的轨迹可以快速改变方向。在棒球运动中，这种现象是投掷弧线球的策略；在高尔夫球运动中，这是在球座上以削球或曲线击球的现象；在足球运动中，具有弧线的任意球可以击败守门员。在板球和网球比赛中，球也可能沿着曲线运动。在不同情况下，球的轨迹取决于其与周围空气的复杂相互作用以及被投掷、击打或踢时所赋予的转速。在飞行期间，球受到升力、阻力以及横向力的作用，此横向力通常被称为马格努斯效应并与球的旋转有关。当任何球旋转时，由于空气的黏性，空气薄层被拖动随球在旁边旋转。球表层的粗糙皮以及球上的接缝和纹理也是使空气随球旋转的重要因素。在球的一侧，球的旋转方向和气流方向相同，该侧空气速度增加，压降遵循伯努利原理。在球的另一侧，球的旋转方向和气流方向相反，压强相应地较高。球两侧之间的压强不平衡将产生横向力使球的运动轨迹弯曲。该原理被用于许多不同的运动器材的设计，包括高尔夫球杆和足球运动鞋，它们在撞击时有效地将旋转强加于高尔夫球和足球上。

了解流动、阻力、浮力和升力的影响，也有助于工程师开发新技术来提高运动员的成绩，包括制作奥运会泳衣的先进材料，用于自行车手和三项全能运动员的新颖自行车、轮子和头盔设计以及用于速滑运动员的流线型紧身衣。

本章小结

　　本章介绍了流体的物理性质、层流和湍流之间的区别以及浮力、阻力和升力。机械工程师将物质分为固体和流体，二者之间的核心区别在于它们如何响应剪应力。固体材料有少量变形并借助刚度抵抗剪应力，但流体以连续、稳定的流动响应剪应力。

　　机械工程师将流体工程的原理应用于诸如气体力学、生物医学工程、微流体和体育工程等项目中。流体通过管道、软管和通风管的流动是多种应用的一个例子。除了通过管道系统分送水、汽油、天然气和空气之外，管道中流体流动蕴含的原理可应用于人类循环系统和呼吸系统的研究。本章使用的基本变量、符号和常规单位概括于表 6-4 中，主要方程列于表 6-5 中。

表 6-4

流体工程中出现的量、符号和常规单位

量		常 规 符 号	常 规 单 位
面积		A	m^2
阻力系数		C_D	—
升力系数		C_L	—
力	浮力	F_B	N
	阻力	F_D	N
	升力	F_L	N
	重力	w	N
长度	特征长度	l	m
	管道长度	L	m
马赫数		Ma	—
压强		p	Pa
雷诺数		Re	—
剪应力		τ	Pa
时间间隔		Δt	s
速度		v, v_{avg}, v_{max}	m/s
黏度		μ	$kg/(m \cdot s)$
体积		$V, \Delta V$	L, m^3
体积流量		q	$L/s, m^3/s$

表 6-5

流体工程中出现的主要方程

伯努利方程		$\dfrac{p}{\rho} + \dfrac{v^2}{2} + gh = 常数$
浮力		$F_B = \rho_{流体} g V_{物体}$
阻力	一般情况	$F_D = \dfrac{1}{2} \rho A v^2 C_D$
	特殊情况:$Re<1$ 的球	$C_D \approx \dfrac{24}{Re}$
升力		$F_L = \dfrac{1}{2} \rho A v^2 C_L$

表 6-5	伯努利方程	$\dfrac{p}{\rho}+\dfrac{v^2}{2}+gh=$ 常数
（续）	管流速度	$v_{\max}=\dfrac{d^2\Delta p}{16\mu L}$ $v_{\text{avg}}=\dfrac{1}{2}v_{\max}$ $v=v_{\max}\left[1-\left(\dfrac{r}{R}\right)^2\right]$
	压强	$p_1=p_0+\rho gh$
	雷诺数	$Re=\dfrac{\rho vl}{\mu}$
	剪应力	$\tau=\mu\dfrac{v}{h}$
	体积流量	$q=\dfrac{\Delta V}{\Delta t}$ $q=Av_{\text{avg}}$ $q=\dfrac{\pi d^4\Delta p}{128\mu L}$ $A_1v_1=A_2v_2$
	重力	$w=\rho gV$

浮力是在物体浸入流体中时产生的，其大小与物体排出的流体的重量有关。阻力和升力是当流体和固体物体之间存在相对运动时产生的，包括以下情况：流体静止和物体运动（如在汽车行驶的情况）；流体运动和物体静止（如在风作用于建筑物的情况）；或两者的某种组合。阻力和升力的大小通常根据阻力系数和升力系数来计算，同时，阻力系数和升力系数是与阻力和升力作用的物体形状及其相对于流动流体的方向存在复杂的依赖关系的数值。

自学和复习

6.1 流体密度和黏度的常规国际单位制量纲是什么？

6.2 流体中的压强随深度如何增加？

6.3 描述流体层流和湍流之间的区别。

6.4 雷诺数的定义是什么？它有什么重要意义？

6.5 举例说明流体在什么情况下产生浮力、阻力和升力，并解释如何计算这些力。

6.6 什么是阻力系数和升力系数？它们取决于哪些参数？

6.7 什么是伯努利原理？

习 题

6.1 将水银的黏度 [$1.5\times10^{-3}\text{kg/(m·s)}$] 转换为厘泊量纲。

6.2 迈克尔·菲尔普斯在 2008 年北京奥运会上赢得了创纪录的 8 枚金牌。现在设想菲尔普斯在一个充满枫糖浆的游泳池里参加比赛，你认为他的比赛时间会增加、减少或保持不变？研究这个问题并准备一份大约 250 字的报告来支持你的答案。报告中至少引用两篇参考文献。

6.3　运动型多用途汽车的燃料箱可容纳 53L 汽油。该汽车油箱满油时比油箱空油时重多少？

6.4　5.4m 深的汽油储罐底部的压强比顶部大多少？以 kPa 为单位表示。

6.5　血压通常以"毫米汞柱"来测量，其读数用两个数字表示，例如 120 和 80。第一个数字称为收缩压值，它是在心脏收缩时血液对血管产生的最大压力。第二个数字（称为舒张压值）是心脏舒张时血液对血管的压力。以 kPa 为单位，给定的收缩压和舒张压之间的压差是多少？汞的密度为 $13.54 \mathrm{g/cm^3}$。

6.6　一个高 6m、宽 4m 的矩形闸门位于开放淡水罐的底部（图 6-33）。闸门在顶端由铰链连接并由力 F 固定。根据式（6-4），压强与水的深度成正比，水施加于闸门的平均压强为 $p_{\mathrm{avg}} = \dfrac{\Delta p}{2}$，其中 Δp 是闸门底部压强 p_1 与上表面压强 p_0 的压差。淡水作用于闸门的合力为 $F_{水} = P_{\mathrm{avg}} A$，其中 A 是水作用于闸门的面积。因为压强随深度增大，合力 $F_{水}$ 作用于闸门底部上方 2m 处。确定将闸门保持在位所需的力。

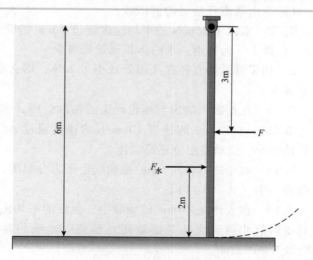

图 6-33

6.7　对于习题 6.6 中的系统，假如设计要求是使得保持闸门关闭所需的力最小。应把铰链安装在闸门的顶部还是底部？证明你的答案。

6.8　对游泳池中玩耍的儿童可使用的安全救生圈进行数量级估计。设计构想是让一个可充气的环形塑料气球在每个儿童的手臂和肩膀之间滑动。考虑儿童的体重和浮力，确定适合于体重为 220N 儿童的安全救生圈的尺寸。

6.9　据推测，一个古老的黄金王冠重 3kg，但它实际上是由一个不诚实的金属工匠用相等质量的黄金（$1.93 \times 10^4 \mathrm{kg/m^3}$）和白银（$1.06 \times 10^4 \mathrm{kg/m^3}$）制作的。

1）假设阿基米德用一根细绳悬吊黄金王冠并将其放入水中直到完全

淹没。如果将细绳连接到平衡秤，阿基米德测量到的细绳上的拉力是多少？

2）如果用3kg的纯金块替换黄金王冠重复测试，测量到的拉力是多少？

6.10 潜水员携带配重使其处于中性浮力。在该条件下，潜水员受到的浮力恰好与自身重力平衡，此时潜水员无浮向水面或下沉的趋势。在淡水中，某一潜水员携带重45N、密度为 $1.17×10^4 kg/m^3$ 的铅合金配重。在海水中潜水时，潜水员必须多携带50%的配重才能保持中性浮力。该潜水员有多重？

6.11 通过绘制从水龙头（没有曝气器）或软管（没有喷嘴）流出的水流来检查水流的层流和湍流之间的过渡。可以通过调节水阀来控制水流的速度。

1）绘制四种不同流速下的流动图：两个在层流与湍流过渡点之下，两个在层流与湍流过渡点之上。

2）通过确定水充满一个已知体积的容器所需的时间 Δt 来估算水流速度，例如饮料罐。用尺测量水流的直径，再根据式（6-9）和式（6-10）计算水流平均速度。

3）计算每种速度所对应的雷诺数。

4）指出紊流开始时的雷诺数。

6.12 水以1.25m/s的平均速度流过 ϕ5cm 的管。

1）以L/s为量纲，水的体积流量是多少？

2）如果管道的直径在颈缩处减小了20%，那么水流速度改变的百分比是多少？

6.13 在连接产油田与油轮码头的输油管中，密度为 $953kg/m^3$、黏度为 $0.29kg/(m·s)$ 的油以10km/h的速度流过 ϕ1.22m 的输油管。雷诺数是多少？流动是层流还是湍流？

6.14 对于式（6-7）中的抛物线形压力分布图，说明平均流速是最大值的一半［式（6-11）］。

6.15 在人体某 ϕ4mm 的动脉中，血液的平均流动速度为0.28m/s。计算雷诺数并确定流动是层流还是湍流。血液的黏度和密度分别约为4cP 和 $1.06Mg/m^3$。

6.16

1）确定问题6.15中动脉血液的体积流量。

2）计算血液沿动脉横截面的最大速度。

3）确定沿每10cm动脉长度上的血压下降量。

6.17 波音787梦想飞机宣称燃油效率比同类波音767高20%，并以0.85马赫的速度飞行。中型波音767的航距为12000km，燃料容量为90000L，飞行速度为0.80马赫。假设声速为1100km/h，以 m^3/s 来计算两种型号的梦幻客机发动机燃料的预期体积流量。

6.18 假设习题6.17中的两种波音梦幻客机发动机的燃油管直径都是22mm，喷气燃料的密度和黏度分别是 $800kg/m^3$ 和 $8.0×10^{-3}kg/(m·s)$。

计算燃料的平均流速（单位为 m/s）及该流动的雷诺数，并确定流动是层流还是紊流。

6.19　1）对于一条 $\phi32\text{mm}$ 的管道，在水可被泵送并保持层流的情况下，最大体积流量是多少？以 L/min 为量纲表示结果。

2）SAE 30 机器润滑油的最大体积流量是多少？

6.20　在任何时候，地球上都会有大约 20 座火山处于活跃状态，而每年会有 50~70 座火山喷发。在过去的一百年里，每年平均有 850 人死于火山喷发。在科学家们研究熔岩流力学时，准确地预测熔岩流速（速度）是在火山爆发后救援生命的关键。Jeffrey 方程描述了流速和黏度之间的关系

$$V = \frac{\rho g\, t^2 \sin(\alpha)}{3\mu}$$

式中，ρ 为熔岩的密度；g 为重力加速度；t 为熔岩流厚度；α 为坡度；μ 为熔岩黏度。熔岩黏度和密度的典型值分别为 $4.5\times10^3\text{kg}/(\text{m}\cdot\text{s})$ 和 $2.5\text{g}/\text{cm}^3$。以 cm/s 和 km/h 为单位计算图 6-34 中熔岩的流速。

图 6-34

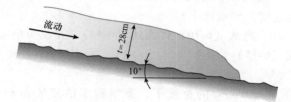

6.21　使用习题 6.20 中的火山流动模型和流动参数，绘制两张图表。

1）在一张图表上，绘制流速与坡度之间的函数关系，流速的单位为 km/h，坡度在 0°~90° 之间变化。

2）在另一张图表上，绘制流速与熔岩流厚度之间的函数关系，流速的单位为 km/h，熔岩流厚度在 0~300cm 之间变化。

3）讨论并比较坡度与厚度对流速的影响。

6.22　有一个装满汽油的钢制储油罐，其内部部分被腐蚀，小颗粒的铁锈污染了汽油。铁锈颗粒近似为球形，其平均直径为 $25\mu\text{m}$，密度为 $5.3\text{g}/\text{cm}^3$。

1）当颗粒在汽油中下落时，其终端速度是多少？

2）铁锈颗粒下落 5m 并从液体中沉淀出来需要多长时间？

6.23　空气雾中的小水滴被近似为 $\phi40\mu\text{m}$ 的球体。计算水滴在静止空气中落向地面的终端速度。在该情况下忽略浮力合理吗？

6.24　在木工生产车间，当打磨一块橡木家具时，$\phi50\mu\text{m}$ 的球形尘埃颗粒被吹入空气中。

1）这些球形尘埃颗粒在空气中下落时，其终端速度是多少？

2）忽略存在的气流，木屑从空气中沉淀出来并落向地面 2m 需要多少时间？干橡木的密度约为 $750\text{kg}/\text{m}^3$。

6.25　1）一个 $\phi1.5\text{mm}$ 的钢球（$7830\text{kg}/\text{m}^3$）掉落进装有 SAE 30

机器润滑油的油箱里，钢球的终端速度是多少？

2）如果钢球掉落进密度相同但种类不同的油里，且其终端速度为 1cm/s，那么该油的黏度是多少？

6.26 体重为80kg的跳伞运动员在自由下落过程中达到的终端速度是240km/h。如果跳伞运动员的迎风面积是 $0.73m^2$，那么：

1）作用在跳伞运动员身上的阻力是多少？

2）阻力系数是多少？

6.27 一个 $\phi14mm$ 的球掉进装满 SAE 30 机器润滑油的烧杯中。在球向下运动一段时间后，测得其下沉速度为 2m/s。以 N 为单位，计算作用在测试球上的阻力。

6.28 低空气象研究气球、温度传感器和无线电发射机总重 11N。当用氦气充气时，气球为 $\phi1.2m$ 的球形。与气球的体积相比，发射机的体积可以忽略。气球从地平面被释放并迅速达到其终端上升速度。忽略大气密度的变化，气球到达 300m 的高度需要多长时间？

6.29 潜艇释放了一个包含无线电信标的球形浮标。浮标的直径为 0.3m，重量为 100N。水下浮标的阻力系数为 $C_D = 0.45$，浮标将以多大的稳定速度浮到水面上？

6.30 将式（6-16）代入式（6-14），并说明小雷诺数的阻力系数怎样由式（6-15）给出。

6.31

1）在 90km/h 的速度下，豪华跑车的迎风面积和阻力系数分别为 $2m^2$ 和 0.29。在此速度下跑车受到的阻力是多少？

2）在 90km/h 的速度下，运动型多用途汽车的阻力系数为 0.45，并具有稍大的迎风面积 $2.65m^2$。此情况下该车受到的阻力是多少？

6.32 某降落伞的阻力系数为 $C_D = 1.5$。若降落伞和跳伞运动员总重 1000N，为使得跳伞运动员在接近地面时的终端速度为 24km/h，降落伞的迎风面积应为多少？忽略存在的浮力合理吗？

6.33 潜艇通过打开通风口，允许空气从压载舱溢出以及水流入并充满压载舱来实现潜水。此外，位于船首的水平舵向下成一定角度以帮助潜艇下潜。计算潜艇以 27km/h 的速度航行时水平舵所产生的驱动力，水平舵的面积为 $1.82m^2$，升力系数为 0.11。

6.34

1）使用量纲一致性的原则说明：当伯努利方程写成 $p + \frac{1}{2}\rho v^2 + \rho gh =$ 常数形式时，每项具有压强量纲。

2）当伯努利方程写成 $\frac{p}{\rho g} + \frac{v^2}{2g} + h =$ 常数形式时，每项具有长度量纲。

6.35 文丘里流量计可以通过测量两点之间的压强变化来确定流动流体的速度（图 6-35）。水通过管道流动，在颈缩段管道的横截面积由 A_1 减小到 A_2。两个压力传感器恰好分别位于颈缩段前后，它们测得的 $p_1 - p_2$ 变化足以用来确定水的速度。通过使用式（6-13）和式（6-17），表

明颈缩段下游的速度由下式给出

$$v_2 = \sqrt{\frac{2(p_1-p_2)}{\rho\left[1-(A_2/A_1)^2\right]}}$$

上式即所谓的文丘里效应，它是诸如汽车化油器以及通过吸入药剂给内科病人释药的抽吸器等硬件的操作原理。

图 6-35

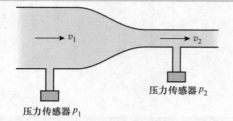

压力传感器 P_2

压力传感器 P_1

6.36　水流过直径从 24mm 变化到 12mm 的颈缩圆管，速度恰好为 1.2m/s。使用习题 6.35 的结果，确定：

1）颈缩部下游水的速度。

2）颈缩段的压降。

参考文献

［1］　Adian R J. Closing in on Models of Wall Turbulence ［J］. *Science*, 2010（7）：155-156.

［2］　Ehrenman G. Shrinking the Lab Down to Size ［J］. *Mechanical Engineering*, 2004（4）：26-32.

［3］　Jeffreys H. The Flow of Water in an Inclined Channel of Rectangular Section ［J］. *Philosophical Magazine*, 1925.

［4］　Kuethe A M, Chow C Y. *Foundations of Aerodynamics：Bases of Aerodynamic Design* ［M］. 5th ed. Hoboken, NJ：John Wiley and Sons, 1998.

［5］　Nichols R L. Viscosity of Lava ［J］. *The Journal of Geology*, 1939, 47（3）：290-302.

［6］　Olson R M, Wright S J. *Essentials of Engineering Fluid Mechanics* ［M］. 5th ed. New York：Harper and Row, 1990.

［7］　Ouellette J. A New Wave of Microfluidic Devices ［J］. *The Industrial Physicist*, 2003（8-9）：14-17.

［8］　Thilmany J. How Does Beckham Bend It ［J］. *Mechanical Engineering*, 2004（4）：72.

第7章

热和能源系统

本章目标

- 计算在机械工程中遇到的各种能、热、功和电。
- 描述热如何通过传导、对流和辐射的过程从一个场所传递到另一个场所。
- 在机械系统中应用能量守恒原理。

- 解释热机如何操作并了解它们的效率限制。
- 概括二冲程和四冲程内燃机、电力设备和喷气发动机的基本工作原理。

◎ 7.1 概述

截止到现在，本书已经探讨了机械工程专业的前五个要素：机械设计、专业实践、力在结构和机器中的作用、材料和应力、流体工程。第1章中谈到机械工程，概括地说机械工程被描述为机械设计与制造，是消耗或产生电力的过程。有了这个观点，现在将注意力转移到了第六个要素上，即一个实用的课题：热和能源系统（图7-1）。这个领域包含着这样的硬件，如内燃机、飞机推进器、加热和冷却系统，并有可再生能源（太阳能、风能、水电、地热和生物质能）和非再生能源（油、石油、天然气、煤发电和核能）。它对于工程师研究和解决能源问题，将起到越来越重要的作用。14项美国国家工程院明确的重大挑战中的三个（第2章）都直接关系到能源问题：太阳能的经济性、新型融合技术提供能源以及固碳技术的研发。

能量是无形的，既看不到也摸不到，但物体的加速、拉伸、加热和提起的过程都离不开能量。可以通过不同的方式利用能量，并且在机械工程中，不同形式能量的转换方法有非常重要的意义。例如，图7-2所示的内燃发动机利用柴油燃料的燃烧释放热能，在发动机中将热能转换成曲轴的转动，并最终转化为车辆的运动。机械消耗或产生功率往往将储存在燃料中的化学能转化成热能，再将热能转换成轴的旋转，或者为了加热或冷却将能量在不同方面进行转化。

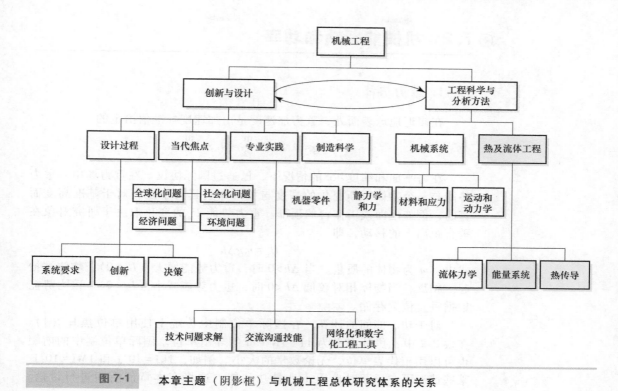

图 7-1

本章主题（阴影框）与机械工程总体研究体系的关系

图 7-2

**越野车发动机的
剖视图**

注：发动机将柴油机燃
料燃烧产生的热能转化
为机械功（转载自卡特
彼勒公司）。

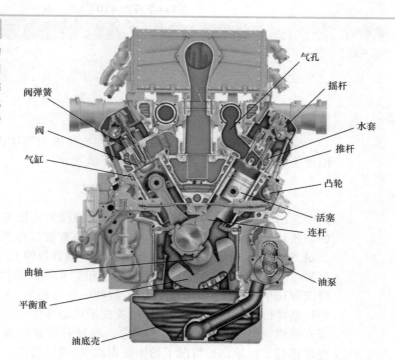

　　本章的第一部分将介绍热和能源系统的物理原理和相关术语。之后，
在 7.6~7.8 节中，将把这些内容应用于二冲程和四冲程发动机、发电装
置、飞机和喷气发动机的案例研究中。

⊙ 7.2 机械能、功和功率

1. 重力势能

在接近地球表面处，重力加速度是由加速度标准值给定的

$$g = 9.8067 \frac{m}{s^2} \approx 9.81 \frac{m}{s^2}$$

在海平面和纬度45°的情况下，已通过国际协议。在重力场中，重力势能与一个物体不断变化的高度与关，并且其大小是相对于基准高度而言的，例如地面或工作台的顶部。重力势能 U_g 的变化取决于研究对象在垂直距离上的移动，即

$$U_g = mg\Delta h \qquad (7\text{-}1)$$

式中，m 为物体的质量。当 $\Delta h > 0$ 时，重力势能增大（$U_g > 0$），物体被抬起。相反，当物体相对较低 $\Delta h < 0$ 时，重力势能减小（$U_g < 0$）。重力势能根据垂直位置存储。

对于功、能间的计算，在国际单位制中传统上使用单位焦耳（J）。在表 3-2 中，焦耳定义为 $1J = 1N \cdot m$ 的导出单位。国际单位制中的前缀也可以用于代表单位，无论数量的大小。例如，$1kJ = 10^3 J$ 和 $1MJ = 10^6 J$。某些情况下，千瓦时也用于计量功和能，这将在本章的后面进行讨论。两种常用的单位能、功间的转换系数见表 7-1。例如：

$$1J = 2.778 \times 10^{-7} kW \cdot h$$

表 7-1	J	kW · h
功、能间的转换系数	1	2.778×10^{-7}
	3.600×10^6	1

2. 弹性势能

弹性势能按胡克定律存储在被拉伸或压缩的物体内（5.3节）。弹簧刚度为 k，存储在其中的弹性势能由下式给出

$$U_e = \frac{1}{2}k\Delta L^2 \qquad (7\text{-}2)$$

式中，ΔL 为弹簧的伸缩量，定义为弹簧被拉伸或压缩的距离。如果弹簧的原始长度为 L_0，对其施加一个力后，弹簧被拉伸至新的长度 L，则伸长量 $\Delta L = L - L_0$。虽然 ΔL 可以是正数（弹簧被拉伸），也可以为负数（弹簧被压缩），但是弹性势能总是正的。正如在第 5 章讨论的那样，k 为使弹簧伸长单位长度的力的大小，工程师一般采用牛/米（N/m）作为刚性的计量单位。注意：式（7-2）可应用于机器部件中，无论它们看起来是否真的像一个螺旋弹簧。第 5 章中，通过对杆的拉伸压缩试验对力变形特性进行了讨论，此情况下的刚度由式（5-7）给出。

3. 动能

动能与物体的运动相关。当力或力矩作用于机器上时，它们使其

组件运动并通过运动的速度来储存动能。该运动可以是振动（如立体声扬声器的锥体）、旋转（如附加到发动机曲轴上的飞轮）或直线运动（发动机或压缩机的活塞的直线运动）的形式。对于质量为 m，速度为 v，以直线运动的物体，动能被定义为

$$U_k = \frac{1}{2}mv^2 \qquad (7\text{-}3)$$

可以验证 J 和 N·m 都适用于动能，正如它们都适用于重力和弹性势能。

4. 功

在图 7-3 中，通过活塞在气缸中的直线水平运动描述功。这种情况也出现在内燃机、空气压缩机，以及气动和液压制动器中。在图 7-3a 中，力 F 作用于活塞上，使活塞在气缸内向右运动压缩气体。当气体已被压缩至高压并且活塞向左移动时（图 7-3b），力 F 可以减缓气体的膨胀。这两种情况都类似于在汽车发动机中发生的压缩冲程和做功冲程。力所做的功 W 通过活塞移动的距离 Δd 被定义为

$$W = F\Delta d \qquad (7\text{-}4)$$

如图 7-3a 所示，力做的功是正的（$\Delta d > 0$），因为力的作用方向和活塞的运动方向相同。相反，如果力的方向与运动方向相反（$\Delta d < 0$），则功是负的（图 7-3b）。

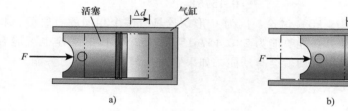

a)　　　　　　　　　　　　　　　b)

图 7-3　**功用于活塞在气缸内做直线滑动**
a）随着气缸内的气体被压缩，力逐渐增大（$\Delta d > 0$）　b）气体膨胀时力逐渐减小（$\Delta d < 0$）

5. 功率

本节最后介绍的量——功率，被定义为做功的快慢，即单位时间内力所做的功，则平均功率为

$$P_{avg} = \frac{W}{\Delta t} \qquad (7\text{-}5)$$

做功的速度变得更快，Δt 变得更小，平均功率就会相应地增加。工程师通常以瓦（$1W = 1J/s$）或马力（hp）为单位表达功率。表 7-2 中列出了两个单位之间的转换系数。例如第一行中

$$1W = 1.341 \times 10^{-3}\ hp$$

表 7-2	W	hp
国际单位制中功率的	1	1.341×10^{-3}
转换系数	745.7	1

例 7-1   存储在 U 形螺栓内的势能

在例 5-2 和 5.3 节中已计算存储在 U 形螺栓两个直管段的弹性势能。

（1）方法   本任务是计算存储在 U 形螺栓的两个直管段伸长部分的弹性势能。根据例中给出的尺寸和材料性能，弹簧直线段的刚度可以通过式（5-7）得到。在 U 形螺栓的各直线段，其长度 $L = 325mm$，横截面面积 $A = 7.854 \times 10^{-5} m^2$，伸长量 $\Delta L = 78.82 \mu m = 7.882 \times 10^{-5} m$，弹性势能可以通过使用式（7-2）得到。

（2）求解   通过钢弹性模量的经验法则，计算 U 形螺栓直线部分之一的刚度

$$k = \frac{210 \times 10^9 Pa \times 7.85 \times 10^{-5} m^2}{0.325m}$$

$$= 5.075 \times 10^7 \frac{N}{m}$$

运用帕斯卡原理的定义（$1Pa = 1N/m^2$）和 U 形螺栓试件的尺寸计算弹性势能

$$U_e = \frac{1}{2} \times 5.075 \times 10^7 \frac{N}{m} \times (7.882 \times 10^{-5} m)^2$$

$$= 0.1576 N \cdot m$$

$$= 0.1576 J$$

（3）讨论   因为 U 形螺栓具有两个相同的直管段，相对保守地计算弹性势能为 $2 \times 0.1576J = 0.3152 J$。U 形螺栓也可能有动能，如果它移动就会有动能，如果它被抬起就会有重力势能。

$$U = 0.3152 J$$

例 7-2   喷气飞机的动能

计算一个负载达到其最大重量 1.55MN、飞行速度为 640km/h 的波音 767 飞机的动能。

（1）方法   本任务是计算给定速度和重量条件下的瞬时动能。要应用式（7-3），必须首先确定其质量，该机的质量是由重力得到的，并将速度转化为统一的单位。

（2）求解   飞机的质量为

$$m = \frac{1.55 \times 10^6 N}{9.81 m/s^2} \qquad \leftarrow [w = mg]$$

$$= 1.58 \times 10^5 kg$$

飞机的速度在单位上一致，则

$$v = 640 \frac{km}{h} \times 1000 \frac{m}{km} \times \frac{1}{3600} \frac{h}{s}$$

$$= 177.8 m/s$$

动能变为

例 7-2（续）

$$U_k = \frac{1}{2} \times 1.58 \times 10^5 \text{kg} \times (1.778 \text{m/s})^2$$

$$= 2.497 \times 10^9 \frac{\text{kg} \cdot \text{m}^2}{\text{s}^2}$$

$$= 2.497 \times 10^9 \text{J}$$

$$= 2.497 \text{GJ}$$

（3）讨论　在这个例子中，当用到单位时，采用了国际单位"千兆"（表示十亿）。此外，需要认识到飞行过程中客机的重力势能将产生显著的影响。

$$U_k = 2.497 \text{GJ}$$

例 7-3　电梯功率的要求

用数量级的计算来估计在四层楼电动机为货梯提供动力的能力。采用马力作为单位表示估计值。电梯轿厢自重 2200N，并且可以额外装载 11000N 的货物。

（1）方法　为计算电梯的功率，忽略空气阻力、摩擦力在电梯驱动机构中的作用，以及使效率降低的其他因素。另外，还需要对电动机设计中遇到的一些不确定因素做出有依据的估计，以确定电动机的额定功率。估计电梯从地面前往大厦顶楼的过程需要 20s，总高度变化为 15m。工作的电动机必须做的功为总重量（13200N）和高度变化的乘积。然后，根据式（7-5）确定由电动机产生的平均功率。

（2）求解　升高满载的电梯轿厢所需的功为

$$W = 13200 \text{N} \times 15 \text{m} \qquad \leftarrow \left[W = F \Delta d \right]$$

$$= 198 \text{N} \cdot \text{m}$$

$$= 198 \text{kJ}$$

平均功率为

$$P_{avg} = \frac{198 \times 10^3 \text{J}}{20 \text{s}}$$

$$= 9.9 \frac{\text{kJ}}{\text{s}}$$

$$= 9.9 \text{kW}$$

最后，通过表 7-2 中列出的因素将这个量转换成单位为马力的量

$$P_{avg} = 9.9 \times 10^3 \text{W} \frac{1 \text{hp}}{745.7 \text{W}}$$

$$= 13.28 \text{hp}$$

（3）讨论　作为设计师，后期会考虑其他因素如电动机的效率，电梯超载的可能性以及安全问题，这样计算会变得更加准确。然而，有一个基本原则，额定功率为几十马力的电动机对完成该工作是足够的，而不能用几马力或几百马力的马达代替。

$$P_{avg} = 13.28 \text{hp}$$

⊙ 7.3   热能转换

能量可以以不同的形式被存储在机械系统中。除了被存储，能量还可以从一种形式转换为另一种形式。例如，当一个物体从高处下落时，物体的重力势能转化为动能。以类似的方式，能量通过化学结构储存在燃料中，燃料燃烧能量被释放出来。我们认为，能量以热的方式从高到低转换。

当设计师设计的机械生产和消耗能源时，通过开发的热性能来控制温度，从而控制能量在不同位置之间的移动（图 7-4）。本节将探讨几个与热相关的工程概念，燃料燃烧时热的释放，以及热传导、对流和辐射三种热传递过程。

图 7-4

机械工程师使用计算机辅助工程软件计算一个喷气发动机涡轮叶片的温度
（Fluent 公司许可转载）

1. 热值

燃料燃烧时发生化学反应并释放热能和废物，包括水蒸气、一氧化碳和颗粒物质。燃料可以是液体（如熔炉中用的油）、固体（如发电厂使用的煤）或气体（如公共汽车中使用的丙烷）。每种情况都是化学能被存储在燃料中，又通过燃烧过程将能量释放出来。机械工程师设计机械用于控制化学能的释放，使能量随后被转换成更有用的形式。

在熔炉、发电厂或汽油发动机中，由被称为热值 H 的量测量燃烧过程中的能量输出。见表 7-3 中列出的测量数据，热值的大小描述了一种燃料释放热量的能力。因为热被定义为能量在两个位置之间传递的量，热值是单位质量燃料燃烧释放的能量。燃料燃烧得越多，热量被释放得也越多。焦耳（J）是表示燃料能量含量的国际标准单位。

因此，燃料热值的国际标准单位被定义为兆焦/千克（MJ/kg）。

在涉及燃料的燃烧计算中，燃烧给定质量 m 的燃料释放的热量 Q 为

$$Q = mH \tag{7-6}$$

表 7-3	类　型	燃　料	热　值 $H/(MJ/kg)$
某些燃料的热值	气体	天然气	47
		丙烷	46
	液体	汽油	45
		柴油	43
		燃油	42
	固体	煤	30
		木材	20

参考表 7-3 中的热值，当 1kg 的汽油燃烧时，有 45MJ 的热量被释放。如果可以设计一种汽车发动机完全将热量转换成动能，那么一辆 1000kg 的车辆可被加速到 300m/s，大约是声音在海平面上的速度。当然，这种观点是理想化的，没有发动机能够以 100% 的效率运行，将所有储存在燃料中的化学能转化为有用的机械功。通过热值可以轻易地知道燃料能提供的热量，使熔炉、发电厂或发动机尽可能高效地利用热量。

基于热值的化学组成和燃烧方式，它可以广泛地变化。例如煤的热值，根据被开采的地理位置，其热值可以在 15～35MJ/kg 之间变化。此外，当燃料燃烧时，水将作为副产物以蒸气或液体的形式存在。在特定应用中，燃料的热值取决于水是否以蒸气或凝结成液体离开了燃烧过程。约 10% 的额外热量可以通过冷凝燃烧过程中产生的水蒸气并重新捕获的蒸气-液体相变过程中产生的热量的方式提取出来。在汽车发动机中，作为燃烧副产物的水以蒸气形式被排出，随着气体的燃烧，包含在其中的热能散失到环境中。同样，大多数居民的天然气炉灶无冷凝装置，产生的水蒸气通过烟囱被排出。

2. 比热

商业化生产的钢材中，研磨处理的钢以及加热的钢被迅速浸渍在油或水中冷却的过程是热量和温度变化的一个例子。此步骤即淬火处理，其目的是通过改变它的内部结构以实现钢的硬化。钢材的延展性（5.5 节）可以通过随后再加热得到改善，即所谓的回火。例如，当钢棒保持在 800℃，然后在油中淬火，热量由钢传递到油，并使油变热。存储在钢中的能量减少，能量损失由它的温度变化表现出来。同理，油的温度升高，存储在其中的能量增加。材料接受热量和存储能量的能力取决于材料的量、物理性质以及温度变化程度。热被定义为使单位质量的材料温度改变 1° 所需的能量。

热量在钢铁和油之间的流动是无形的，虽然看不到整个过程是如何发生的，但是可通过温度的变化来测量热量。虽然热量不等同于温度，但是热量的转移可以通过温度的变化表现出来。举例来说，太阳在下午晒着沥青车道，它的热量可以维持到深夜。在相同温度下，大型车道储存的能量要比一盆水储存的能量多得多。

当热量作用于某一物体，使它的温度从初始值 T_0 上升至给定的 T

时，可以根据下式计算热量

$$Q = mc(T - T_0) \tag{7-7}$$

式中，m 是物体的质量；c 为比热容，c 是不同物体通过吸收热而自身发生温度变化的一个属性。单位质量的不同物体温度改变相同的程度所需要的热是不同的。c 的国际标准单位为 kJ/(kg·℃)。

表 7-4 所列为几种材料的比热容。1kg 钢材温度升高 1℃ 需要 0.50kJ 的热量。如表所示，水的比热容比油和金属的高。应用此原理，水可以起到调节温度的作用。因此，水是一种有效的存储和传输热能的材料。

在式（7-7）中，如果 $T > T_0$，则 Q 为正，热能流入物体。相反，当 $T < T_0$ 时，Q 为负。负值意味着热流动的方向改变，热能从物体流出。正如在机械领域中遇到的其他因素，如力、力矩、角速度和机械功那样，根据符号规则，可以确定这些物理量的方向。

表 7-4	类　　型	物　　质	比热容 c/(kJ/kg·℃)
特定材料的比热	液体	油	1.9
		水	4.2
	固体	铝	0.90
		铜	0.39
		钢	0.50
		玻璃	0.84

对于一些在温度上变化不太大的物体，可以认为它们的 c 是恒定的。如果该物质发生相变，则式（7-7）便不适用了。例如，从固体到液体或从液体到蒸汽的过程，因为相变过程中添加（或消失）的热量并不会改变该材料的温度。相变作为物理性质的一种改变，物体必须流入或流出一部分热量。物体发生相变时流入或流出的热量称为潜热。

3. 热传递

前面已经介绍过，随着温度的变化，热能被从一个位置转移到另一个位置。热传递的三种方式被称为传导、对流和辐射。根据它们的原理，已经被运用于不同的机械工程技术中。握住锅的手柄时，会感到热的传导。热量从锅身流出，沿着手柄流到其他冷却的地方。如图 7-5 所示，虽然杆的位置不变，但是由于杆两端的温度不同，热量可以像电流一样沿着杆流动。正如电压的变化在电路中产生电流那样，温度的变化 $T_h - T_1$ 使得热量可以沿着杆进行传递。一个时间间隔内所传递的热量可以由下式得出

$$Q = \frac{\kappa A \Delta t}{L}(T_h - T_1) \tag{7-8}$$

该原则被称为热传导中的傅里叶定律，是以法国科学家让·巴蒂斯特·约瑟夫·傅里叶（1768—1830）的名字命名的。热传导与杆的横截面面积 A 成正比并与杆的长度成反比。材料特性 κ 被称为热导率，各种材料 κ 的值见表 7-5。

当材料的热导率较大时，热在材料内部传导得很快。金属通常具有很

大的 κ 值，而绝缘体如玻璃纤维具有低的 κ 值。参照表 7-5，边长为 1m、厚度为 1m 的正方形铝板，当温差为 1℃ 时，将会有 200J 的热量被交换。即使是金属，κ 值的变化也很显著。铝的热导率比钢的热导率高 400% 以上，而铜的热导率又是铝的 2 倍。因为热量在铜、铝内部可以更均匀地分布，从而可以防止某点过热而烧毁食物。所以铝、铜是炊具的首选材料。

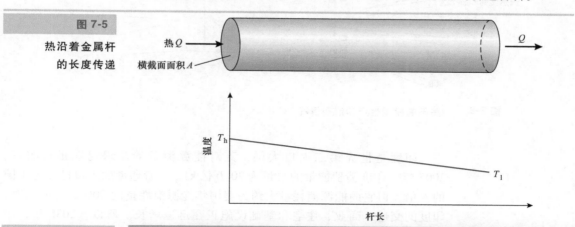

图 7-5

热沿着金属杆的长度传递

材　　料	热导率 $\kappa/(\text{W/m} \cdot ℃)$
钢	45
铜	390
铝	200
玻璃	0.85
木头	0.3

表 7-5 材料的热导率

关注　全球能源消耗

　　能源生产和消耗的方式正在全世界范围内发生显著转变。2007 年，美国经济发展达到最高水平时，其能源消耗总量为 106 万亿（10^{15}）kJ。其中居民用电占 22%，商业用电占 49%，交通部门用电占 29%。2009 年美国能源消耗的总量降至 100 万亿 kJ。这个世界第三人口大国，也许正在变得更有效率地利用能源。多年以来，美国对能源的需求一直是自给自足。20 世纪 50 年代后期，消耗水平开始超过国内生产能力，美国开始进口能源，以填补其能源供应和需求之间的差距。2000 年至 2010 年，美国进口能源占其总消耗能源的 25%～35%，其中原油占了进口中的大部分（图 7-6）。

　　2000 年，美国成为世界上最大的能源消费国，其消耗的能量大约为我国的 2 倍。然而，作为世界上人口最多的国家，两国之间的差距正在迅速缩小，2015 年，中国已成为世界上最大的能源消耗国。与此同时，中国还将由过去的世界上最大的煤炭出口国转变为主要煤炭进口国。中国的家庭将比以往任何时候使用更多的电子消费类产品并拥有更多的车辆。事实上，早在 2009 年，中国就已经超越美国，成为出售车辆最多的国家。虽然有人认为中国的能源消耗的突然崛起令人担忧，但中国正在致力于应用绿色能源。例如，建立使用可再生能源的目标和探寻绿色能源技术。而在工程方面，三峡工程是世界上最大的水力发电厂，表明中国将要把目光转移到清洁能源上。

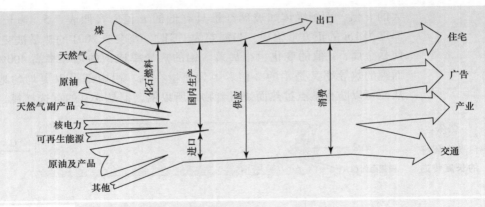

图 7-6　　美国的能源生产和消费情况

　　印度是世界第二人口大国，其对能源消费的需求也在迅速改变。2007 年，印度消费能量的总量为 20 万亿 kJ。尽管印度的人口已接近美国的 4 倍，但它的能源消耗量大约为美国年能源消耗量的 20%。与此同时，印度的交通、商业、住宅和基础设施正在迅速增长。所以，2035 年，印度的能源消费量预计将增加近一倍。虽然大约 35% 的印度人口没电可用，但这个数字正在减小。不仅印度，世界上其他地方的工程师也在开发更高效的方法来利用、存储和分配可再生能源和不可再生资源。

　　除了传导，热量也可以在流体对流中传递，该过程称为对流。例如，在汽车发动机的冷却系统中，操作者通过发动机内部通道，利用泵输送的水和防冻剂的混合物把多余的热量从发动机中传递出去，将热量暂时转移到冷却剂中，并通过车辆的散热器进行对流，最终将热释放到空气中。泵强制冷却剂发生对流循环，热传递是通过强制对流发生的。一些厨房烤箱也具有强制对流功能，被循环加热的空气更加快速和均匀地加热食物。在其他情况下，液体或气体可以自身流通而不需泵或风扇，因为流体中存在由于温度变化产生的浮力。当空气被加热时，它的密度减小，浮力使其上升和流通。热流体（冷流体下降来填充其空间）的上升流被称为自然对流。山脊的散热和水的温度改变都是自然对流；滑翔机、悬挂式滑翔机和鸟类利用发生在大气层里的这种自然对流进行滑翔。事实上，地球的气候、海洋和熔化内核等许多方面都产生自然对流。巨型对流细胞（有些大小和木星一样）甚至出现在太阳的气体中，它们与磁场相互作用形成太阳黑子。

　　传热的第三个方式是辐射，它是指在不直接通过物理接触发散和吸收热量。它与核辐射或放电过程无关。当热量由电磁光谱的长红外波传输时便是辐射。这些波能通过空气，甚至在真空中传播。来自太阳的能量便是通过辐射的方式到达地球的，电磁波被空气、陆地和水吸收并转换为热量。家庭采暖系统中的散热器包括缠绕的金属管，蒸汽或热水在金属管内循环。如果直接把手放在暖气片上，便可直接感受到热。然而，即使远离散热器一段距离，不直接触摸散热器，仍然可以通过辐射感受它的热。

例 7-4 家庭能源消费

美国每年平均每户家庭消费 100GJ 的能量。那么要燃烧多少吨煤才能生产出这些能量呢？

（1）**方法** 计算所需煤的数量。查表 7-3 得，煤的热值为 30MJ/kg，并应用式（7-6）确定煤的质量（1t＝1000kg）。

（2）**求解** 煤的质量为

$$m = \frac{100 \times 10^9 \text{J}}{30 \times 10^6 \text{J/kg}}$$

$$= 3.33 \times 10^3 \text{kg}$$

$$= 3.33 \text{t}$$

（3）**讨论** 一辆轿车的重量为 11.1 kN，这些煤炭相当于三辆车的重量。煤炭属于不可再生能源，机械工程师必须发展可再生能源，以满足世界各地的需求。

$$w = 3.33 \text{t}$$

例 7-5 发动机的燃油消耗

汽油发动机的平均输出功率为 50kW。忽略效率的损耗，计算每小时燃油的消耗量（L）。

（1）**方法** 计算使用燃油的体积，已知汽油的热值为 45MJ/kg，见表 7-3。由式（7-6）计算 1L 汽油燃烧产生的热量。将燃油转化为体积进行计算，由表 6-1 可知，汽油的密度为 680kg/m³。

（2）**求解** 由千瓦的定义可知，1h 内发动机产生的功率为

$$W = 50 \frac{\text{kJ}}{\text{s}} \times 3600 \text{s} \leftarrow \left[P_{\text{avg}} = \frac{W}{\Delta t} \right]$$

$$= 1.8 \times 10^5 \text{kJ}$$

上式表明输出的能量为 180MJ。需要消耗汽油的总质量为

$$m = \frac{180 \text{MJ}}{45 \text{MJ/kg}} \leftarrow [Q = mH]$$

$$= 4 \text{kg}$$

接下来确定燃油的体积

$$V = \frac{4 \text{kg}}{680 \text{kg/m}^3} \leftarrow [m = \rho V]$$

$$= 5.882 \times 10^{-3} \text{m}^3$$

由单位 L 的定义，通过表 3-2 导出燃料的体积

$$V = 5.882 \times 10^{-3} \text{m}^3 \times 1000 \frac{\text{L}}{\text{m}^3}$$

$$= 5.882 \text{L}$$

（3）**讨论** 当发动机将热能转化为机械能时，由于忽略了发动

机的损耗，计算值会低于实际的油耗。

$$V = 5.882L$$

　　钢钻杆的直径为 8mm，长 15cm，油浴中进行淬火处理。杆在 850℃下进行淬火，然后温度保持在 600℃，骤冷，直到温度达到 20℃。计算这两个淬火阶段必须消除的热量。

　　（1）方法　由式（7-7）可计算出杆在两个淬火阶段需要消除的热量。由表 5-1 可知，钢的重量密度为 $\rho_w = 76kN/m^3$，因此可求钢杆的质量。查表 7-4，可得钢的比热为 $0.50kJ/(kg \cdot ℃)$。

　　（2）求解　根据杆的长度和横截面面积可得杆的体积。杆的横截面面积为

$$A = \pi \frac{(0.008m)^2}{4} \leftarrow \left[A = \pi \cdot \frac{d^2}{4} \right]$$
$$= 5.027 \times 10^{-5}m^2$$

体积为

$$V = 5.027 \times 10^{-5}m^2 \times 0.15m \leftarrow [V = AL]$$
$$= 7.540 \times 10^{-6}m^3$$

杆的重量为

$$\omega = 76 \times 10^3 \frac{N}{m^3} \times 7.540 \times 10^{-6}m^3 \leftarrow [w = \rho_w V]$$
$$= 0.5730N$$

杆的质量为

$$m = \frac{0.5730N}{9.81m/s^2} \leftarrow [w = mg]$$
$$= 5.841 \times 10^{-2}N \frac{s^2}{m}$$
$$= 5.841 \times 10^{-2}kg$$

　　在最后一步中，根据基本单位米（m）、千克（kg）和秒（s），扩展得到单位牛顿（N）。在两个淬火阶段去除的热量为

$$Q_1 = 5.841 \times 10^{-2}kg \times 0.50 \frac{kJ}{kg \cdot ℃} \times (850℃ - 600℃)$$
$$= 7.301kJ$$
$$Q_2 = 5.841 \times 10^{-3}kg \times 0.50 \frac{kJ}{kg \cdot ℃} \times (600℃ - 200℃)$$
$$= 16.94kJ$$

　　（3）讨论　热量从钻杆转移到油中。在以下两个淬火阶段中，油温的上升值可用式（7-7）计算得到。第二次淬火消除了更多的热量，因为第二次温度降低的量显著大于第一次淬火温度降低的量。

$$Q_1 = 7.301kJ$$
$$Q_2 = 16.94kJ$$

例 7-7　透过窗户的散热量

　　一间小办公室的一面墙上有一个 0.9m×1.2m 的窗口。该窗口为单窗格，玻璃厚度为 3.2mm。当评估建筑物的供暖和通风系统时，工程师需要在冬日计算窗口的热损失。已知办公室内部和外部的温度差很大，但玻璃两个表面的温差为 1.7 ℃。以 W 为单位，每小时透过窗户损失的热量是多少？

　　（1）方法　根据式（7-8），可计算透过窗户的热量。由表 7-5 可知，玻璃的热导率为 0.85W/（m·℃）。

　　（2）求解　为在式（7-8）中保持单位一致，首先将玻璃的厚度转化如下

$$L = 3.2×10^{-3}\,m$$

每小时损失的热量为

$$Q = \frac{0.85W/m·℃×0.9m×1.2m×1h}{3.2×10^{-3}m} \leftarrow \left[Q = \frac{\kappa A \Delta t}{L}(T_h - T_1) \right]$$

$$= 487.7×3600J$$

$$= 1.756×10^6 J$$

在 1h 内，热量在持续损失，则平均热量损失速率为

$$\frac{Q}{\Delta t} = 1.756×10^6\,\frac{J}{h}×\frac{1\,h}{3600\,s}$$

$$= 487.7\,\frac{J}{s}$$

$$= 487.7W$$

这里使用了国际标准单位瓦特（W）。

　　（3）讨论　在实际生活中，窗口和周围空气之间的对流时刻在发生，所以窗口的表面温度难以测量。功率为 500W 的电加热器足以弥补由窗口带来的热损失。

$$\frac{Q}{\Delta t} = 487.7W$$

◉ 7.4　能量守恒与转换

　　前面已经了解了能量、功和热的概念，现在将探讨能源从一种形式到另一种的转换。汽车发动机、喷气发动机和发电站都是通过燃料有效地燃烧转换成能量并产生动力的。特别是存储在燃料中的化学能（无论是汽油、喷气燃料或天然气），以热量的形式被释放出来，然后被转换成机械功。在汽车发动机中，机械功以曲轴旋转的形式表现出来；在喷气发动机中，能量的输出主要为飞机提供动力；在发电厂中，电是能量转化成的最终产品。

　　能量守恒和转换的原则建立在一个集材料、成分、热和能于一体的

系统中。假设系统与周围环境隔离，排除外界环境的影响。采取一个类似于第 4 章中的观点，当时用受力图来研究作用于结构和机器上的力。在这种情况下，所有穿过物体周围绘制的假想边界的力都包含在图中，其他的力则被忽略。工程师可以以大致相同的方式分析热和能量系统，将系统与外界环境分开，识别流入流出系统的热，确定对周围环境所做的功（或反方向），以及系统中势能或功能的变化。

以抽象的形式描绘出热和能量系统图，如图 7-7 所示。热量 Q 可能由燃烧的燃料产生，并流入系统中。热量可以通过传导、对流或辐射的方式转移。与此同时，系统中存在的机械功 W 作为输出功被传递出来。此外，系统内部能量的变化量为 ΔU，如图 7-7 所示。内部的能量变化可以对应于系统（在此情况下热能被存储起来）温度的变化或动能或重力势能或弹性势能的变化。热力学第一定律指出，这三个量之间的平衡由下式得出

$$Q = W + \Delta U \tag{7-9}$$

正如在机械工程其他方面发现的那样，在等式计算中，单位的应用可以追踪整个系统工作过程中热流的方向，系统对周围的环境做功或相反的情况，以及内能的增加或减少。热量 Q 为正时，它流入系统；当系统对周围环境做功时，W 为正。系统的内能增加时，ΔU 为正。如果上述的量是负数，则情况相反：例如，当周围环境对系统做功时，$W<0$。在系统内部能量保持恒定（$\Delta U=0$）的情况下，供给系统的热量可以准确地平衡掉该系统对周围环境所做的功。同样，如果系统没有对外做功（$W=0$），而热量流入它（$Q>0$）时，系统的内能一定会相应地增加（$\Delta U>0$）。

图 7-7

热和能量系统能量平衡第一定律

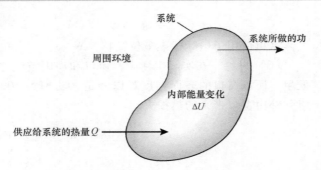

除了要求节约能源，式（7-9）还表明：热、功和能量是等效的，并且能量可以通过机器发生转换。例如，第一定律描述了内燃机如何运行，即汽油燃烧释放的热量 Q 被转换成机械功 W。第一定律为机械工程中诸多设备的设计奠定了基础，例如，从空调、喷气发动机到发电厂。7.5 节讨论了实际中受到的限制及如何利用设备高效地进行热交换。

例 7-8　水电站

水力发电站的垂直落差为 100m（图 7-8）。水流以 500m³/s 的速率通过电厂进入下游。忽略流动水的黏性损失以及涡轮机和发电机的工作损耗，电厂每秒可以产生多少电能？

例 7-8（续）

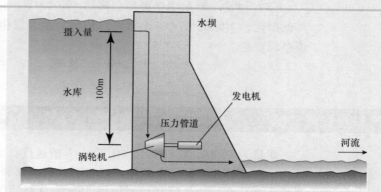

图 7-8

水力发电站示意图

（1）方法 计算所产生的电能的量。之前已了解到水下降的过程中势能转换成动能，反过来，水的动能被传递到涡轮机，带动发电机旋转。忽略水从涡轮机流出时，还存储在水中的相对小的动能。因为相比整体重力势能，这些动能变得很小。由于没有热的参与，只有重力势能的变化，可以通过式（7-9）进行计算。查表 6-1，淡水的密度为 $1000 kg/m^3$。

（2）求解 每秒从水库中排出，流经压力管道和涡轮机并排出到下部河段的水的质量为

$$m = 500 m^3 \times 1000 \frac{kg}{m^3}$$

$$= 5 \times 10^5 kg$$

水库重力势能每秒的变化量为

$$\Delta U_g = 5 \times 10^5 kg \times 9.81 \frac{m}{s^2} \times (-100 m) \leftarrow [U_g = mg\Delta h]$$

$$= -4.905 \times 10^8 \frac{kg \cdot m}{s^2} m$$

$$= -4.905 \times 10^8 N \cdot m$$

$$= -4.905 \times 10^8 J$$

$$= -490.5 MJ$$

由于水库的势能减小，内能变化为负值。忽略摩擦并假设在理想条件下，计算涡轮机和发电机的发电量。根据第一定律得

$$W - 490.5 MJ = 0 \leftarrow [Q = W + \Delta U]$$

由此可知，$W = 490.5 MJ$，即每秒可以产生 490.5 MJ 的电能。通过引用式（7-5）中平均功率的定义，得到输出功率为

$$P_{avg} = \frac{490.5 MJ}{1 s} \leftarrow \left[P_{avg} = \frac{W}{\Delta t} \right]$$

$$= 490.5 \frac{MJ}{s}$$

$$= 490.5 MW$$

例 7-8（续）

（3）讨论 输出功率可能会高达 490.5MW，但由于存在摩擦和其他损耗，实际的情况将达不到预估值。水力发电厂的实际功率应该会低一些。

$$P_{\text{avg}} = 490.5\text{MW}$$

例 7-9 汽车盘式制动器

质量为 1200kg 的汽车，以 100km/h 的速度行驶在公路上。驾驶员急紧制动，让车辆完全停止。该车辆具有前部和后部盘式制动器，制动系统平衡，前一组制动器提供 75% 的总制动能力。通过制动片与转子之间的摩擦，制动将汽车的动能转化为热能（图 7-9）。如果两个前制动盘（7kg）最初温度为 25℃，它们在车辆停止后有多热？铸铁的比热为 $c = 0.43\text{kJ/(kg·℃)}$

图 7-9

汽车盘式制动器

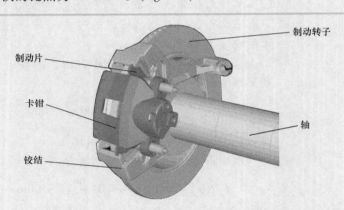

制动转子
制动片
卡钳
铰结
轴

（1）方法 当车辆行驶至高速时，其初始动能的一部分因为空气阻力、轮胎的滚动阻力、制动衬片的磨损而损失，但第一级估算中将忽略这些外来因素的影响。汽车的动能［式（7-3）］随着作用在汽车上功的增加而减少，并且所产生的热量将引起制动盘的温度上升，该温度上升值可以由式（7-7）得到。

（2）求解 统一单位，初始速度为

$$\nu = 100 \, \frac{\text{km}}{\text{h}} \times 1000 \, \frac{\text{m}}{\text{km}} \times \frac{1}{3600} \, \frac{\text{h}}{\text{s}}$$

$$= 27.78 \, \frac{\text{m}}{\text{s}}$$

汽车的动能减小量为

$$\Delta U_{\text{k}} = \frac{1}{2} \times 1200\text{kg} \times \left(27.78 \, \frac{\text{m}}{\text{s}} \right)^2 \leftarrow \left[U_{\text{k}} = \frac{1}{2}mv^2 \right]$$

$$= 4.630 \times 10^5 \, \frac{\text{kg·m}}{\text{s}^2}\text{m}$$

例 7-9（续）

$$= 4.630 \times 10^5 \, \text{N} \cdot \text{m}$$

$$= 4.630 \times 10^5 \, \text{J}$$

$$= 463.0 \, \text{kJ}$$

前制动器提供 3/4 的制动能力，产生的热量为

$$Q = 0.75 \times 463.0 \, \text{kJ}$$

$$= 347.3 \, \text{kJ}$$

上述产生的热流入前轮中，根据下式，可得前轮升高的温度为

$$347.3 \, \text{kJ} = 2 \times 7 \, \text{kg} \times 0.43 \, \frac{\text{kJ}}{\text{kJ} \cdot \text{℃}} \times (T - 25 \, \text{℃})$$

其中有两个影响前制动盘的因素。该方程尺度一致，并且制动盘的最终温度是 82.69℃。

（3）**讨论**　制动将汽车的动能转换为热能，这一热能储存到前轮中，使得前轮温度升高。此温度的上升是一个上限，因为假设所有的动能转换为热能，并不以其他形式丢失。

$$T = 82.69 \, \text{℃}$$

◉ 7.5　热发动机和效率

工程中最重要的是研发能够通过燃烧燃料产生机械功的机器。简单来说，可以通过燃烧天然气释放的热量为居民供暖。实际生产中需要更深层次的研究，利用热产生有用的功。机器中燃料燃烧的效率、热量释放的效率以及热能转化为功的效率是机械工程师最为关注的问题。上述过程效率的提高，可使汽车在燃料方面更加经济性，功率变得更大以及发动机变得更轻。本节将讨论理想效率和实际效率这两个概念，在接下来的能源转换和发电方面将用到它们。

图 7-10 所示生动地描述了任何能够将热量变为机械功的机器的原理。发动机从高温能量源吸收热量 Q_h，并且保持自身温度不变。热量 Q_h 的一部分被转换成发动机的机械功 W，剩余部分作为废物排出。散失的热量 Q_l 回到低温储存器，使得 T_h 恒大于 T_l。由此可见，当有热量损失时，充足的能源或热源才能保证温度不会有较大变化。

以汽车发动机为背景，可知 Q_h 是指燃料在发动机燃烧室中燃烧释放的热量；W 是与发动机曲轴旋转和转矩相关机械功；Q_l 是用于加热发动机缸体并从排气管排出的热量。根据以往的经验，发动机并不能够将所有的热量转化为机械功，其中部分热量因释放到环境中而被浪费。热量传递到发动机，汽油燃烧产生的温度在图 7-10 中标注为 T_h，废热释放时的温度为 T_l。此外，这一原理也可以用于发电厂，Q_h 代表燃料（如煤、油或天然气）燃烧所产生的热量。燃料燃烧释放的热量用于发电，同时该厂还以冷

却塔、河流和湖泊冷却的方式将一些废热排回大气。W 为热发动机的有效输出，所有的热能系统都具有不能将热量完全转化为有用功的特点。

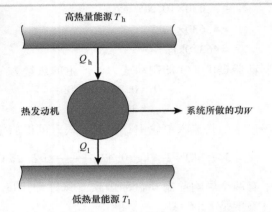

图 7-10

在低热量能源和高热量能源之间运行的热发动机的概念图

根据式（7-9），热发动机的能量平衡为

$$Q_h - Q_1 = W \tag{7-10}$$

因其内部能量没有变化。热发动机的实际效率 η 定义为输出量与供给量的比值，即

$$\eta = \frac{W}{Q_h} \tag{7-11}$$

由式（7-10）可知，$\eta = 1 - Q_1 / Q_h$。发动机的供给热量大于浪费的量（$Q_h < Q_1$），所以效率在 0 和 1 之间。

实际效率有时可以被描述为"得到"（由发动机产生的功）与"付出"的比值（热量的输入），通常用百分数表示。假如，汽车发动机的效率为整体的20%。那么，每消耗5加仑（gal，1gal=3.8L）的燃料，只有1gal燃料产生的热量转化为有用的能量为车辆提供动力。针对上述热发动机的效率问题，众多有经验的设计师进行了大量的研究。看似较低的效率，是因为物理定律限制了热能转化为功。各种热能系统的实际效率见表7-6。

表 7-6

热能系统的典型效率

能 量 系 统		输 入	输 出	实际功率
发动机和电动机	内燃机	汽油	曲轴做功	15%~25%
	柴油机	柴油	曲轴做功	35%~45%
	电动机	电力	轴做功	80%
汽 车		汽油	运动	10%~15%
发电厂	化石燃料厂	燃料	电力	30%~40%
	燃料电池	燃料和氧化剂	电力	30%~60%
	核电厂	燃料	电力	32%~35%
	太阳能电池	太阳光	电力	5%~15%
	风能发电	风	曲轴做功	30%~50%
	潮汐发电	浪和水流	电力	10%~20%
	水利发电	水流	电力	70%~90%
居家用电	压力炉	天然气	热	80%~90%
	水暖	天然气	热	60%~65%

关注　可再生能源

可再生能源是指那些自然补充速率赶得上消耗速率的能源。不可再生能源，如油、石油、天然气和铀，或者存在一个固定量，或者其制造、生产的速度不足以满足当前的消耗率。随着全球各种类型能源消耗的不断增加，机械工程师将在获取、储存和高效地利用可再生能源和不可再生能源方面起到重要的作用（图 7-11）。同时，随着不可再生资源的不断减少，专家设计、开发可以获取并利用可再生能源的新型系统变得至关重要。

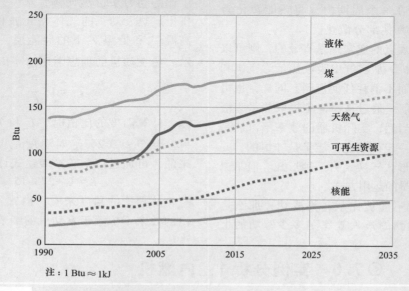

注：1 Btu ≈ 1kJ

图 7-11　世界能源使用的燃料类型

水力发电生产的电能是世界主要的可再生能源。主要包括水力发电厂、潮汐堰坝、围墙和涡轮机，以及能够获得波浪能量的设备以及可以转换海洋热能的系统。

风能是世界第二大可再生能源。当前存在不同类型的风力涡轮机，包括传统的横向型涡轮机和不常见的垂直类型涡轮机（如达里厄）。

太阳每分钟提供给地球的能量比地球一年消耗的能量还要多。太阳能电池可以将太阳能收集起来并转化为电能。此外，太阳能热电站利用太阳光来加热液体，使液体变为蒸汽，利用蒸汽来驱动发电机。而这些电厂采用太阳能聚光器，如抛物面反射槽、聚光盘和太阳能发电塔来高效地加热液体。同时，太阳的一部分能量也被存储在可以作为燃料的生物中。生物材料是有机材料，主要包括木材、农作物、肥料、酒精燃料（乙醇和生物柴油）和某些类型的有机垃圾。

地热能是指来自地球内的热量，它以蒸汽或热水的形式被回收利用，这些热能可以为居民供暖或者发电。但地热能不像太阳能和风能，地热能在一年 365 天里都是可用的。

燃料电池是利用燃料和氧化剂发生电化学反应并产生电能的装置。该燃料可以是可再生资源，如酒精、废弃物中产生的甲烷或者由水利用风能或太阳能转换产生的氢。氧化剂也可以是可再生资源，如氧气（来自空气）或氯。

总的来说，无论是研发应用于能源系统必要的机械零件、进行适当的热能计算，或是设计新的能源解决方案，机械工程师将继续以领导人的身份带领人们应对全球能源的挑战。

式（7-9）设置了热能转化为功的上限。换句话说，无法从机器中获得比初始供给的热能还要多的功。而且现在还无人能够研发出一种能够完全转化能量的机器。汽车发动机的效率为 20%，电气动力装置的效率为 35%，并且这些值代表热发动机的实际功率。

从热力学第二定律的角度来看，研发不浪费热能的发动机是不可能的，因为"任何机器都不可能在一个周期内只将热能转化为有用功而不向其他部分散热。"

假如上述观点的逆定理是有效的，则可以设计一台发动机，从空气中吸收热量为飞机和汽车提供动力而不消耗任何燃料。同样，也可以设计一种潜艇，通过从海洋中提取热量为潜艇提供动力。当然，实际机器的效率不可能是理想的。而第一定律规定：能量是守恒的，并且可以从一种形式转换到另一种形式。但第二定律限制了能量的运用方式。

既然热量不能被完全转换成功，那么热发动机所能达到的最大效率是多少？功的上

限理论由法国工程师萨迪·卡诺（1796—1832 年）建立，他对构造发动机非常感兴趣，并在受第二定律限制的情况下，为功最大化做了大量工作。虽然不能研发出像卡诺循环那样的发动机，但它能够对评估和设计真正的发动机提供一些比较有用的帮助。周期性循环是指在气缸内膨胀和压缩理想气体。在一个周期的不同阶段，热供给气体，工作的动力来自热气体，这一过程中废热被排出。热发动机的气体、气缸和活塞工作在高温 T_h 和低温 T_1 下的储能层，如图 7-10 所示。热发动机的理想卡诺效率由下式给出

$$\eta_C = 1 - \frac{T_1}{T_h} \qquad (7\text{-}12)$$

计算温度的比值时，T_h 和 T_1 单位必须统一。参照表 3-2，绝对温度是由摄氏度发展来的，可通过以下转换表达式计算得到

$$K = ℃ + 273.15 \qquad (7\text{-}13)$$

从理论的角度来看，由式（7-12）计算出的效率不依赖于发动机的细节结构。

◎ 7.6   实例分析 1：内燃机

本章的剩余部分将着重学习基于热和能量转换效率的三种工程技术：内燃机、电动机和喷气式飞机的发动机。内燃机是一种将存储在汽油、柴油、乙醇（主要来自玉米）或丙烷中的化学能转换为机械功的发动机。通过燃料和空气的混合物在发动机缸体内的快速燃烧产生大量的热，并将热转化为发动机曲轴一定速度的旋转和力矩。众所周知，内燃机的应用较为广泛，包括汽车、摩托车、飞机、船舶、泵和发电机等。在设计发动机时，机械工程师必须开发仿真模型来预测一些关键因素，包括燃料效率、能量-重量比、噪声级、排污情况以及成本。本节将基于四冲程和二冲程发动机的设计讨论一些专业术语和能源转换原理。

单缸发动机（图 7-12）主要包括活塞、气缸、连杆和曲轴。这些部件将活塞的往复运动转换成曲轴的旋转。随着燃料燃烧，产生的高压推动气缸中活塞，然后带动连杆移动以及曲轴转动。发动机还包括吸入燃料和新鲜空气到气缸以及将废气排出的装置。下面将分别对四冲程和二冲程发动机的不同情况进行讨论。

单气缸的配置相对简单，由于受到尺寸的限制，它的输出功率较小。在多缸发动机中，活塞和气缸能够在 V 形、直线和径向定位。例如，四缸发动机的气缸分布在一条直线上。常见的汽车四缸发动机气缸（图 7-13）排列在一条直线上。

图 7-12

单缸内燃机的结构

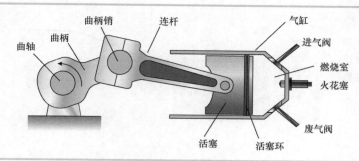

图 7-13

1.4L 四缸发动机输出功率的峰值为 55kW。此发动机采用插电式混合动力的雪佛兰 Volt 增程器（通用汽车公司许可，通用媒体档案）

在 V6 或 V8 发动机中，通过将气缸设置成两排三个或四个短型腔气缸使结构变得紧凑（图 7-2）。型腔之间的角度通常在 60°～90°之间，而且在 180°的界限时，则气缸在水平方向彼此相对。大发动机如 V12S 和 V16 一般装配在重型货车和豪华车辆上，而在某些军事应用中会用到 9 缸 6 型腔的 54 缸发动机。

内燃发动机产生的功率不仅取决于气缸的数量，而且取决于节气门的设定和速度。例如，每台汽车发动机都有一个最大的输出功率，而且发动机标注 200hp 并不等于任何状态下都可以达到 200hp。例如，图 7-14 所示为一台 V6 发动机汽车的功率曲线，该发动机在全节气门时测得的最大输出功率接近 6000r/min。

1. 四冲程循环发动机

单缸四冲程发动机的横截面体现出了发动机的价值，图 7-15 所示为运行过程中的各个主要阶段。这种发动机的每个气缸具有两个阀门：一个用于添加燃料和空气，一个用于排出燃烧的副产物。阀的开启和关闭是研究这种类型发动机的重要方面。图 7-16 所示为进气阀或排气阀的设计原理。当阀的头部接触气缸的进气口或排气口表面时，阀门关闭。凸轮是一种特殊形状的金属零件，它通过旋转控制阀的开闭动作。凸轮转动与曲轴同步，以确保阀在相对于燃烧循环和活塞在气缸内的正确位置时开启和关闭。

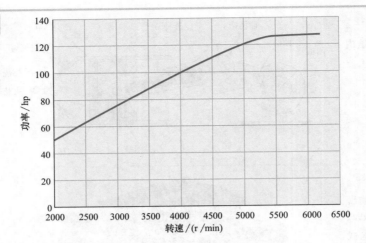

图 7-14

测量 2.5L 汽车发动机的输出功率作为速度的函数

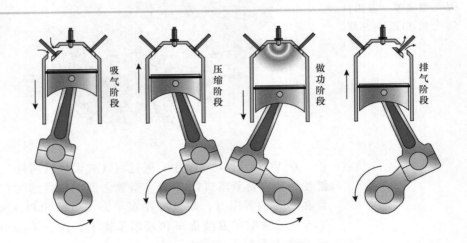

图 7-15

四冲程发动机循环的主要阶段

吸气阶段　压缩阶段　做功阶段　排气阶段

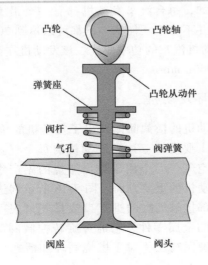

图 7-16

四冲程内燃机采用的一种凸轮和气门机构

凸轮　凸轮轴

弹簧座

凸轮从动件

阀杆

气孔　阀弹簧

阀座　阀头

一个连续的四冲程发动机运动过程称为奥托循环。奥托循环也指活塞在气缸中的四个全冲程（即曲轴的两个完整的转数）。发动机的操作原理是以德国发明家奥托（1832—1891 年）的名字命名的，他被公认为研发出实用的液体燃料活塞式发动机的第一人。工程师使用缩写"TDC"（上止点）表示活塞在气缸的顶部，连杆和曲柄在一条直线上时的情况。相反，术语"BDC"表示下止点，这是曲轴旋转 180° 从 TDC 分离出的方向。如图 7-15 所示，可知活塞位置的顺序，整个周期中四个阶段的工作过程如下。

（1）进气冲程　活塞到达上止点位置后，开始向下运动，此时，进气门打开，排气阀关闭。当活塞向下移动时，液压缸的容积增大。气缸内的压力降到稍低于外界大气，燃料和空气的混合气被吸入气缸内。一旦活塞接近 BDC，将进气阀关闭，气缸处于完全密封状态。

（2）压缩冲程　活塞在气缸中向上行进并压缩燃料和空气混合物，气缸中的混合气在压缩前后体积变化的比值称为发动机的压缩比。接近行程末端时，火花塞打火点燃燃料和空气混合物，压力升高。在活塞从一个位置移到上止点的前一刻，混合在一个几乎恒定的容积中迅速地燃烧。为了更清晰地展示在整个奥托循环中气缸的压力变化，图 7-17 描述和测量了运行的单缸发动机曲线图。

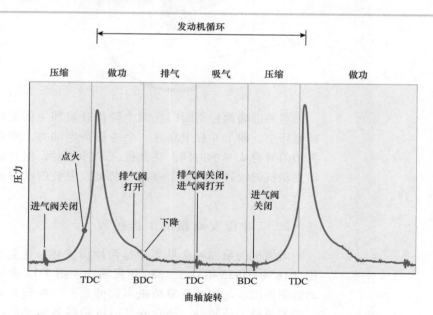

图 7-17

当转速为 900r/min 时，四冲程发动机的压力曲线

发动机可达到的压力峰值为 3.1MPa。对于气缸中的每一个压力脉冲，上升的部分与活塞在气缸中的向上压缩运动有关，但占主导地位的因素是燃烧后的即时点火（见图 7-17）。

（3）做功冲程　两个阀保持关闭，气缸内的高压气体迫使活塞向下移动。膨胀气体推动活塞，迫使连杆移动，曲轴旋转。如图 7-17 所示，气缸内的压力在做功冲程期间迅速减小。当冲程接近尾声时，压力仍高于大气压，第二凸轮机构打开排气阀。这个短暂的过程发生在 BDC 之前，将使用过的气体从气缸通过排气口排出（称为排污放空）。

（4）排气冲程　活塞通过 BDC 后，气缸中仍含有小于大气压力的废气，在奥托循环的最后阶段，活塞上移，向 TDC 移动，同时排气阀打开，废气从气缸排出。在排气冲程将要结束，活塞还未到达 TDC 时，排气阀关闭，进气阀开始为下一个重复的周期做准备。

在单缸发动机的情况下，观察这一过程中阀和活塞的运动，值得注意的是，只是在 900r/min 的转速下，曲轴的速度就达到 15r/s 和四个冲程发生在仅 33ms 内。事实上，汽车发动机的工作速度经常快好几倍。

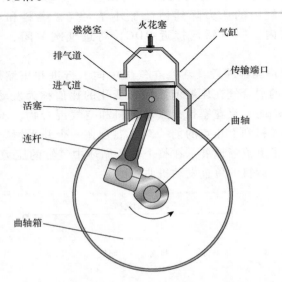

图 7-18

利用曲轴压缩原理的二冲程内燃机剖面图

需要准确地控制阀门在四个阶段开启和关闭的时间点和次序。在奥托循环中，四个冲程中只有一个冲程产生动力，而在这种意义下，曲轴驱动的只有 25% 的时间。在其他三个冲程时，储存动能的发动机飞轮带动发动机继续转动。对于多缸发动机，重叠的动力冲程使得发动机连续运转。

2. 二冲程发动机的工作过程

内燃机的第二种常见类型是两冲程循环，这是由英国工程师杜格尔德（1854—1932 年）于 1880 年发明的。图 7-18 所示为循环中发动机运动的剖面图。与四冲程发动机不同的是，二冲程发动机没有阀门，因此不需要弹簧、凸轮轴、凸轮或气门机构等其他部件。取而代之的是二冲程发动机有一条通道，被称为传输端口。通过该端口，可以将燃料和空气输入缸体内。通过活塞本身在气缸内的移动来控制端口的吸气和排气，这种发动机的操作原理是曲轴箱压缩原理。曲轴每转一圈，二冲程发动机完成一个完整的周期，因此动力产生在活塞的其他冲程中。如图 7-19 所示，发动机的工作循环如下。

（1）下冲程　活塞在到达上止点前压缩燃料和空气混合物，火花塞点火之后，活塞被向下推动，在动力作用下，扭矩和转矩传被递到曲轴上。当活塞沿缸体内壁移动，并且未完全遮挡排气口（图 7-18）时，气缸内气体的压力依然较大，此时打开排气口排出废气。同时也为即将开始下一个行程准备足够的燃料和空气。活塞下移，曲轴箱内容积减小，气缸内的空气和燃料混合区域压力增大。最后，传输端口一直处于开启状态，直到活塞经过传输端口。同时，燃料和气体通过传输端口到达气缸内，而这一过程中活塞始终关闭着进气口。

图 7-19

二冲程内燃机各阶段
的运行顺序

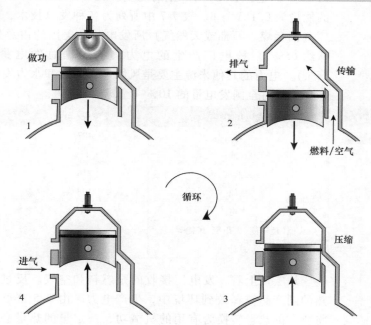

（2）上冲程 当活塞通过 BDC 位置时，大部分的废气已被排出，随着活塞继续上移吸气和排气口关闭，曲轴箱容积增大，压力减小。当活塞移动至下边缘时，进气口与大气相通，燃料和空气混合气被吸入曲轴箱，为下一个循环做好准备。当活塞快要到达上止点时，火花塞点火，动力循环重新开始。

无论是二冲程或四冲程发动机，都有各自的优势。与四冲程发动机相比，二冲程发动机的重量轻，价格便宜，结构也简单。由于二冲程发动机的结构件少，出现错误的概率小，所以工程师们正在尽可能地把发动机简单化。另一方面，与四冲程发动机相比，在进气、压缩、做功以及排气各个阶段的划分上，二冲程发动机做得不够明确。在二冲程发动机中，用过的废气和新鲜的燃料-空气混合气体会不可避免地从曲轴箱流入气缸。出于这个原因，燃烧的燃料的一部分由发动机直接排出，既污染了环境，也降低了燃料的经济性。另外，由于曲轴箱用来周期性地存储燃料和空气，它不能像四冲程发动机的曲轴箱那样被当作一个油槽。二冲程发动机的润滑油可直接与同燃料混合的油替换，可起到对环境的保护作用。

◉ 7.7　实例分析 2：发电机

美国使用的绝大多数电能是由发电厂采用能量循环的方式由高温和高压蒸汽驱动涡轮机和发电机产生的。从电力技术角度看，2008 年，美国的平均发电能力为 1010GW，并在一年中增加了 41000 亿 kW 的发电量。这种能量单位为千瓦时（kW·h），它是功率和时间的乘积，是功率为 1kW 的电源在 1h 内产生的能量。比如一个 100W 的灯泡，每小时消耗的能量为 0.1kW·h。表 7-7 中所列为各种发电技术，其中化石燃料发电厂（消耗煤、石油或天然气）所发电量在美国约占总发电量的 70%（全球约 65%）。核电厂产生的电力约占美国总发电量的 20%（全球约 15%）。电力的其他来源主要是风能、太阳能和水力发电等可再生能源技术，约共占全国发电量的 10%（全球约 20%）。

表 7-7

美国电力来源

发电厂类型	发电量/GW	百分比（%）
煤	487	48
石油	11	1
天然气	216	21
核能	198	20
水电	61	6
其他（地热能、太阳能、风能等）	37	4
总计	1010	100

从宏观上看，发电厂接收的是燃料和空气。反过来，随着燃烧、余热的副产品被释放到环境中，生产电力。由 7.5 节可知，热发动机无法将所有的热量转换为有用的机械功，一定量的热量必然会被浪费。为排除余热，发电厂通常位于大型水体附近，或采用冷却塔排除余热。热污染产品也被称为热污染，它影响着野生动物生存习惯以及植物的生长规律。

如图 7-20 所示，火力发电厂的循环包括两个回路。主回路包括蒸汽发电机、涡轮机、发电机、冷凝器和泵。水在闭环回路中循环，它在液体和蒸汽之间不断进行循环。二次回路的作用是将主回路中涡轮机释放出的低压蒸汽进行冷凝，使蒸汽变回液态水。利用泵和管路将冷水从湖、河、海洋中抽取过来。蒸汽脱离涡轮机与管接触时，会冷却凝结成液态的水。所以，二次回路中的水在返回源头时会被稍微加热。在水匮乏的地区，冷却塔是唯一的冷却方式。在这种情况下，可以从池塘吸取二次回路中的水，在凝汽器中加热，然后喷洒在塔底部周围，通过自然对流使塔上的水冷却。其中大量的水可以收回，但少量的水会通过蒸发进入大气。值得注意的是，水的主循环回路和二次回路是完全分开的，两个循环回路之间没有发生交叉混合。

发电厂周期的运行伴随着水不断地在液体和蒸汽之间进行转化，这个运行周期的命名是为了纪念苏格兰工程师、物理学家威廉约翰朗肯（1820—1872 年）。发电厂以水和蒸汽为载体把能量从一个地方（如蒸汽

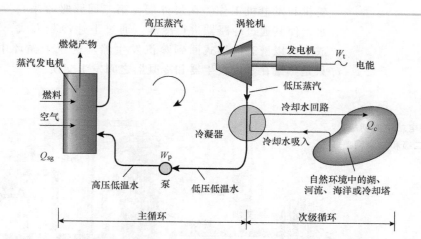

发生器）转移到另一个地方（涡轮）。美国的电力中有 90% 是通过这个过程转化来的。前面已经描述了在发电厂中，液态水通过泵的加压输送到蒸汽发生器。发电厂的一小部分机械功 W_p 用来为泵提供动力。随着燃料的燃烧，热量把主回路和管路中的水变成了水蒸气。在蒸汽发生器中，大量的热 Q_{sq} 转换为高温高压的水蒸气。蒸汽进入涡轮机，使涡轮机发生转动。涡轮机的每段都类似一个水车，当高压蒸汽冲击涡轮机叶片时，轴就会被带动旋转。涡轮机直接与发电机相连，产生电能。涡轮机输出的功为 W_t，从涡轮机流出的低压蒸汽进入冷凝器，大量的余热从这里流出，释放到空气中。蒸汽冷凝后成为低温低压的水，通过循环系统排出。由于液态水比水蒸气更容易被泵抽取，水将被泵抽取，进入蒸汽发生器，开始新的循环。由于泵通常是由涡轮机牵引功率驱动的，则该厂的净产出为 $W_t - W_p$。真正的效率是"得到"与"付出"的比值，那么该效率为发电厂的净输出和热量供给量之比，即

$$\eta = \frac{W_t - W_p}{Q_{sg}} \approx \frac{W_t}{Q_{sg}} \qquad (7\text{-}14)$$

式（7-14）的最后已经简化。与泵的输出相比，涡轮机的输出是很小的，大多数电厂的实际效率，从化石燃料开始到在电网上的电力结束，一般为 30%~40%。

核电站以反应堆产生的热量为热源，由放射性物质做成的燃料棒取代煤、油或天然气等化石燃料。反应堆核裂变的工作原理是通过物质在原子水平结构上的核分裂释放大量能量。以上述方式消耗燃料，每单位质量的燃料都储存大量的能量。仅 1g 铀的同位素铀 235 释放的热量就大约等于 3000kg 煤产生的热量。

核电厂的布局如图 7-21 所示。与化石燃料电厂的不同之处在于，它需要两个不同的内部循环回路。主循环回路（初级回路）的水流直接接触反应堆的核心，其目的是将热量从反应器中传递到蒸汽发生器中。为保证安全，主回路以及主回路中的水不经过硬化的密封墙。蒸汽发生器的主要功能是把主回路水中的热量转移到二次回路。总之，两个循环要彼此隔离。在二次回路中，与传统的化石燃料循环相同，由蒸汽驱动涡

　　轮机和发电机工作。在最外层，第三回路吸收来自湖泊、河流、海洋的水，使其通过冷凝器进行冷却。通过上述冷凝方式，涡轮机的蒸汽凝结成水，以液态的形式回到蒸汽发生器。这三个循环中的水彼此不混合，只是热量在蒸汽发生器和冷凝器之间发生交换。

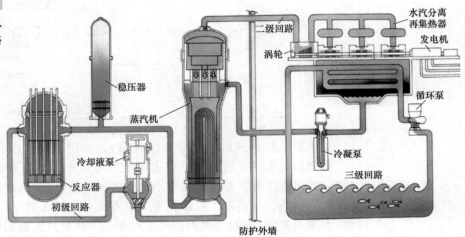

例 7-10　太阳能发电机的设计

　　一种能够将水加热变为水蒸气，以蒸汽作为涡轮机和发电机动力的太阳能电力系统有待设计，主要包括以下信息与系统需求：

1）每秒钟每平方米的地表可接受 0.9kJ 的太阳能。

2）系统的真正效率为 26%。

3）系统在 24h 内的平均功率为 1MW。

4）发动机将余热释放到周围的空气中。

（1）设计满足以上要求的太阳能发电系统。

（2）假设所产生的蒸汽为理想卡诺热机提供动力，工作温度在 $T_l = 25℃$ 和 $T_h = 400℃$ 之间，计算发动机效率的上限。

　　（1）方法　　以下的设计过程已在第 2 章中加以介绍，首先发现必要的附加要求，然后设计并选择最有效的方案。接着确定系统的更详细的规格。最后，用式（7-12）计算该发动机的效率。

　　（2）求解

　　1）系统要求：除了以上问题给出的要求，我们需要对系统性能做出其他假设。

　　太阳能发电厂可操作时间为白天日照的峰值时间，大约为 1/3 天。因此，为了使一天中的平均输出功率为 1MW，发电厂在白天的平均输出功率必须为 3MW。

　　在电厂这个例子中，不考虑通过白天储存多余的电力在晚上使用这一方法。

例 7-10（续）

概念设计：在此阶段中，将研发一系列的太阳能发电系统的概念方案。其中可能包括太阳能电池板系统通过发出的电为水加热，被动太阳能系统存储热物体的热量来加热水，或者太阳能热系统直接加热水。在理想的情况下，有许多种选择，甚至可以发展新的技术思路。机械工程师可以通过仿真模型选择最有效的方式。通过初步对成本、效率和制造的考虑和分析，暂定使用最有效的槽形反射镜的太阳能热，如图 7-22 所示。

详细设计：确定采用的是槽形抛物面反射镜，将收集到的太阳能直接用来加热水，使得水成为水蒸气。使用 $12 m^2$ 的标准反射镜，以满足生产 3MW 电力的要求为前提，确定所需的反射镜数量。目标实际效率 $\eta = 0.26$，将计算在 1s 内输入和输出发电厂的热能。热系统提供的热能 Q_h 与发电厂的输出可通过式（7-11）建立关系。

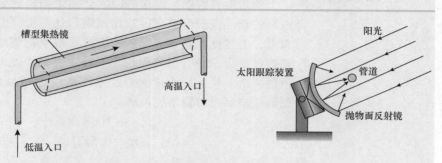

运用式（7-5），可得发电厂每秒产生的能量为

$$W = 3MW \times 1s \leftarrow \left[P_{avg} = \frac{W}{\Delta t} \right]$$

$$= 3MW \cdot s$$

$$= 3 \frac{MJ}{s} s$$

$$= 3MJ$$

已知发电厂产能的平均效率，则每秒提供的热量为

$$Q_h = \frac{3MJ}{0.26} \leftarrow \left[\eta = \frac{W}{Q_h} \right]$$

$$= 11.54MJ$$

收集阳光所需面积为

$$A = \frac{1.154 \times 10^4 kJ}{0.9 kJ/m^2}$$

$$= 1.282 \times 10^4 m^2$$

这个面积相当于一个边长超过 100m 的方形包裹占地面的面积。由此可知，发电厂需要的反射镜数量为

$$N = \frac{1.282 \times 10^4 m^2}{12 \ m^2}$$

$$= 1068 \frac{m^2}{m^2}$$

$$= 1068$$

例 7-10（续）

2）在给定的低温（空气）和高温（被阳光加热）间，热机工作的理想卡诺效率为

$$\eta_C = 1 - \frac{(25+273.15)\,K}{(400+273.15)\,K}$$

$$= 1 - 0.4429\left(\frac{K}{K}\right)$$

$$= 0.5571$$

效率约为 56%。根据需要，使用开尔文方程（7-13）将温度转换为热力学温度。

（3）讨论　在上述的设计中，忽略了云的数量、大气湿度和镜子上的污垢等因素，而这些因素会使太阳辐射量有效功率降低。发电厂的选址面积可能会因此比预期估计的大，但从初步设计的角度来看，上述计算确定了工厂的规模。根据物理法则，最大的发动机理想效率为 56%，但这无法在实践中实现。发电厂的效率约为理论值的一半。从这一角度来看，本文所应用 26% 的效率也不是很低。抛物线槽形反射镜系统包括：

$$N = 1068 \text{ 面镜子}$$

$$\eta_C = 0.5571$$

例 7-11　发电厂的排放量

煤电厂产生 1GW 的净电，而其面临的一个重要问题是硫的燃烧及其副产物的排放。煤中硫的质量分数约为 1%，众所周知，它在空气中与水作用产生硫酸雨的主要成分。发电厂配备的净化系统可以减少废气中 96% 的硫含量，如图 7-23 所示。（1）已知实际效率为 32%，计算工厂每天消耗的煤是多少。（2）每天需要多少脱硫洗涤器来净化排放到空气中的硫？

图 7-23

净化系统（fluent 公司转载）

例 7-11（续）

（1）方法　时间间隔为 1s，计算发电厂产生的热、做的功和硫的排放量。可以采用供给量和实际得到的热量来确定该厂的实际效率。由表 7-3 可知，煤的热值为 30MJ/kg。已知硫的产率和洗涤的效率，可得每天排出废气中的硫含量。

（2）求解

1）由式（7-5），可得每秒钟电能的产出量为

$$W_t = 1GW \times 1s \leftarrow \left[P_{avg} = \frac{W}{\Delta t} \right]$$

$$= 1GW \cdot s$$

$$= 1\frac{GJ}{s}s = 1GJ$$

忽略泵工作时消耗的热量，所需煤产生的热量为

$$Q_{sg} = \frac{1GJ}{0.32} \leftarrow \left[\eta = \frac{W_t}{Q_{sg}} \right]$$

$$= 3.125GJ$$

由式（7-14）和式（7-6），可得每秒消耗燃料的质量为

$$m_{coal} = \frac{3125MJ}{30MJ/kg} \leftarrow [Q = mH]$$

$$= 104.2kg$$

已知转化 SI 前面的数值为 Q_{sg}，保持分子和分母一致。计算出工厂需要的煤为

$$m_{coal} = 104.2\frac{kg}{s} \times 60\frac{s}{min} \times 24\frac{h}{day}$$

$$= 9.000 \times 10^6 \frac{kg}{s}\frac{s}{min}\frac{min}{h}\frac{h}{day}$$

$$= 9.000 \times 10^6 \frac{kg}{day}$$

2）已知煤中硫的含量为 1%，煤的洗涤效率为 96%，则硫每天的释放量为

$$m_{sulfur} = 0.01 \times (1-0.96) \times 9.000 \times 10^6 \frac{kg}{day}$$

$$= 3.600 \times 10^3 \frac{kg}{day}$$

（3）论讨　单位质量的燃料包含大量能量，从表 7-3 中可直接得到各种结果。煤的含硫量通常为 0.5% ~ 4%。电厂可以通过煤的使用方式减少硫的排放。在美国，电厂都配备了除尘系统，可在排气管中消除很大一部分（但不是全部）硫，但并不是所有的国家都使用这种洗涤器系统。由于大规模的化石燃料的燃烧，污染确实很严重。机械工程师必须在公共政策领域就平衡环境与昂贵的电力需求问题发挥积极的作用。

$$m_{coal} = 9.000\frac{Gg}{day}$$

$$m_{sulfur} = 3.600\frac{Mg}{day}$$

关注 设计、政策与创新

随着全球能源需求的不断增长，政府的有效政策以及机械的创新，将为关键技术和能源系统的成功研发提供保障。目前，全世界能源领导的做法和政策已经告诉我们，技术、社会、经济和机械设计对环境的影响是显而易见的。随着 4.2GW 小湾水电站的建成，中国的水电装机容量已经超过 200GW，使中国无可争议地成为世界水电生产领导者。中国的环境法也有助于国家发展能源技术，保护环境。这种领导是政府积极激励的结果，旨在计划增加可再生能源的生产和使用。由于 87% 的冰岛人口利用地热能集中取暖，所以冰岛在地热能源的利用上处于世界领先地位。然而，在 2010 年，美国的 77 家发电厂，包括位于加利福尼亚州的世界最大的地热发电厂，总发电量达到 3.0GW，这使得美国在地热能方面处于领先地位。美国的政策和法律是开发地热能技术的关键，加利

福尼亚州还提供专项资金，用于促进现有地热资源和技术的发展。在风力发电方面，美国一直是世界领导者，2009 年，其风力发电产量为 35GW，而中国和德国在 2009 年的产能均为 25GW，预计中国将很快成为世界风力发电的领导者。政府补贴和生产目标刺激了国家在风力创新技术上的发展，同时也提供了充足的科研经费。美国、巴西、瑞典在世界生物能源的生产和使用方面全球领先。瑞典通过提供税收优惠和资金来刺激技术与系统的研发，并计划在 2020 年成为全球第一个不使用石油的国家。美国是世界上最大的核电生产商，其核电占 30% 份额。美国政府从 20 世纪 90 年代开始通过相关政策和财政奖励刺激核电增长，工程师将和政府协同合作对方案进行创新优化，而这将直接影响数十亿居民的生活。

◉ 7.8 实例分析3：喷气发动机

热和能源系统最后的应用是喷气发动机，它由弗兰克（1907—1996年）在 1929 年发明。与此同时，在 1929 年，一个德国的名叫汉斯冯奥安（1911—1998 年）的工程类学生，在他 22 岁时开始研发喷气式飞机的发动机，并为此做出了大量的贡献。然而直到第二次世界大战爆发，人们才开始高度关注喷气式发动机在飞机上的应用。1941 年，第一架喷气式飞机在英国试飞。第二次世界大战结束后，德国制造了 1000 架喷气式飞机。最终，喷气式飞机并没有影响第二次世界大战的过程。但他们所做的贡献为 20 世纪五六十年代航空业的发展奠定了基础。

直到今天，基本上所有的长途飞机都采用喷气发动机，如图 7-24 所示。类似的系统被称为燃气轮机，可用于生产电力，为船、坦克和其他大型车辆提供动力。从喷气发动机的性能来看，波音 777 飞机有一个入口直径超过 3m 的发动机，它可以产生超过 340kN 的推力。喷气式发动机可以使一架重达 225000kg 飞机的巡航速度达到 0.84 马赫。喷气发动机在功率、推力、重量、材料选择、燃油经济性、安全性、可靠性方面的设计是机械工程的显著成果。

图 7-24

商业喷气式发动机

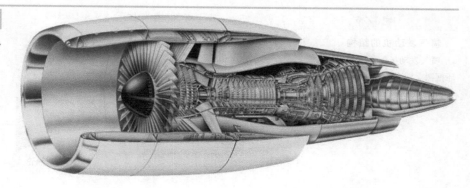

喷气发动机两种主要类型的布局如图 7-25 所示。在涡轮喷气式发动机中，空气被吸入发动机前部。然后在发动机核心，空气被压缩，接着添加燃料，点火燃烧。燃烧产生的高压气体通过发动机的后部排出。由于气体以高速离开喷嘴，产生的反作用力给飞机提供了巨大的向前的推力。某型号的涡扇发动机如图 7-25b 所示，它采用大风扇叶片，由发动机直接驱动。虽然有些推力由废气喷出推动，但风扇提供了大部分的推力。一些先进的喷气式发动机采用轻质复合材料制作。喷气发动机的内部结构示意图如图 7-26 所示。空气进入发动机前，在多个阶段被压缩。压缩机由沿发动机中心线向下延伸回涡轮机的轴提供动力。在发动机中心附近，被压缩的燃料与空气混合物被点燃，在燃烧室中燃烧。上述过程产生的高压、高温气体膨胀，驱动涡轮机旋转。

图 7-25

涡轮发动机和涡扇发动机中的气流路径

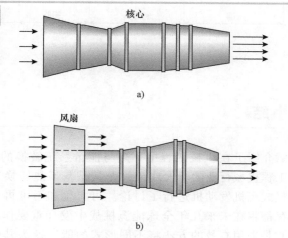

核心

a)

风扇

b)

如图 7-4 所示，从外观上看，涡轮机的结构类似于一个风扇，由许多短的、特殊形状的叶片组成。向压缩机提供动力的轴从涡轮机沿着发动机的长度向前延伸。涡轮机产生刚好足够的动力来驱动压缩机，并且利用保留在燃烧气体中的能量为飞机提供向前的推力。

图 7-26

喷气发动机的结构

a）喷气发动机的能量循环框图　b）核心内部结构和组件的横截面视图

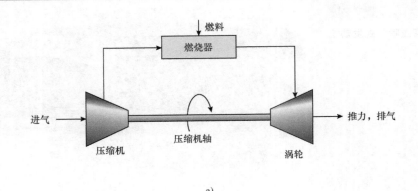

a)

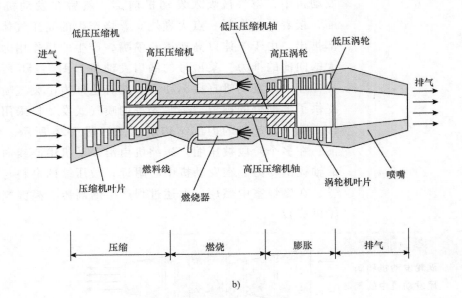

b)

本章小结

　　本章介绍了在机械工程中，热与能量系统转换的几种方式。在第 1 节，对工程机械行业的十大成果，尤其是基于热转换功的内燃机、发电厂和喷气式飞机发动机进行了讨论。可再生和不可再生资源的生产创新以及储存都将在未来几年全球能源挑战中发挥重要作用。总之，机械工程的核心是采用有效的方法将不同形式的能转换为其他形式的能够利用的能。

　　本章主要的工程量以及常见的符号见表 7-8。能源系统常见的热分析方程见表 7-9。

　　发动机往往由通过燃料燃烧产生的热量驱动，热值代表了燃烧释放的热量。根据第一定律，热量流入材料，并使其温度升高，这取决于材

表 7-8	物理量	传统符号	传统单位
分析热能和能量系统时用到的物理量、传统符号和单位	能量	$U_g, U_e, U_k, \Delta U$	J, kW·h
	功	W, W_t, W_p	J
	热量	Q, Q_h, Q_l, Q_{sg}, Q_c	J
	平均功率	P_{avg}	W
	发热值	H	MJ/kg
	比热	c	kJ/(kg·℃)
	热导率	κ	W/(m·℃)
	时间间隔	Δt	s, min, h
	温度	T, T_0, T_h, T_l	℃, K
	实际效率	η	—
	理想卡诺效率	η_C	—

表 7-9		物理量	公　式
分析热力系统时的主要方程	能量	重力势能	$U_g = mg\Delta h$
		弹性势能	$U_e = \frac{1}{2}k\Delta L^2$
		动能	$U_k = \frac{1}{2}mv^2$
	力做功		$W = F\Delta d$
	平均功率		$P_{avg} = \frac{W}{\Delta t}$
	热值		$Q = mH$
	比热		$Q = mc(T - T_0)$
	热传递		$Q = \frac{\kappa A \Delta t}{L}(T_h - T_l)$
	能量转换守恒		$Q = W + \Delta U$
	效率	实际效率	$\eta = \frac{W}{Q_h}$
		理想卡诺效率	$\eta_C = 1 - \frac{T_l}{T_h}$
		发电厂效率	$\eta \approx \frac{W_t}{Q_{sg}}$

料吸收的热量和材料本身。同时，热也可以转换为机械功。我们认为，热是通过传导对流和辐射等方式输送的能。机械工程师设计发动机，旨在将热量转化为功，以期提高工作效率。在理想的卡诺循环中，效率受到供给发动机热量和释放热量到环境时温度的限制。在实际生活中，热发动机的效率大大降低，表7-6列出了一些典型参数值。

自学和复习

7.1　如何计算重力、弹性势能和动能？

7.2 功与功率之间的区别是什么？

7.3 燃料的热值是什么？

7.4 物质的比热容是多少？

7.5 结合实例说明热量是怎样通过对流和辐射传导的。

7.6 定义"热传导"。

7.7 热发动机是什么？

7.8 效率是如何定义的？

7.9 现实和理想的卡诺效率之间的差异是什么？哪个效率更高？

7.10 绝对开尔文温标温度是怎样计算的？

7.11 描绘内燃机中的活塞、连杆和曲轴机构。

7.12 说明四冲程和二冲程发动机的工作循环。

7.13 四冲程和二冲程发动机分别有哪些优缺点？

7.14 画出发电厂简图，并简要解释它是如何工作的。

7.15 画出喷气发动机，并简要说明它是如何工作的。

习 题

7.1 遥控玩具车的重量为15N，速度为5m/s。它的动能是多少？

7.2 割草机发动机是由拉绳拉动轮毂起动的，轮毂半径为6cm。如果在绳索中保持80N的恒定张力，并且在电动机起动之前轮毂转3转，则需要做多少功？

7.3 在电影《Back to the Future》中，Doc Brown和Marty McFly需要一个功率为1.21GW的时间机器。1）将所需功率转换成马力；2）如果一辆德罗宁跑车产生145hp的功率，时间机器需要多少倍的力量？

7.4 短跑运动员使用200N的力量和600W的功率输出。计算跑步者跑步1km需要多少分钟？

7.5 一个棒球捕手要在距离超过0.1m的地方，使速度160km/h的球停止。已知球的质量为0.14kg，问需要多大的力使球停止？

7.6 对于第6章中习题6.31中的两辆汽车，发动机需要产生多大的功率才能克服90km/h的空气阻力？

7.7 轻型货车的重量为14kN，以90km/h的速度行驶在平坦的高速公路上，货车额定油耗为12km/L，在这种情况下，发动机必须克服空气阻力、滚动摩擦和其他摩擦。回答以下的问题：

1）90km/h时的阻力系数为0.6，货车的正面面积为2.9m^2，货车上的牵引力为多少？

2）当速度为90km/h，有多少功用来克服空气阻力？

3）在问题2）中，需要消耗多少汽油来克服空气阻力？（忽略摩擦的影响）

7.8 假设习题7.7中的要货车爬山，其坡度为2%。忽略各种摩擦的影响，发动机必须产生多少额外功率？

7.9 农业废弃物（如作物秸秆、动物粪便、床上用品和用于食品生产的有机物质）的热值为10~17MJ/kg。燃烧500kg的废弃物可以释放多少热量?

7.10　在钢铁厂的加工过程中,将一个 340kg、427℃ 的钢铸件放入初始温度为 37℃ 的 1900-L 油中油浴淬火,两者的最终温度是多少? 单位体积的油的重量为 8.8N/L。

7.11　一个总重达 25t 的材料,平均比热为 1.05kJ/(kg・℃)。忽略炉的效率,材料从冰点加热到 21℃ 需要燃烧多少天然气?

7.12　将一个 5.0kg 重的钢齿轮加热到 150℃,然后放入装有 2L 水(10℃)的容器中,金属和水的最终温度是多少?

7.13　列举两个工程中主要通过传导、对流和辐射转移热量的应用实例。

7.14　空心方形盒由 0.1m²、2.5cm 厚的绝缘材料制成。工程师们要测试新材料的热导率。把 100W 的电加热器放在盒里,随着时间的推移,温度计显示,内部和外部的温度分别为 65℃ 和 32℃。假设热导率是恒定值,求热导率。

7.15　$\kappa = 50W/(m・℃)$,长 20cm 的 $\phi4mm$ 焊条。杆两端的温度分别为 500℃ 和 50℃。1) 每秒钟有多少热量沿杆传递? 2) 焊条焊接的中点温度是什么?

7.16　一堵砖墙高 3m,宽 7.5m,厚 200mm,热导率为 0.7W/(m・C°)。内表面的温度是 25℃,外表面的温度是 0℃。每天透过墙损失的热量为多少?

7.17　一辆重 1130kg、速度为 100km/h 的汽车完全停止。如果制动力的 60% 由前盘制动器转子提供,制动器转子温度上升多少? 两个铸铁转子每个重量为 70N 且比热为 0.6kJ/(kg・℃)。

7.18　小水电厂每秒钟有 1900L 的水通过。水库的水从垂直距离为 45m 的高空下落,进入水轮机。以马力和千瓦为单位计算输出功率。水的密度见表 6-1。

7.19　箱子作为包装和分配系统的一部分,掉到弹簧上推到传送带。箱子原本是在一个高度 ΔL 未压缩的弹簧上(图 7-27a),一旦掉落,质量为 m 的箱子将压缩弹簧,距离如图 7.27b 所示。如果箱子所有的势能在瞬间转换成弹性势能,求距离 ΔL。

7.20　风力涡轮机将风能转换为机械能或电能。每秒钟冲击风力涡轮机叶片的空气质量为

$$\frac{质量}{时间} = 速度 \times 面积 \times 密度$$

其中,空气的密度为 1.23kg/m³,面积是涡轮机转子叶片扫过的区域。该流量可以用来计算空气每秒产生的动能。世界上最大的风力发电站在挪威,当风速为 56km/h,发电功率为 10MW;旋翼桨叶的直径为 145m。风力能产生多少电能? 提示:功率是单位时间内产生的能源。

7.21　忽略摩擦、空气阻力和其他损耗,1300kg 的汽车从静止加速到 80km/h 汽油的消耗量是多少? 汽油的密度见表 6-1。

7.22　2002 夏天,一群宾夕法尼亚矿工被困 72m 的地下,他们正在

工作时一段相邻煤层坍塌。该地区变得都是水，矿工靠通道尽头仅有的空气坚持到他们被安全解救出来。在救援行动的第一步，要为矿工提供新鲜空气并用泵抽取地下水。忽略管道的摩擦和泵的效率问题，每分钟都抽取 76000L 的水，泵需要多大的平均功率？单位转换为马力，水的密度见表 6-1。

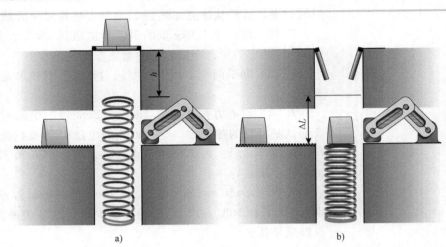

图 7-27

7.23 地热能源系统可以提取存储在地壳下面的热量。在地表下，每往下 90m，地下水的温度升高约 28℃。地下水的热量可以为地面的房屋和建筑物供暖，也可以通过热处理来产生电能。计算当效率为 8%，对 82℃的地下水以 22kg/s 的速度进行处理并在 21℃将其排放时，整个过程中地热发电厂输出的热量。

7.24 理想的热发动机通过卡诺循环运行提供热能。水的沸点为 100℃，水的凝点为 0℃。如果发动机产生 100 hp 的机械功，每小时必须提供给发动机多少千焦的能量？

7.25 发明家自行设计一个热发动机，接收 125kJ 的能量并能产生 32kJ 的有用功，且能在高温 60 ℃和低温-7℃之间循环运行。这种发动机是有效的吗？

7.26 人眨眼睛的间隔时间约为 7ms。以什么样的速度（每分钟的转速）能使四冲程发动机在眨眼的时间内完成动作？用于汽车的发动，这是一个合理的速度吗？

7.27 四冲程汽油发动机的输出功率为 3.5kW。汽油的密度见表 6-1，汽油的热值见表 7-3，典型的效率见表 7-6。试估计发动机燃料消耗的速度（单位转换为 L/h）。

7.28 汽车在一级公路上以 80km/h 的速度行驶，发动机功率为 30hp。在这种情况下，发动机的功率用来克服空气阻力、轮胎和路面之间的滚动摩擦。以 km/L 为单位，对车辆的燃油经济性进行评价。典型的发动机的使用效率见表 7-6，汽油密度见表 6-1。

7.29 大学校园中有 20000 台计算机与阴极射线管显示器需要供电，即使在不使用计算机时也是耗电的。这种类型的显示器是相对低效的，这彰显出平板显示的更多优点。

1）假如每个阴极射线管显示器消耗 0.1kW 的电能，在过去的一年中，它们消耗了多少能量？（单位为 kW·h）

2）电费的价格为 2 元/kW，大学每年为这些监视器供电的费用是多少？

3）计算机显示器在睡眠状态消耗的电能比正常使用时减少 72%。对所有大学启用这项功能，节约的成本是多少？

7.30　台式计算机正常运行时，其电源仅能将大约 65% 的电能转换成计算机内部电子元件所需的直流电，其余能量都以热的形式散失。平均而言，在美国每年大约每 2.33 亿台个人计算机就要消耗 300kW·h 的能量。

1）如果使用一种新的电源（一种在发展的共振型开关系统），则电源的效率可提高到 80%，每年可节省多少能源？（以 kW·h 为单位）

2）在问题 1）情况下，2007 年美国产电量为 19.2kW·h。按比例将国家电力需求下降了多少？

3）以 12 美分/kW·h 的成本计算，节省的成本大约为多少？

7.31　在习题 7.30 中，假设计算机新型电源的成本增加 5 美元。

1）在 12 美分/kW·h 的成本保持不变的情况下，经过多长时间后，电能的节约成本将抵消电源的附加成本？

2）估计一下，个人和公司将在多久以后普遍升级他们的台式计算机？

3）从经济的角度来看，对于新型电源制造商，你会给出什么建议？

7.32　天然气发电厂的输出功率为 750MW。忽略泵的消耗量，以一个典型的效率（见表 7-6），计算以下速率：

1）热蒸汽发生器中的水蒸气供给速率。

2）余热在电站附近河里完全释放的速率。

7.33　对于习题 7.32 中的电厂，电站附近的水流量为 95000L/s。将河作为凝汽器冷却水来源。考虑到从电厂到河流每秒损失的热量和水的比热，河流通过电厂，那么河流的温度以什么速度上升？水的密度和比热分别见表 6-1 和表 7-4。

7.34　发展一种新型的可再生能源的应用设计。通过研究，描述其技术在社会、环境经济条件中的应用。在研究中应采取全球视角，根据特定地理区域、人群或人口统计描述要求。

参考文献

[1]　Ferguson C R, Kirkpatrick A T. *Internal Combustion Engines*: *Applied Thermosciences*[M]. 2nd ed. Hoboken, NJ: Wiley, 2000.

[2]　Holman J P. *Heat Transfer* [M]. 9th ed. New York: McGraw-Hill, 2002.

[3]　Sonntag R E, Borgnakke C, Van Wylen G J. *Fundamentals of Thermodynamics*[M].6th ed. Hoboken, NJ: Wiley, 2002.

第8章

运动和动力传递

本章目标

- ⊙ 进行转速、功和功率等的计算。
- ⊙ 从设计观点，讨论一种齿轮优于其他齿轮的工作环境。
- ⊙ 简述 V 带和同步带的一些设计特点。
- ⊙ 在简单与混合齿轮组和带驱动下，计算

轴的速度和转矩，计算其传递的功的大小。

- ⊙ 描述一个行星轮系，确定主动轮和从动轮的连接点，解释它们是怎么工作的。

⊙ 8.1 概述

本章把注意力转向机械设计的第七个要素——动力传递装置的设计和操作。机器一般由齿轮、轴、轴承、凸轮、联动装置和其他结构件组成。这些机械装置能够将动力从一端传递到另一端，例如从汽车发动机传到驱动轮。机械装置的另一个功能就是改变运动的方式。就像 7.6 节中提到的那样，内燃机发动机中活塞的往复运动转化为曲轴的旋转运动。图 8-1 和图 8-2 所示的机器人操纵手臂是与前面不同的机构类型，传动链中的每个手臂都是由关节处的电动机来控制的。

机械工程师要评估机器的位置、速度和加速度，也要计算使其运行所需的力和转矩。本章将重点讨论图 8-3 中列出的阴影部分的内容。在某种程度上，机器的分析和设计是前面章节中提及的动力系统和能量系统问题的延伸。

在机械工程中，最常见的机械装置包括由单个齿轮装配而成的齿轮组和用于传递动力的变速器，它用来改变轴的转速或者修改施加于轴上的力矩。还有一种与其密切相关的动力传动系统，用带或者链条也可以达到相同的功能，本章第一部分在介绍完旋转运动的基本概念后，将讨论各种类型的齿轮和传动带，以及工程师在某些特定的设计中怎样挑选合适的传动类型。文中也会探索一些用于设计简单的、混合的行星轮系的方法。

图 8-1

为了在仓库中准确地搬运货物，机械工程师设计了由连杆和铰链组成的机器人手臂

图 8-2

在一项维修任务中，哈勃太空望远镜被送到太空中，悬浮在飞行器上方，机械手的每一根连杆都可围绕支承铰链旋转

图 8-3　本章主题（阴影框）与机械工程总体研究体系的关系

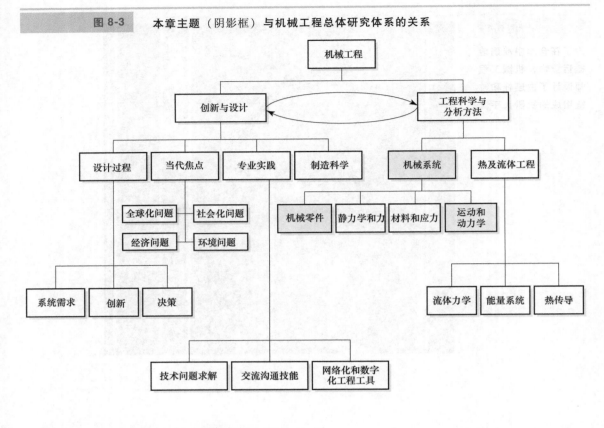

◎ 8.2　旋转运动

1. 角速度

当齿轮（或任何物体）旋转时，齿轮上的每一个点都绕着旋转中心做圆周旋转。图 8-4 所示的连杆能够表示图 8-1 和图 8-2 所示机器人的手臂组件。该连杆通过轴承绕着轴心旋转。当角度 θ 增加时，连杆上的所有点都沿着同心圆周运动，都有相同的中心点 O。当旋转角度增加时，连杆上的任意点 P 的速度取决于其所在的位置。在时间间隔 Δt 内，连杆的角度由最初的 θ 变成最后的 $\theta+\Delta\theta$。旋转后的位置在图 8-4 中用双点画线表示。当点 P 沿着半径为 r 的圆周运动时，它运动的距离是几何上的弧长，即

$$\Delta s = r\Delta\theta \qquad (8\text{-}1)$$

可见，角度 $\Delta\theta=\Delta s/r$ 是在圆周上运动的距离与半径 r 两个长度的比值。当 Δs 和 r 用相同的单位表达时，比如 mm，则 $\Delta\theta$ 将变成一个量纲为 1 的数。这个量纲为 1 的角度尺寸叫作弧度（rad），其中 2π 对应 360°。在式（8-1）中考虑到尺寸单位的一致性，角度用一个量纲为 1 的单位弧度来表示，而不是度。

点 P 的速度定义为其在单位时间内运动的距离，即 $v=\Delta s/\Delta t=r(\Delta\theta/\Delta t)$。因此，定义 ω（希腊小写字母）作为连杆的旋转速度或角速度。这

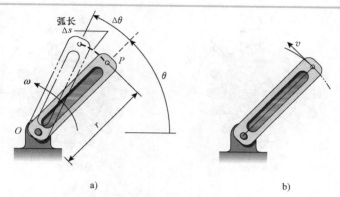

样点 P 的速度就可以通过式（8-2）得到

$$v = r\omega \tag{8-2}$$

当 ω 的单位为弧度每秒（rad/s），r 的单位为 mm 时，v 的单位是 mm/s。根据 ω 的使用环境选择合适的单位。当机械工程师提及发动机、轴或齿轮的速度时，习惯于用每分钟多少转（r/min）这一单位，它可以用一个转速计来测量。如果这个转速非常大，则用每秒多少转（r/s）来表示角速度，相当于每分钟多少转除以 60。但是，在式（8-2）中，用 r/min 或者 r/s 来表达 ω 的大小是不精确的。原因是 ω 是用一个量纲为 1 的 $\Delta\theta$ 和一个正确计算的 Δs 来定义的。总之，在使用式（8-2）时，ω 的单位一定是单位时间内的弧度（rad/s）。

r/m	r/s	(°)/s	rad/s
1	1.667×10^{-2}	6	0.1047
60	1	360	6.283
01667	2.777×10^{-3}	1	1.745×10^{-2}
9.549	0.1592	57.30	1

表 8-1 中列出了四种常用角速度单位之间的换算系数：r/min（每分钟多少转），r/s（每秒钟多少转），每秒钟多少度，每秒钟多少弧度。由表中第一行能够得出

$$1\text{r/m} = 1.667\times10^{-2}\text{r/s} = 6(°)/\text{s} = 0.1047\text{rad/s}$$

2. 旋转功和功率

除了要明确轴的转速，机械工程师还要确定装置吸收、传递或者产生的动力。如式（7-5）所示，功率被定义为单位时间内完成的功，而机械做功就是让力移动一定距离，或者依次类推，就是让力矩旋转一定角度。第 4 章中关于力矩的定义（绕着轴线作用的力矩）就是在研究力矩做功与机械、齿轮组、带传动之间的应用关系。

图 8-5 所示为发动机作用在齿轮上的力矩 T。齿轮依次与变速箱中的其他齿轮相连接，将动力传递给机器。发动机在旋转齿轮上施加力矩，实现做功。和式（7-4）类似，转矩的功根据式（8-3）计算

$$W = T\Delta\theta \tag{8-3}$$

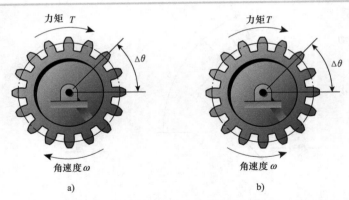

图 8-5

力矩作用在旋转齿轮上的功

a) 发动机提供的力矩加速了旋转，ω 是正值

b) 力矩阻碍了旋转，ω 是负值

式中，角度 $\Delta\theta$ 的单位是弧度。正如力做功的情况，W 的符号取决于转矩的作用是加速旋转（W 是正的）还是阻碍旋转（W 是负的）。这两种情况都表示在图 8-5 中。

机械功率定义为在某个时间间隔内力或者力矩做功的速度。在机械应用中，功率的单位通常用 kW 表示（表 7-2）。式（7-5）定义了平均功率，但是当分析机械时瞬时功率更为有用。瞬时功率是平移系统中力和速度的乘积，或者旋转系统中力矩和角速度的乘积，即

$$P = Fv（力）\tag{8-4}$$

$$P = T\omega（力矩）\tag{8-5}$$

例 8-1　角速度变换

验证表 8-1 中所列 r/min 和 rad/s 的转换系数。

（1）方法　从每分钟旋转的圈数变换到每秒旋转的弧度，需要知道时间和角度的变换关系，1min 等于 60s，2π 等于 1 个圆周。

（2）求解　单位变换的过程如下

$$1\text{r/min} = (1\text{r/min}) \times (\frac{1}{60}\text{min/s}) \times (2\pi\text{rad/r}) = 0.1047\text{rad/s}$$

（3）讨论　将上述结果变换一下，可得到 rad/s 和 r/min 的转换关系，即 1rad/s = 9.549r/min。

例 8-2　电子设备的冷却风扇

一个小风扇的转速约为 1800r/min，用于冷却电子集成电路板（图8-6）。

1）分别用（°）/s 和 rad/s 表示发动机的角速度；

2）确定风扇叶片 4cm 处尖端的速度。

（1）方法　这两种不同的角速度单位之间的换算关系见表 8-1，从第一行可以看出，1r/min = 6（°）/s = 0.1047rad/s。在问题 2）中，风扇叶片尖端的速度方向垂直于尖端与轴心的连线（图 8-7），速度大小可以用式（8-2）计算出来，其中角速度的单位是 rad/s。

例 8-2（续）

图 8-6

冷却风扇

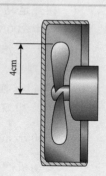

图 8-7

风扇叶片

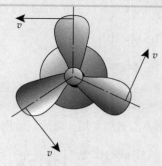

（2）求解

1）用两种不同的单位表示角速度分别为

$$\omega = (1800\text{r/min})\left(6\ \frac{(°)/\text{s}}{\text{r/min}}\right)$$

$$= 1.080 \times 10^4\ \frac{(°)}{\text{s}}$$

$$\omega = (1800\text{r/min})\left(0.1047\ \frac{\text{rad/s}}{\text{r/min}}\right)$$

$$= 188.5(\text{r/min})\left(\frac{\text{rad/s}}{\text{r/min}}\right) = 188.5\ \frac{\text{rad}}{\text{s}}$$

2）叶片尖端上某一点的速度垂直于连接该点与轴心的半径，它的大小为

$$v = (0.04\text{m})\left(188.5\ \frac{\text{rad}}{\text{s}}\right) = 7.540(\text{m})\left(\frac{\text{rad}}{\text{s}}\right) = 7.540\ \frac{\text{m}}{\text{s}} \leftarrow [v = r\omega]$$

在此步的计算中，消除了弧度的单位，因为它是一个量纲为 1 的量，其定义为弧长与半径之比。

（3）讨论　风扇叶片尖端以 7.540m/s 的速度绕轴心以圆形轨迹运动。每个叶片的速度方向（不包括大小）也随轴旋转而时刻改变，这是产生向心加速度的基础。

$$\omega = 1.080 \times 10^4\ \frac{(°)}{\text{s}} = 188.5\ \frac{\text{rad}}{\text{s}}$$

$$v = 7.540\ \frac{\text{m}}{\text{s}}$$

例 8-3　汽车发动机的功率

在开足马力的情况下，一辆四缸汽车发动机在 3600r/min 的转速下产生 200N·m 的转矩。那么，这又是多大马力呢？

（1）方法　应用式（8-5）可以推导出发动机的瞬时功率输出。在此步骤中，转速的单位要根据表 8-1 中的转换因子 1r/min = 0.1047rad/s 换算成与计算相一致的单位 rad/s。

（2）求解　换算成尺寸一致的单位，发动机的速度是

$$\omega = (3600 \text{r/min})\left(0.1047 \frac{\text{rad/s}}{\text{r/min}}\right) = 376.9 (\text{r/min})\left(\frac{\text{rad/s}}{\text{r/min}}\right) = 376.9 \frac{\text{rad}}{\text{s}}$$

发动机产生的功率是

$$P = (200 \text{N·m})(376.9 \text{rad/s}) \qquad \leftarrow [P = T\omega]$$

$$= 7.544 \times 10^4 \left(\frac{\text{N·m}}{\text{s}}\right)$$

$$= 75.44 \text{kW}$$

这里，在计算中消去了弧度单位，因为它是量纲为 1 的。虽然 kW 是国际单位制（SI）采纳的单位，但 hp（马力）作为其导出单位在表达发动机及汽车应用功率方面更加常用。最后，应用表 7-2 的转换因子得到

$$P = (75.44 \times 10^3 \text{W})\left(\frac{1 \text{hp}}{745.7 \text{W}}\right) = 101.2 \text{hp}$$

（3）讨论　该值是典型的汽车发动机能产生的最大功率。但是在正常驾驶情况下，发动机的功率输出是相对较少的，它由节气门及发动机的转速进行控制，并依据所传输的转矩来确定。

$$P = 101.2 \text{hp}$$

◎ 8.3　设计应用：齿轮

前面介绍了关于转速、功和功率的内容，接下来将讨论与机械设计相关的一些方面。借助于旋转圆盘上的齿状凸起，齿轮可以用来传递转轴间的转动、扭矩和功率。

轮系可以用来提高轴的转速且降低转矩，或降低转速并提高转矩，以保持转速和转矩总体不变。在机械设计中，包含齿轮组的机构是十分常见的，其在一些常见的装置，如电动开罐器、自动取款机、电钻、直升机传输机构中都有应用。本节的目标是研究不同类型的齿轮，重点是齿轮的特性以及表达术语。

根据工业贸易组织标准，轮齿形状已经可以精确地定义和加工。例如，美国设备制造商协会已经发表了有关齿轮标准化设计和生产指南。机械工程师可以直接从齿轮制造商和供应商处购买齿轮，或者购买当前任务要用的齿轮箱和变速箱等。在某些情况下，当标准齿轮不能提供足够的性能（如低噪声和振动水平）时，一些专业的机械商店可以定制特殊齿轮。然而，在大多数机械设计中，齿轮和变速箱通常是作为现成的零件进行选择的。

正如 4.6 节中讨论的滚珠轴承那样，没有哪种齿轮是最好的，每个种类的选择都要依据其在应用中的适应性。下面将讨论直齿轮、齿轮齿条、小型齿轮、斜齿轮和蜗轮等几种常见齿轮。工程师进行产品设计时选择齿轮，反映了其在生产费用和预计执行任务之间的权衡。

1. 直齿圆柱齿轮

直齿圆柱齿轮是工业齿轮中最简单的类型。如图 8-8 所示，直齿圆柱齿轮由圆柱形齿坯切削而成，并且轮齿平行于齿轮的安装轴。图 8-9a 所示的外啮合齿轮是在圆柱外表面上形成轮齿。相反，对内啮合齿轮或内齿圈来说，轮齿都位于圆柱内表面，如图 8-9b 所示。当两个齿轮的轮齿啮合并将运动从一根轴传递到另一根轴时，这两个齿轮就形成了轮系。图 8-10 所示为一组直齿圆柱齿轮组和一些用来描述轮齿几何形状的术语。按照惯例，较小一点的小齿轮为主动轮，而另一个大齿轮为从动轮。主动轮、从动轮在轮齿接触处啮合，然后分开。

图 8-8	
两个啮合的直齿圆柱齿轮的近摄图	

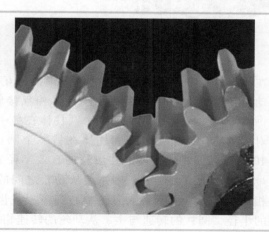

图 8-9	**外啮合和内啮合**

a）两个外啮合齿轮　　b）几个不同尺寸的内啮合齿轮或内齿圈

a)　　　　　　　　　　　　　　　　　　　　b)

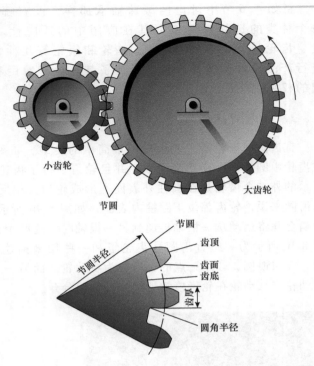

图 8-10

直齿圆柱齿轮组和轮
齿几何形状的术语

尽管在一组轮系中，不同的轮齿之间连续地相互接触、啮合和分离，但主、从动轮在理论上可以看成两个圆柱体相互接触然后平稳地滚动。如图 8-11 所示，对于外啮合齿轮，一个圆柱体在另一个圆柱体外表面上滚动；而对于内啮合齿轮，一个圆柱体在另一个圆柱体内表面上滚动。参照图 8-10 的命名方式，直齿圆柱齿轮的有效半径 r（即上述提到的等效圆柱的半径）称为节圆半径。则主、从动轮之间的啮合接触就等效成两个节圆相切。节圆半径不是从齿轮中心到齿根或齿顶的距离，而只是等效圆柱的半径，圆柱的转速与主、从动轮的转速相等。

图 8-11

两齿轮啮合方式
a) 外啮合齿轮
b) 内啮合齿轮

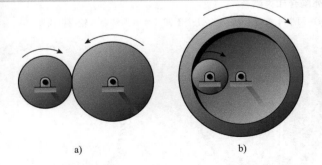

a)   b)

齿厚和齿间距均在节圆上测量。齿间距必须略大于齿厚，以防止主、从动轮旋转时轮齿之间相互干涉。但过大的间隙会产生振动、摩擦、疲劳磨损等，最终导致齿轮失效。齿间距的大小由模数近似表示

$$p = \frac{N}{2r}$$

(8-6)

式中，N 为齿轮齿数；r 为节圆半径。分度圆上单位厘米所占的轮齿数即为模数。主、从动轮要正确啮合必须具有相同的模数，否则轴系旋转齿轮组就会发生干涉。由齿轮制造商提供的产品目录通过不同的模数来划分不同种类的齿轮。式（8-6）中的节圆半径 r 和齿数是成比例关系的，如果齿轮上的齿数加倍，那么其半径也同样会加倍。齿间距可以用模数进行测量，其单位是 mm，即

$$m = \frac{2r}{N} \tag{8-7}$$

原则上讲，带齿的小齿轮和大齿轮若有互补的形状，就可以在各自的轴之间传递旋转。然而，形状不规则的齿轮的齿未必能够传递一致的运动，因为小齿轮的轮齿可能不能有效地啮合或脱离大齿轮的轮齿。因此，现代直齿圆柱齿轮的齿形已经在数学上进行了优化，这样，小齿轮和大齿轮之间就可以平滑地传递运动了。图 8-12 所示为一对齿轮在旋转过程中的三个阶段。当小齿轮和大齿轮的齿开始啮合时，轮齿就在彼此的表面上滚动起来。它们的接触点从节圆的一侧移到另外一侧。轮齿横截面的形状被称为渐开线齿形，图中描绘了一对轮齿啮合的接触点不断移动的情形。"渐开线"的同义词就是"复杂的"。对于直齿圆柱齿轮的轮齿而言，这个特殊的形状可以保证小齿轮以恒定的速度转动时，大齿轮也会以恒定的速度转动。渐开线齿形的数学特点是齿轮组的基本属性，让工程师能够将齿轮组看作两个彼此在面上滚动的圆柱体。

对于具有渐开线齿形的直齿圆柱齿轮，如果一个齿轮以恒速运转，则另一个齿轮也以恒速运转。

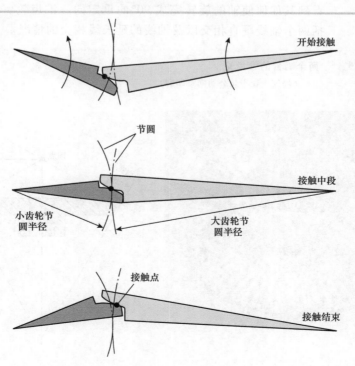

图 8-12

一对接触的轮齿

开始接触

节圆

小齿轮节圆半径　　大齿轮节圆半径

接触中段

接触点

接触结束

本章后面的内容会一直用这个属性来分析齿轮组和齿轮系。

2. 齿条和小齿轮

齿轮有时用于将轴的旋转运动转换成滑块的直线或平移运动（反之亦然）。齿条-小齿轮机构是齿轮组的极限情况，其中，大齿轮的半径为无穷大，趋向于直线运动。齿条和小齿轮的结构如图 8-13 所示。当小齿轮的中心点固定且小齿轮旋转时，齿条将水平运动；当小齿轮顺时针转动时，齿条将向左移动。齿条本身可以由滚子支承，或者在润滑的光滑表面上滑动。齿条和小齿轮通常用于操纵汽车前轮机构，以及铣床或磨床工作台的定位机构，其中切削刃是处于静止状态的。

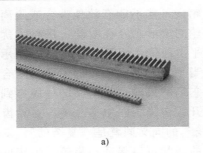
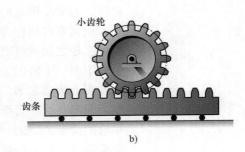

图 8-13

齿条和小齿轮

（经波士顿齿轮
公司同意转载）

a）齿条

b）齿条-小齿轮机构

a)   b)

3. 锥齿轮

不同于直齿圆柱齿轮的轮齿被布置在圆柱体上，锥齿轮的轮齿是在圆锥毛坯上成形的。图 8-14 所示为锥齿轮组的图片和横截面，由图可以看到其如何使轴的旋转完成 90°的重定向。锥齿轮（图 8-15）的应用包括两个轴线垂直相交以及轴线的延长线相交的情况。

图 8-14　**两个啮合的锥齿轮**

（经波士顿齿轮公司同意印刷）

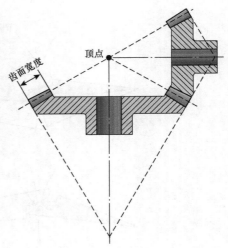

齿面宽度　顶点

图 8-15　**各种类型的锥齿轮**
注：有些有直的轮齿，其他则是螺旋形的轮齿（经波士顿齿轮公司同意印刷）

4. 螺旋齿轮

因为直齿圆柱齿轮的轮齿是直的，所以其轮齿与轴是平行的。当两个轮齿彼此接近时，它们会突然沿着每个齿的整个宽度接触。同样地，在图 8-12 所示的啮合顺序中，齿轮也是立刻沿着整个轮齿的宽度分开而失去接触的。这些比较突然的啮合和脱开，造成的结果就是直齿圆柱齿轮会比其他类型的齿轮产生更多的噪声和振动。

螺旋齿轮可用来替代直齿圆柱齿轮，它们的优势在于能够更平稳、更安静地啮合。螺旋齿轮和其所替代的直齿圆柱齿轮相似，轮齿也是在圆柱体上成形的，只是轮齿不平行于齿轮轴。顾名思义，螺旋齿轮的轮齿是按某个角度倾斜的，这样，每个轮齿绕着齿轮形成一个螺旋线的形状（图 8-16）。一些锥齿轮（见图 8-15）与螺旋齿轮一样，为了使轮齿逐渐啮合，也有螺旋状而非直的轮齿。

图 8-16　**螺旋齿轮及齿轮组**
a）螺旋齿轮　b）一对正在啮合的螺旋齿轮

a)

b)

与直齿圆柱齿轮相比，螺旋齿轮更为复杂，制造成本也更高。另一方面，螺旋齿轮的优点是，在高速机械中，其产生的噪声更小，振动也更少。例如，汽车的自动变速器通常都是由外部和内部螺旋齿轮组成的，其优点就在于产生更小的噪声和更少的振动。在一个螺旋齿轮组中，齿与齿的啮合从一个齿的边缘开始接触，并逐渐过渡到整个宽度上，这样可使轮齿的啮合和脱离更加平稳。螺旋齿轮的另外一个属性是，与大小相似的直齿圆柱齿轮相比，螺旋齿轮能够承受更大的转矩和功率，因为轮齿与轮齿相互的力分布在更大的表面上，从而降低了接触应力。

螺旋形的轮齿可以在平行轴的轮齿上成形，同样，安装在相互垂直轴上的齿轮也可以采用螺旋形轮齿。如图 8-16b 所示，交错螺旋齿轮将两根轴线相互垂直的轴连接起来。但与锥齿轮不同的是，这里的轴彼此偏移，其轴线的延长线也不相交。螺旋和交错螺旋齿轮的示例如图 8-17 所示。

图 8-17   **各种螺旋和交错螺旋齿轮**（经波士顿齿轮公司同意印刷）

5. 蜗杆副

如果一对交错螺旋齿轮的螺旋角足够大，则由此产生的一对齿轮就被称为蜗杆和蜗轮。图 8-18 所示为这种类型的齿轮组，其中，蜗杆本身只有一个轮齿，而这个轮齿绕着筒状体好几圈，类似于螺钉的螺纹。蜗杆每转一圈，蜗轮在旋转方向上只前进一个轮齿。

蜗杆副能够获得极大的减速比。例如，如果蜗杆只有一个齿，而蜗轮有 50 个齿，那么，该蜗杆副的减速比将是 50（图 8-18c）。蜗杆副的一个吸引人的特点就是能够将大减速比齿轮系安装在一个很小的物理空间中。然而，蜗杆副的齿形并不是渐开线，在啮合过程中，齿间会发生显著的滑动。相对于其他类型的齿轮，蜗杆副的摩擦是导致功率损耗、发热和低效率的主要原因。

图 8-18 　　蜗杆副

a）只有一个连续齿的蜗杆　b）蜗轮　c）蜗杆和蜗轮啮合

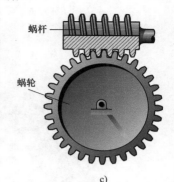

蜗杆

蜗轮

a)　　　　　　　　　　　　b)　　　　　　　　　　　　c)

　　蜗杆副的另一个特征是它们设计为只沿着一个方向驱动，即从蜗杆到蜗轮。对于这样的自锁齿轮组，功率流不能由蜗轮向蜗杆反向传递。这种单向的运动传递能力有着广泛的应用，如用于起重机或千斤顶等装置中，可以防止系统机械式地向后驱动，从而可保证安全。然而，并不是所有的蜗杆副都是自锁式的。这个特性还取决于各种因素，如螺旋角、蜗杆和蜗轮间的摩擦力及振动的存在。

关注　纳米机器

　　本章讨论的机器通常都是比较大的（如工业机器人、传动装置等），而科学家们也正在研发一种新型的机器，它是纳米尺度的，由单个原子制造而成。这些纳米机器可以执行大机器不可能执行的任务。例如，纳米机器可用于分解癌细胞、修复受损的骨骼和组织、清除垃圾填埋场、检测和去除饮用水中的杂质、以无可比拟的高精度在人体内部传送药物、形成新的臭氧分子以及清理毒素或漏油。

　　图 8-19a 所示为一个纳米机器的概念设计，这台机器可以为分子装配提供精细的运动控制。这一设备包括了使用杠杆来驱动旋转环的凸轮机构。更简单的机器如纳米齿轮已经开发出来了，这有助于推动开发更加复杂和更多功能的纳米机器。通过将苯分子附着到碳纳米管的外壁上，研究人员开发了稳定的纳米齿轮（图 8-19b）。这些纳米齿轮的齿条和小齿轮是由德国的研究小组研制的，可以用来前后移动手术刀或推动注射器的柱塞。

　　用纳米或更为微观的尺度去制造这些齿轮、齿条和小齿轮，显然是一个昂贵又费时的过程。然而，哥伦比亚大学的一个研究小组已经开发了可以自动装配的微齿轮，在冷却时两种材料按着不同的速率收缩，就形成了这种微齿轮。一层薄的金属膜沉积在加热膨胀的聚合物顶部，冷却聚合物时，金属就变形，并在聚合物上形成间隔规则的"齿"。金属的硬度和冷却速率不同，可以形成不同尺寸的齿轮和轮齿。

　　未来，工程师们遇到的另一个挑战是给纳米机器提供能量。目前，这些纳米机器的功率主要来源于化学资源，如激光。这模仿了利用光合作用从太阳光中制造出能量的过程。然而，科学家和工程师们现在正在开发其他功率来源，如超声波供电的纳米发电机、磁场或电流。经过工程师们的设计、开发和测试之后，纳米机器可能很快就会给全球的医疗、环境和能源问题带来广泛的影响。

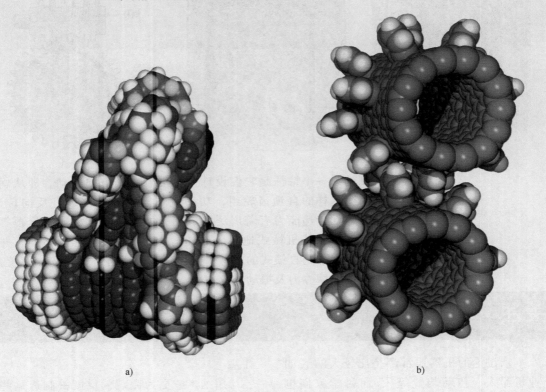

图 8-19　　纳米齿轮
a）由大约 2500 个原子形成的机构，可以移动和组装单个分子
b）由数百个原子构成的纳米齿轮

a)　　　　　　　　　　　　　　　b)

◎ 8.4　齿轮副的速度、转矩和功率

　　齿轮副是由一对互相啮合的齿轮构成的。它是较大规模系统（如传动装置，用于在轴之间传递旋转、转矩和功率，如图 8-20 所示）中的基本组成单元。本节将分析啮合齿轮的速度、转矩和功率特性。在后续章节，会将这些结果推广到简单、复杂的行星齿轮系中。

1. 速度

　　在图 8-21a 所示的两个齿轮中，比较小的齿轮称为小齿轮（记作 p），比较大的齿轮叫作大齿轮（记作 g）。小齿轮和大齿轮的节圆半径分别记作 r_p 和 r_g。

　　当小齿轮以角速度 ω_p 旋转时，根据式（8-2），其节圆上任意点的速度是 $v_p = r_p \omega_p$。同样地，大齿轮节圆上任意点的速度是 $v_g = r_g \omega_g$。由于小齿轮和大齿轮的轮齿彼此不相互滑动，两者在节圆上接触点的速度是相同的，所以有 $r_g \omega_g = r_p \omega_p$。小齿轮轴的角速度就是所谓的齿轮副的输入，那么图 8-21a 中输出轴的角速度就是

$$\omega_g = \frac{r_p}{r_g}\omega_p = \frac{N_p}{N_g}\omega_p \tag{8-8}$$

拨叉

花键轴

直齿轮

相对于用节圆半径 r_p 和 r_g 进行计算，用齿数 N_p 和 N_g 计算会比较简单。因为确定齿轮的齿数是很简单的事情，但测量节圆半径却不那么简单。要使小齿轮和大齿轮顺利地啮合，它们的齿距必须是一样的（由模数计算）。在式（8-6）和式（8-7）中，齿轮的齿数与其节圆半径是成比例的。由于小齿轮和大齿轮的模数相同，式（8-8）中的半径之比也等于其齿数之比。

将该齿轮副的速度比定义为

$$VR = \frac{输出速度}{输入速度} = \frac{\omega_g}{\omega_p} = \frac{N_p}{N_g} \qquad (8-9)$$

这是和输出与输入速度相关的常数。该机构的力学优点是输入和输出作用力之间存在常数关系。

2. 转矩

接下来要考虑的是转矩是如何从小齿轮的轴传递到大齿轮轴的。例如，假设图 8-21a 中的小齿轮是由电动机驱动的，而大齿轮的轴连接一个机械载荷，如起重机或泵。

在图 8-21b 中，电动机将转矩 T_p 施加到小齿轮上，被驱动的载荷将转矩 T_g 施加到大齿轮的轴上。该图所示的轮齿上的圆周力 F 是使转矩在小齿轮和大齿轮之间传递的物理方式。轮齿间的啮合力是 F 和另一个沿着两个轴心连线的作用力的合力。在图 8-21b 中，第二个分力可能是水平方向的，作用趋势是将小齿轮和大齿轮彼此分开。但是，它并不参与转矩的传递。所以，为了让图示更清晰，这个分力并没有在图中出现。由于只是假设将小齿轮和大齿轮彼此分开，在轮齿啮合的时候，F 和那个分离力是大小相等、方向相反的。

图 8-21

齿轮副

a）一个小齿轮和一个大齿轮组成一个齿轮副

b）假想将小齿轮和大齿轮分开，以展示轮齿受力和转矩的输入和输出

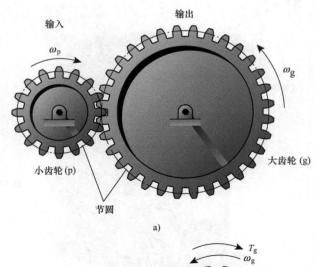

a)

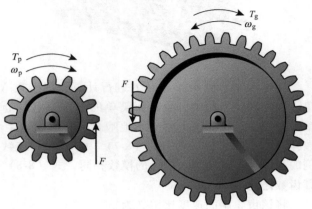

b)

当齿轮副以恒速运转时，施加在小齿轮和大齿轮上绕轴心的转矩的总和都是零。因此，$T_p = r_p F$，$T_g = r_g F$。通过消除未知力 F，可以得到关于节圆半径或齿数的计算齿轮副输出转矩的表达式

$$T_g = \frac{r_g}{r_p} T_p = \frac{N_g}{N_p} T_p \tag{8-10}$$

类似于式（8-9），齿轮副的转矩比定义为

$$TR = \frac{输出转矩}{输入转矩} = \frac{T_g}{T_p} = \frac{N_g}{N_p} \tag{8-11}$$

从式（8-9）和式（8-11）可以看出，齿轮副的转矩比与其速度比恰好互为倒数。如果一个齿轮副的作用是增加输出轴的速度（相对于输入轴，$VR>1$），那么传递的转矩将按同等系数降低（$TR<1$）。齿轮组是以速度换转矩，转矩和速度是不能同时增加的。这个原理的一个常用例子就是，将汽车或货车的传动装置设置成低挡，传动装置就会降低发动机曲轴的旋转速度以增加施加到驱动轮上的转矩。

3. 功率

根据式（8-5），发动机提供给小齿轮的功率是 $P_p = T_p \omega_p$。另一方面，

由大齿轮传递给机械负载的功率是 $P_g = T_g \omega_g$。结合式（8-9）和式（8-11），可以得到

$$P_g = \frac{N_g}{N_p} T_p \frac{N_p}{N_g} \omega_p = T_p \omega_p = P_p \tag{8-12}$$

上式表明输入和输出功率的水平是完全一样的。施加给齿轮副的功率和它传输到负载的功率是相同的。从实际情况来看，任何真正的齿轮都会有摩擦损失。但是，对于由优质齿轮和轴承组成的齿轮副而言，其摩擦相对于整个功率水平是很小的，那么式（8-12）还是适用的。总之，齿轮副的输入和输出功率若有减少，都与摩擦损失有关，但与速度和转矩的特性变化没有关系。

◉ 8.5　简单和复合齿轮系

1. 简单齿轮系

对于大多数单对小齿轮和大齿轮的组合而言，其速度比总是合理地限制在 5~10 之间。由于尺寸的限制，也因为小齿轮需要太少的齿，以顺利地与大齿轮啮合，更大的速度比往往是不切实际的。因此，有人就考虑构建一个由两对以上齿轮组成的齿轮系，这样的机构被称为简单齿轮系，其特点是每根轴带动一个齿轮。

图 8-22 所示为一个由四个齿轮组成的简单齿轮系的实例。为了区分各个齿轮和轴，将输入齿轮标记为 1，其他齿轮按顺序进行编号。每个齿轮的齿数和转速分别用 N_i 和 w_i 表示。我们感兴趣的是对于在输入轴给定的速度 w_1，如何确定输出轴的速度 w_4。每个齿轮的转动方向可以根据（在外部齿轮组中）每个啮合点上方向相反来确定。

可以把简单齿轮系看作一个相互连接的齿轮序列。在这个意义上，式（8-9）可以递归应用到每对齿轮上。从第一个啮合点开始

$$\omega_2 = \frac{N_1}{N_2} \omega_1 \tag{8-13}$$

沿逆时针方向，在第二个啮合点上有

$$\omega_3 = \frac{N_2}{N_3} \omega_2 \tag{8-14}$$

在设计齿轮系的时候，更感兴趣的是输入轴和输出轴速度之间的关系，而不是中间轴的速度 ω_2 和 ω_3。结合式（8-13）和式（8-14），可以消除中间变量 ω_2，则

$$\omega_3 = \frac{N_2 N_1}{N_3 N_2} \omega_1 = \frac{N_1}{N_3} \omega_1 \tag{8-15}$$

换句话说，当考虑到第三个齿轮的时候，第二个齿轮的（特别是尺寸和齿数）就消失了。进行到最后一个啮合点的时候，输出齿轮的速度变为

$$\omega_4 = \frac{N_3}{N_4} \omega_3 = \frac{N_3 N_1}{N_4 N_3} \omega_1 = \frac{N_1}{N_4} \omega_1 \tag{8-16}$$

齿轮	1	2	3	4
齿数	N_1	N_2	N_3	N_4
转速	ω_1	ω_2	ω_3	ω_4

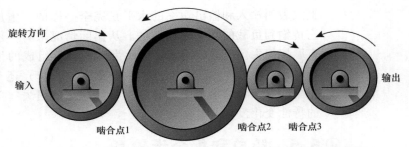

旋转方向

输入

啮合点1　　　　啮合点2　啮合点3

输出

对于这个简单齿轮系，输出轴和输入轴的整体速度比是

$$VR = \frac{输出速度}{输入速度} = \frac{\omega_4}{\omega_1} = \frac{N_1}{N_4} = \frac{N_{输入}}{N_{输出}} \tag{8-17}$$

中间齿轮 2 和齿轮 3 的尺寸对齿轮系的速度比没有任何影响。这一结果可以推广到由任何数量的齿轮所组成的简单齿轮系中。在一般情况下，速度比仅由输入和输出齿轮的大小所决定。用类似的方式，将式（8-12）应用到几对理想齿轮的功率守恒中，施加到第一个齿轮的功率必须平衡传递给最后一个齿轮的功率。对于理想的齿轮组而言，$VR \times TR = 1$，其转矩比同样也不受齿轮 2 和齿轮 3 齿数的影响，即

$$TR = \frac{输出转矩}{输入转矩} = \frac{T_4}{T_1} = \frac{N_4}{N_1} = \frac{N_{输出}}{N_{输入}} \tag{8-18}$$

因为简单齿轮系的中间齿轮在整体上并没有提供速度或转矩变化，所以，有时候也称它们为惰轮。虽然惰轮对 VR 和 TR 没有直接影响，但它们间接影响齿轮系的尺寸，设计者可以将惰轮插入以逐渐增加或减少相邻齿轮的尺寸。额外的惰轮也可以使输入轴和输出轴彼此分开远离，这章接下来要讨论的功率传递链和带也有这样的用途。

2. 复合齿轮系

作为简单齿轮系的一种代替，复合齿轮系可以用于较大速度比或转矩比的传递，或者用于齿轮箱需要结构更为紧凑的情况。复合齿轮系的原理基础是在每个中间轴上有一个以上的齿轮。在图 8-23 所示的齿轮系中，中间轴带动两个有不同齿数的齿轮。

为了确定输入轴和输出轴的整体速度比 ω_4/ω_1，将式（8-9）应用到每对啮合的齿轮上。首先，对于啮合的第一对齿轮

$$\omega_2 = \frac{N_1}{N_2}\omega_1 \tag{8-19}$$

因为齿轮 2 和齿轮 3 安装在同一个轴上，所以 $\omega_3 = \omega_2$。接下来，对于下一个齿轮 3 和齿轮 4 的啮合点，可以得出

$$\omega_4 = \frac{N_3}{N_4}\omega_3 \tag{8-20}$$

图 8-23

复合齿轮系中的第二和第三个齿轮安在同一根轴上且一起转动

注：为了表示得更加清晰，省略了齿轮的齿。

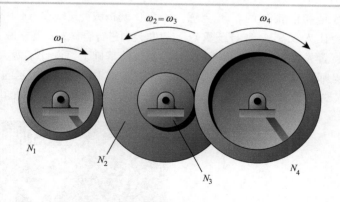

结合式（8-19）和式（8-20），输出轴的速度变为

$$\omega_4 = \frac{N_3 N_1}{N_4 N_2} \omega_1 \qquad (8\text{-}21)$$

而速度比是

$$VR = \frac{输出速度}{输入速度} = \frac{\omega_4}{\omega_1} = \frac{N_1 N_3}{N_2 N_4} \qquad (8\text{-}22)$$

复合齿轮系的速度比是每个啮合点上的齿轮对之间速度的比值的乘积。这个结果适用于由任意数量的齿轮副成的复合齿轮系。与简单齿轮系不同的是，这里中间齿轮的尺寸会影响速度比。任何齿轮的顺时针方向或逆时针方向旋转都是根据经验法则决定的。当啮合点数量为偶数的时候，输出轴的旋转方向与输入轴一样。相反，如果啮合点的数量为奇数，则输入轴和输出轴的旋转方向相反。

关注　齿轮系设计

　　赛格威公司面临着一个设计难题——开发一个可同时用于娱乐和专业用途的新型个人能源清洁交通系统。这家公司研制了一种两轮概念车，但是还要确保车辆在详细设计技术上是可行的。对于动力传动系统，工程师需要确保传动中齿轮啮合产生的噪声不会干扰驾驶人或行人。赛格威个人运输车由此诞生了，它是用陀螺仪来保持平衡的电动个人交通工具（图 8-24a）。

　　人们设计了两段式齿轮系，用于将电动马达连接到车轮上，而螺旋齿轮则用于降低噪声。齿轮上轮齿的螺旋形状使轮齿可以逐渐啮合，从而减少噪声并提高了传动装置的负载承载能力。工程师还选择了传动装置中齿轮的尺寸，使得齿轮系发出的两个主要声音正好是按八度音分开的。在这种方式下，传动装置发出的声音是和谐悦耳的，不会感觉乱七八糟，也不会让人反感。他们还重点让潜在客户听传动装置发出的声音，并评价其质量。然后，工程师在这些评价的基础上改善并优化了传动装置的设计。

赛格威公司现在与通用汽车和上海汽车工业总公司进行合作，在赛格威个人运输车动力传动系统的基础上，设计了两人的电动网络概念车（EN-V）。图 8-24b 所展示的 EN-V，就是设计用于个人、专业和娱乐用途的城市交通系统。

图 8-24

赛格威公司生产的交通系统

a）单人车：赛格威个人运输车（经赛格威公司同意印刷）

b）双人 EN-V，具有更大功率、范围、速度、负载和自动运行及连接到其他 EN-V 的能力（测试）

a) b)

例 8-4　简单齿轮系的速度、转矩和功率

简单齿轮系的输入轴是由一台发动机驱动的，该发动机的功率是 1kW，运转速度是 r/min。（图 8-25）。

（1）确定输出轴的速度和旋转方向；

（2）输出轴传递给机械负载的转矩是多大？

图 8-25

简单齿轮系

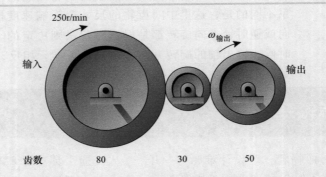

（1）**方法**　首先要确定输出轴的旋转方向，图中输入轴的旋转方向是顺时针的。而在每个啮合点上，旋转的方向是相反的。所以，30 齿的齿轮是按逆时针方向旋转的，而 50 齿的齿轮是按顺时针方向旋转的。确定输出轴的速度时，需要用到式（8-17）。对于问题（2），一个理想齿轮系中的摩擦是可以忽略的，那么输入和输出功率的水平是一样的。用式（8-5）将速度、转矩和功率联系起来。

例 8-4　（续）

（2）求解

1）输出轴的速度是

$$\omega_{输出} = \frac{80}{50} \times 250 \text{r/min} = 400 \text{r/min} \qquad \leftarrow \left[VR = \frac{N_{输入}}{N_{输出}} \right]$$

2）这个瞬时功率是转矩和转速的乘积。为了确保计算单位是一致的，首先要根据表 8-1 中的转换系数，将输出轴的速度转换成弧度每秒（rad/s）。

$$\omega_{输出} = 400 \text{r/min} \times 0.1047 \frac{\text{rad/s}}{\text{r/min}} = 41.88 \text{rad/s}$$

输出转矩为

$$T_{输出} = \frac{1000 \text{W}}{41.88 \text{rad/s}} = 23.88 \frac{\text{W} \cdot \text{s}}{\text{rad}} = 23.88 \text{N} \cdot \text{m} \qquad \leftarrow \left[T = \frac{P}{\omega} \right]$$

此处用到的定义是 $1\text{W} = 1(\text{N} \cdot \text{m})/\text{s}$ 及 $1\text{kW} = 1000\text{W}$。

（3）讨论　因为式（8-17）涉及输出和输入角速度之比，轴的速度可以用任意适合于角速度的量纲，包括 r/min。而且，30 齿的齿轮，其速度会大于输入或输出齿轮的速度，因为它的尺寸是最小的。在用表达式 $P = T\omega$ 计算转矩时，可以直接省略掉角速度的弧度单位，因为它是无量纲的角度测量单位。

$$\omega_{输出} = 400 \text{r/min}$$

$$T_{输出} = 23.88 \text{N} \cdot \text{m}$$

例 8-5　货币兑换齿轮系

齿轮的减速机构被用于可以接收纸币、检测纸币并将纸币换成硬币的机器中。图 8-26 所示为第一个减速阶段中小齿轮和大齿轮的齿数。蜗杆有一个齿，能够与 16 齿的蜗轮啮合。试计算输出轴的速度和直流发动机速度之间的速度比。

（1）方法　要确定输出轴和输入轴的速度比，发现发动机的速度在两个阶段都降低了：第一阶段，是在 10 齿小齿轮和 23 齿大齿轮组成的齿轮组中；第二阶段，是在蜗杆和蜗轮的啮合过程中。将发动机轴的角速度记作 $\omega_{输入}$。要确定传动轴的速度，需要用到式（8-9）。在第二个减速阶段中，传动轴每转一圈，蜗轮就前进一个齿。

图 8-26

货币兑换齿轮系

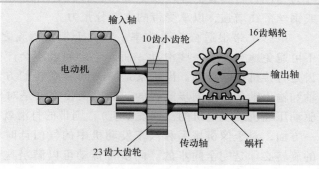

（2）求解　传动轴的速度是

$$\omega_{传动} = \frac{10}{23} \times \omega_{输入} = 0.4348\omega_{输入} \qquad \leftarrow \left[\omega_g = \frac{N_p}{N_g}\omega_p \right]$$

或 $\omega_{输入} = 2.3\omega_{传动}$。

由于蜗轮有 16 个齿，而蜗杆只有一个齿。因此，传动轴和输出轴的速度关系是

$$\omega_{输出} = \frac{1}{16}\omega_{传动} = 0.0625\omega_{传动}$$

齿轮系的整体速度比是

$$VR = \frac{0.0625\omega_{传动}}{2.3\omega_{传动}} = 2.717 \times 10^{-2} \qquad \leftarrow \left[VR = \frac{\omega_{输出}}{\omega_{输入}} \right]$$

（3）讨论　输出轴的速度降为输入轴速度的 2.7%，减速系数是 36.8 倍。这与蜗杆副的设计应用需求是一致的，即用于需要较大减速比的场合。

$$VR = 2.717 \times 10^{-2}$$

⊚ 8.6　设计应用：带传动和链传动

与齿轮系类似，带传动和链传动也可以用于轴间旋转、转矩和功率的传递。典型应用包括压缩机、电器、机床、金属板材轧机和汽车发动机（图 7-13）。带传动和链传动能够隔离一个传动系统的各个部分，防止其发生冲撞；也能使轴中心之间有较长的工作距离；并能容忍一定程度的两轴间的错位。这些有利的特点主要源于带或链条的柔性。

图 8-27 和图 8-28 所示为一种常见的动力传动带，即 V 带。这样命名，是因为带的横截面是楔形的。V 带在其上运转的凹槽叫作槽轮。要保证两根轴之间能够有效地进行功率传递，带必须张紧，并与槽轮的凹槽有良好的摩擦接触。实际上，V 带的横截面也是设计成紧紧地楔入槽轮凹槽的形状。V 带在轴之间传递载荷的能力是由带的楔形角和带与槽轮表面的摩擦来决定的。V 带的外部是由合成橡胶制成的，以增加摩擦。因为弹性材料具有低弹性模量和易拉伸性，所以 V 带的内部通常用纤维或钢丝帘线增强，以承受带的大部分张力。

虽然 V 带很适合传递功率，但由于带和槽轮之间仅靠摩擦来接触，不可避免地会发生一些滑动。而齿轮之间就不会产生滑动，因为它们的齿是直接机械啮合的。齿轮系是一种同步旋转的方法，也就是说，输入轴和输出轴是完全同步旋转的。如果工程师只是对传递功率感兴趣（如驱动压缩机或发电机的汽油发动机），则带的打滑就不是什么问题了。另一方面，对于像机械手和汽车发动机中的气门计时器等精确的应用，轴的旋转必须是完全同步的。同步带传动可以满足这个需要，因为它的模

制齿在槽轮上匹配凹槽时，可以进行啮合。如图 8-29 所示，同步带将带的一些优点，如机械隔离和轴心之间的长工作距离，以及齿轮组提供同步运动的能力结合在了一起。

图 8-27　V 带和槽轮

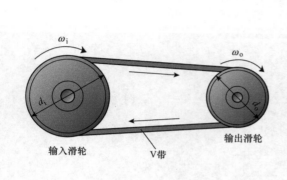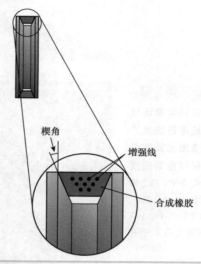

图 8-28

与槽轮接触的分段式 V 带
（经 W. M. Berg 公司许可印刷）

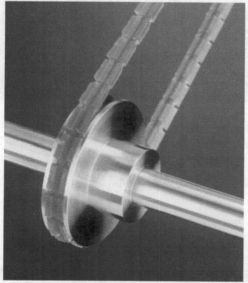

图 8-29

同步带上齿的放大图，带的横截面显示了用于加强的帘线
（经 W. M. Berg 公司许可印刷）

当需要同步运动时，特别是必须传递大的转矩或功率时，可以选择链传动（图 8-30 和图 8-31）。链传动的金属连接结构，使得链条和链轮机构可以承载比带传动更大的力，也能够适应高温的环境。

图 8-30

用于动力传送系统
的链条和链轮

图 8-31

工程师和科学家通过
调整集成电路的生产
技术制造出的微型机
械链传动装置

注：这个链条中，每个链
条的距离是 50μm，比人
的头发的直径还小。（经
桑迪亚国家实验室许可
印刷）。

对于同步带和链条（可以忽略槽轮上打滑的 V 带），两根轴的角速度是成比例关系的，类似于齿轮组。例如，在图 8-27 中，当带包住第一个槽轮的时候，带的速度 $[(d_{输入}/2)\omega_{输入}]$ 必须与它包住第二个槽轮 $[(d_{输出}/2)\omega_{输出}]$ 时的速度相同。与式（8-9）类似，输出轴和输入轴的角速度比为

$$VR = \frac{输出速度}{输入速度} = \frac{\omega_{输出}}{\omega_{输入}} = \frac{d_{输入}}{d_{输出}} \qquad (8-23)$$

在式（8-23）中，槽轮的节圆直径记作 $d_{输入}$ 和 $d_{输出}$。

例 8-6   计算机扫描仪

台式计算机扫描仪的机构将发动机轴的旋转转换成扫描头从一侧到另一侧的运动（图 8-32）。在扫描进行的时候，驱动发动机以 180r/min 的速度转动。连接到发电机轴上的齿轮有 20 个齿，并且同步带每厘米有 8 个齿。另外两个齿轮的大小如图 8-32 所示。计算扫描头移动的速度，单位为 cm/s。

（1）方法   要算出扫描头的速度，必须先用式（8-9）确定传动轴的速度。然后，再用式（8-2）将传动轴的旋转速度和带的速度联系起来。

例 8-6　（续）

图 8-32

计算机扫描仪的机构

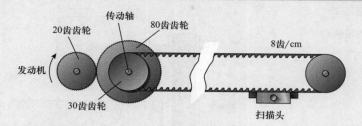

（2）**求解**　传动轴的角速度是

$$\omega = \frac{20}{80} \times 180\text{r/min} = 45\text{r/min} \qquad \leftarrow \left[\omega_{\text{g}} = \left(\frac{N_{\text{p}}}{N_{\text{g}}} \omega_{\text{p}} \right) \right]$$

由于 30 齿的齿轮和 80 齿的齿轮安装在同根轴上，所以 30 齿齿轮的转速也是 45r/min。随着传动轴每转一圈，同步带的 30 个齿就会与齿轮啮合在一起，而且，同步带前进的距离是

$$x = \frac{30 \text{ 齿/rev}}{8 \text{ 齿/cm}} = 3.75\text{cm/rev}$$

同步带的速度 v 是轴的角速度 ω 和带每圈前进距离 x 的乘积。所以，扫描头的速度为

$$v = (3.75\text{cm/rev}) \times (45\text{r/min}) = 168.75\text{cm/min}$$

如果单位是 cm/s，则速度为

$$v = (168.75\text{cm/min}) \times \left(\frac{1}{60}\text{min/s} \right) = 2.812\text{cm/s}$$

（3）**讨论**　这个机构通过两个阶段的齿轮传动实现了减速和旋转运动变为直线运动的转换。第一，发动机轴的角速度（输入速度）降低为传动轴的速度；第二，同步带将传动轴的旋转运动转换为扫描头的（输出）直线运动。

$$v = 2.812\text{cm/s}$$

例 8-7　跑步机上的带传动

在健身跑步机中，同步带用于将动力从发动机转移到滚轮上，滚轮支承着步行者或跑步带（图 8-33）。两根轴上槽轮的节圆直径是 2.5cm 和 7.25cm，而滚轮的直径是 4.4cm。要使跑步步幅为 4.4 min/km，发动机的速度应该设为多少呢？速度的单位为 r/min。

（1）**方法**　要求出发动机的适宜速度，首先要找出滚轮的角速度，然后与发动机的速度联系起来。用式（8-2），可以将步行或跑步带的速度与滚轮的角速度联系起来。因为不管是与滚轮上的槽轮接触，还是与发动机的槽轮接触，同步带的速度都是一样的，这两个轴的角速度就可以用式（8-23）联系起来。

（2）**求解**　采用量纲一致的单位，步行带或跑步带的速度为

$$v = \frac{1 \text{ km}}{4.4 \text{ min}} \times \frac{1000\text{m}}{1 \text{ km}} \times \frac{1 \text{ min}}{60 \text{ s}} = 3.788\text{m/s}$$

例 8-7　（续）

图 8-33

跑步机上的带传动

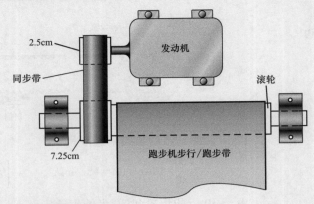

滚轮的角速度为

$$\omega_{滚轮} = \frac{3.788\text{m/s}}{(4.4 \times 10^{-2}\text{m})/2} = 172.2\text{rad/s} \qquad \leftarrow [v = r\omega]$$

其中，滚轮的角速度用的是无量纲的弧度单位。在单位为 r/min 的情况下，滚轮的速度为

$$\omega_{滚轮} = 172.2\text{rad} \times 9.549\frac{\text{r/min}}{\text{rad/s}} = 1644\text{r/min}$$

由于 ϕ7.25cm 槽轮的转速与滚轮的转速一样，因此发动机轴的速度为

$$\omega_{发动机} = \frac{7.25\text{cm}}{2.5\text{cm}} \times 1644\text{r/min} = 4768\text{r/min} \qquad \leftarrow \left[VR = \frac{d_{输入}}{d_{输出}}\right]$$

（3）讨论　两条带（同步带和步行带或跑步带）与同一根轴上的槽轮相接触，从这个方面来讲，这种带传动与复合齿轮系是相似的直径。由于滚轮和 ϕ7.25cm 槽轮的直径并不相同，两条带的运动速度 v 也是不同的，并且是假设不会打滑的。很多跑步机的发动机的最大速度是 4000~5000r/min。所以，虽然计算结果接近这个范围的最高值，但对于跑步者来说是合理的。

$$\omega_{发动机} = 4768\text{r/min}$$

◉ 8.7　行星齿轮系

到目前为止，文中讨论的齿轮系的轴都是用轴承连接到齿轮箱的壳体上的，并且轴本身的中心都是不能移动的。前文中的齿轮副、简单齿轮系、复合齿轮系和带传动都属于这种类型。然而，在某些齿轮系中，某些齿轮的中心是可以移动的。这种机构被称为行星齿轮系，因为这些齿轮的运动（以很多方式）都与行星围绕恒星的轨道运动相似。

图 8-34 所示为简单齿轮副和行星齿轮副的对比。从概念上，可以将简单齿轮副中齿轮的中间点视为由一个固定在地面上的连杆相连接。另一方面，在图 8-34b 所示行星系统中，虽然太阳轮的中心是静止的，行

星齿轮的中心却可以绕着太阳轮旋转。行星齿轮绕着自己的中心旋转，并与太阳轮啮合，然后绕着太阳轮的中心旋转。连接两个齿轮中心的那根连杆就叫作系杆。行星齿轮系经常用作减速器。图 8-35 所示是行星齿轮系的另一个应用，是将齿轮系用于轻型直升机的传动。

在图 8-34b 中，将太阳轮的轴连接到电源或机械负载上是非常简单的。然而，由于行星齿轮的轨道运动，将行星齿轮直接连接到另一个机器的轴是不可行的。为了构建一个功能强大的齿轮系，图 8-36 就用内齿圈将行星齿轮的运动转换为内齿圈及其轴的旋转。内齿圈是内接齿轮，而太阳轮和行星齿轮是外接齿轮。

图 8-34　**行星齿轮系**

a）在这个简单齿轮副中，小齿轮和大齿轮是用接地连杆连接的

b）在这个行星齿轮副中，行星齿轮和系杆可以绕着太阳轮的中心旋转

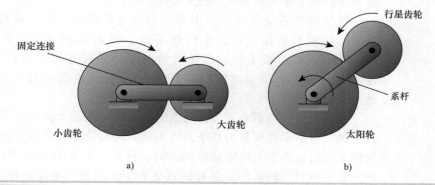

a)　　　　　　　　　　　　　　　　　b)

图 8-35

**用于直升机传动
的行星齿轮系**

注：内齿圈的直径约为
1ft(0.3m)（图片由 NASA
提供）。

图 8-36　**行星齿轮系的前视图和剖视图**

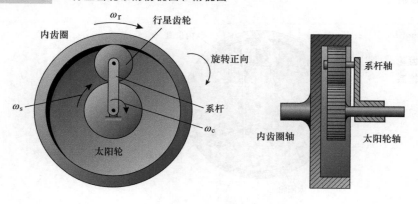

在这个结构中，行星齿轮系有三个输入和输出的连接点，如图 8-37 所示：太阳轮轴、系杆和内齿圈。通过配置，这些连接可以形成有两个输入轴（如系杆和太阳轮）和一个输出轴（此例中为内齿圈）的齿轮系，或者有一个输入轴和两个输出轴的齿轮系。这样，行星齿轮系就可以将两个动力源合并到一个输出；或者可以将一个动力源分成两个输出。比如，对于后轮驱动的汽车，发动机提供的动力就通过一种特殊的行星齿轮系被分到两个驱动轮上，这种齿轮系叫作差动器（后面部分将详细介绍）。也可以将行星齿轮系的一个连接固定到地面（即内齿圈），这样，就只有一个输入轴和一个输出轴了（此例中为系杆和太阳轮）。或者将两根轴连接起来，从而将连接点的数量从三个减为两个。这类通用的配置可用于汽车自动变速器的操作中。通过合理设置太阳轮、行星齿轮和内齿圈的大小以及选择输入和输出连接，工程师可以在紧凑尺寸的齿轮系中得到非常大或非常小的速度比。

行星齿轮系通常是由一个以上的行星齿轮构成的，这样可以减少噪声、振动和施加在轮齿上的作用力。图 8-38 所示为一种平衡的行星齿轮系。在有很多行星齿轮的情况下，系杆有时候也称为行星架，因为它有若干个腿（可能不多于 8 个），可以沿圆周将行星齿轮均匀地分开。

通过简单齿轮系和复合齿轮系的轴的旋转和动力流通常都是直线的，可见的。行星系统则更为复杂，因为动力可以沿着很多路径流过齿轮系，可能无法通过直觉来确定旋转的方向。例如，如果图 8-36 中的系杆和太阳轮都是顺时针转动的，系杆的速度大于太阳轮的速度，那么内齿圈就会沿着顺时针方向转动。但是，当太阳轮的速度逐渐增大时，内齿圈就会逐渐减速，然后停止，接着改变方向，变成沿逆时针方向旋转了。了解了这一点后，便不能依靠直觉，而是要设计一个公式将太阳轮的转速 ω_s、系杆的转速 ω_c 和内齿圈的转速 ω_r 联系起来，即

$$\omega_s + n\omega_r - (1+n)\omega_c = 0 \tag{8-24}$$

图 8-37	
行星齿轮系上的 三个输入和输出 连接点	

图 8-38	
有三个行星齿轮 的平衡齿轮系	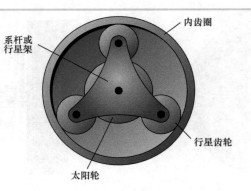

将太阳轮和内齿圈的齿数记作 N_s 和 N_r，该齿轮系在式（8-24）中的系数 n 为

$$n = \frac{N_r}{N_s} \tag{8-25}$$

这个参数是齿数比，方便计算行星齿轮系的速度。特别是，n 不是任何齿轮上的齿数。当 n 的数值比较大时，说明行星齿轮系中的太阳轮比较小；反之，当 n 的数值比较小时，说明行星齿轮系中的太阳轮比较大。太阳轮、行星齿轮和内齿圈上的齿数关系为

$$N_r = N_s + 2N_p \tag{8-26}$$

每根轴的转动方向可以根据式（8-24）中角速度的正负号来决定。如图 8-36 所示，采用的约定是：当轴沿着顺时针方向转动时，转向为正；而沿逆时针方向转动时则为负号。因为已经规定了正负号，所以可以根据计算结果来辨别轴的转动方向。当然，顺时针约定是任意的，也可以将逆时针方向定为正号。任何时候，一旦确定了正向转动的约定，就要在整个计算过程中都遵循这个约定。

差动器是用于汽车的一种特殊的行星齿轮系。图 8-39 所示为后轮驱动车辆动力传动系统的结构。发动机位于汽车的前面，机轴则装在动力传动系统中。动力传动系统降低了发动机机轴的转速，驱动轴就延伸到整个车辆的长度，直到后轮。动力传动系统调整发动机机轴和驱动轴之间的速度比。结果，差动器将驱动轴上的转矩分配到驾驶员侧的轮子和乘客侧的轮子上。也就是说，差动器有一个输入（驱动轴）和两个输出（两个轮轴）。观察一下后轮驱动汽车的下面，看能否区分动力传动系统、驱动轴和差动器。

图 8-39

后轮驱动汽车的动力传动系统

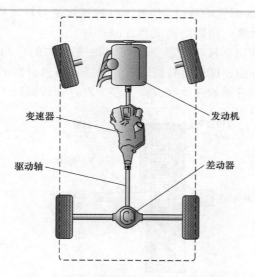

变速器

发动机

驱动轴

差动器

当车辆需要转弯时，差动器可以使两个后轮以不同的速度转动，所有的动力来源都是发动机。当汽车转弯时，外侧驱动轮所走的路程比内侧轮子要长。如果驱动轮连接到同一根轴上，就只能以相同的速度旋转，那么转弯时内侧和外侧的速度差就会使车轮打滑或侧滑。要解决这个问

题，机械工程师发明了差动器，放置在驱动轴和后轮轮轴之间，当车轮沿着曲线运动时，可使其以不同的速度旋转。图 8-40 所示为汽车差动器的结构。系杆是作为一个结构外壳连接外部内齿圈上，会跟驱动轴上的小齿轮啮合的。当系杆旋转时，图中的两个行星齿轮就沿着图中的平面进行圆周运动。由于锥齿轮的结构，同一个行星齿轮系的内齿圈和太阳轮的节圆半径是一样的。因此，差动器中的内齿圈和太阳轮是可以互换的，故都称为是太阳轮。

图 8-40　　**小轿车的差动器**（可视为是由锥齿轮构成的行星齿轮系）

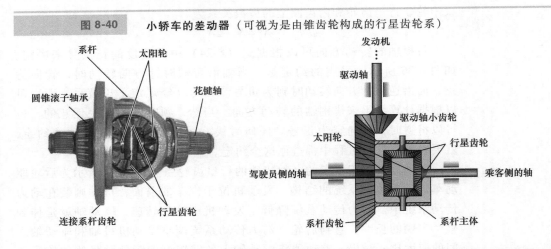

例 8-8　行星齿轮系的速度

行星齿轮系有两个输入（太阳轮和系杆）和一个输出（内齿圈），如图 8-41 所示。从右侧看，系杆轴以 3600r/min 的速度顺时针运转，而太阳轮的轴以 2400r/min 的速度逆时针运转。

1）计算内齿圈的速度和方向；

2）驱动系杆轴的是一个可以改变方向的电动机，当系杆是以 3600 r/min 的速度逆时针旋转时，重新计算内齿圈的速度和方向；

3）系杆轴的速度和方向为多少时，内齿圈就不旋转了？

图 8-41

行星齿轮系

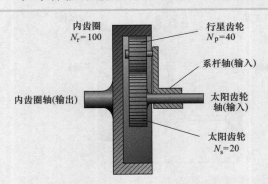

（1）方法　要计算每种运行情况下对应齿轮的速度和方向，需要用到式（8-24）和式（8-25）以及图 8-36 所示的符号约定。当顺时针方向旋转为正号时，1）中已知速度就是 $\omega_c = 3600\text{r/min}$，而 $\omega_s = -2400\text{r/min}$。

例 8-8 （续）

在 2）中，当系杆轴方向改变时，$\omega_c = -3600r/min$。

（2）求解

1）根据图中所示的齿数，齿数比为

$$n = \frac{100\ 齿}{20\ 齿} = 5 \quad \leftarrow \left[n = \frac{N_r}{N_s} \right]$$

将已知量代入行星齿轮设计方程 $[\omega_s + n\omega_r - (1+n)\omega_c = 0]$，则

$$-2400r/min + 5\omega_r - 6 \times 3600r/min = 0$$

得 $\omega_r = 4800r/min$。由于 ω_r 的符号为正，则内齿圈的旋转方向为顺时针方向。

2）当系杆轴的方向改变时，$\omega_c = -3600r/min$。用行星齿轮设计公式 $[\omega_s + n\omega_r - (1+n)\omega_c = 0]$ 算出内齿圈的速度为

$$-2400r/min + 5\omega_r - 6 \times (-3600r/min) = 0$$

得 $\omega_r = -3840r/min$。也就是说，内齿圈沿着 1）的反方向旋转，且速度稍低些。

3）用行星齿轮设计公式 $[\omega_s + n\omega_r - (1+n)\omega_c = 0]$ 将太阳轮和系杆的速度联系起来，得出在这一特殊情况 $(-2400r/min) - 6\omega_c = 0$ 下，$\omega_c = -400r/min$，要使内齿圈停止转动，系杆轴必须以 400r/min 的速度逆时针转动。

（3）讨论 n 是一个无量纲的数值，因为它是内齿圈和太阳轮的齿数的比值。由于这个计算只涉及转速，而不是式（8-2）中的点速度，所以可以使用 r/min 的量纲，而不需要将角速度的单位转换成时间单位的弧度。这些结果表明了行星齿轮系产生大范围输出运动的复杂性和灵活性。

顺时针系杆：$\omega_r = 4800r/min$（顺时针）

逆时针系杆：$\omega_r = 3840r/min$（逆时针）

静止内齿圈：$\omega_c = 400r/min$（逆时针）

例 8-9 行星齿轮系的转矩

例 8-9 中，系杆和太阳轮分别是由产生 2hp 和 5hp 的发动机驱动的（图 8-42）。计算出施加在内齿圈输出轴上的转矩。

图 8-42

行星齿轮系的转矩

（1）方法 为了平衡供给齿轮系的功率，输出轴共需要传递 7hp 的功率到机械载荷上。在式（8-5）中使用同样量纲的单位，先将功率的单位从马力转换到瓦特。

（2）求解 当单位的量纲一致时，内齿圈输出轴的速度为

例 8-9　（续）

$$\omega_r = 4800\text{r/min} \times 0.1047\ \frac{\text{rad/s}}{\text{r/min}} = 502.6\text{rad/s}$$

供给齿轮系的总功率是 $P = 7\text{hp}$，当单位的量纲一致时，它变为

$$P = 7\text{hp} \times 745.7\ \frac{\text{W}}{\text{hp}} = 5220\text{W}$$

因此，输出转矩为

$$T = \frac{5220\text{W}}{502.6\text{rad/s}} = 10.386\ \frac{\text{N}\cdot\text{m}}{\text{s}}\ \frac{\text{s}}{\text{rad}} = 10.386\text{N}\cdot\text{m}$$

（3）讨论　同样，在计算转矩的时候，可以不用弧度的单位，因为弧度是角度的无量纲测量单位。把这个齿轮系看作一个整体，当齿轮系内部的摩擦可以忽略的时候，输入功率和传递到机械载荷上的功率是一样的。

$$T = 10.386\text{N}\cdot\text{m}$$

本章小结

　　本章探讨了齿轮系和带传动等机械中的运动和动力传递问题。表 8-2 总结了所介绍的重要物理量、常用符号和单位。表 8-3 则概括了所用的主要公式。齿轮系和带传动或链传动的运动囊括了机械部件、作用力和转矩、能量和功率。

　　齿轮副、简单齿轮系、复合齿轮系、行星齿轮系和带传动及链传动都用于传递动力、改变轴的转速以及调整施加到轴上的转矩。更广义地来看，齿轮系和带传动及链传动是机械工程中常见的机构。机构是由齿轮、槽轮、带、链条、连杆、轴、轴承、弹簧、凸轮、导螺杆和其他构件组成的，用于将一种运动转换成另一种运动。可以找到许多印制的或在线的各种机构的实例资料，用于机器人、发动机、自动进给机构、医疗设备、输送系统、安全闩锁、棘轮和自动部署航天结构等。

物理量	常用符号	单　位
速度	v	mm/s, m/s
角度	θ	(°), rad
角速度	ω	r/min, (°)/s, rad/s
扭矩	T	N·m
功	W	J
瞬时功率	P	W
模数	m	mm
齿数	N	—
速度比	VR	—
转矩比	TR	—
齿数比	n	—

表 8-2　分析运动和动力传递中会用到的物理量、符号和单位

表 8-3	速　度		$v = r\omega$
分析运动和动力传递时用到的主要公式	转矩的功		$W = T\Delta\theta$
	瞬时功率	作用力	$P = Fv$
		转矩	$P = T\omega$
	模数		$m = \dfrac{2r}{N}$
	速度比	齿轮副	$VR = \dfrac{N_p}{N_g}$
		简单齿轮系	$VR = \dfrac{N_{输入}}{N_{输出}}$
		复合齿轮系	$VR = \dfrac{N_1}{N_2}\dfrac{N_3}{N_4}\cdots$
		带传动/链传动	$VR = \dfrac{d_{输入}}{d_{输出}}$
	转矩比		$TR = \dfrac{1}{VR}$
	行星齿轮系	齿数比	$n = \dfrac{N_r}{N_s}$
		速度	$\omega_s + n\omega_r - (1+n)\omega_c = 0$
		齿数	$N_r = N_s + 2N_p$

自学和复习

8.1　列出一些工程师常用的角速度单位。

8.2　在什么类型的计算中，角速度必须使用 rad/s 这个单位？

8.3　平均功率和瞬时功率的区别是什么？

8.4　画出直齿圆柱齿轮的齿形。

8.5　齿轮副的基本特性是什么？

8.6　给出"模数"的定义。

8.7　什么是齿条和小齿轮？

8.8　螺旋齿轮和直齿圆柱齿轮的不同点是什么？

8.9　画图表示使用锥齿轮和交错螺旋齿轮时，轴转动方向的不同之处。

8.10　简单齿轮系和复合齿轮系的区别是什么？

8.11　如何定义齿轮系的速度比和转矩比？

8.12　一个理想齿轮系的速度比和转矩比有怎样的关系？

8.13　V 带和同步带有哪些不同的地方？

8.14　画一个行星齿轮系，标出主要的部件，并解释一下它是如何运行的。

8.15　描述汽车动力传动系统的主要部件。

8.16   差动器在汽车中的功能是什么？

习 题

8.1   一辆汽车以 48km/h 的速度前进，这也是轮胎中心 C 的速度（图 8-43）。如果轮胎的外径是 37.5cm，请计算轮胎的转速，单位分别为 rad/s、(°)/s、r/s 和 r/min。

图 8-43

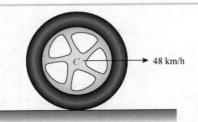

48 km/h

8.2   假设习题 8.1 中的轮胎此时以相同的转速停滞在冰上。计算轮胎顶部的点速度，以轮胎底部接触冰面的点速度，同时判断这些速度的方向。

8.3   某台计算机上硬盘的磁盘以 7200r/min 的速度转动（图 8-44）。在 30mm 的半径上，有个数据流被磁性地写在磁盘上，而数据比特之间的间距为 25μm。计算每秒钟通过读/写磁头的比特数量。

图 8-44

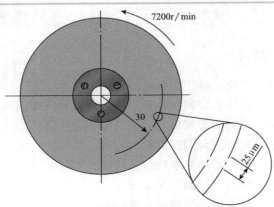

7200r/min

30

25μm

8.4   工业机器人上两根连杆的长度是 $AB = 55cm$ 和 $BC = 45cm$（图 8-45）。当机器人手臂绕着底部点 A 以 300 (°)/s 的速度旋转时，两根连杆之间的夹角始终为 40°。计算机器人夹持中心点 C 的速度。

8.5   对于问题 8.4 中的工业机器人，假设其手臂停止绕着底部 A 旋转，然而，连杆 BC 开始绕着节点 B 旋转。如果连杆 BC 每 0.2s 旋转 90°，计算出点 C 的速度。

8.6   驱动盘始终以 280r/min 的速度转动（图 8-46）。确定点 A 上连接销的速度。点 B 的滑块是恒速运动的吗？解释你的答案。

8.7   汽油动力发动机在施工地点驱动水泵时产生 15hp 的功率。如果发动机的速度是 450r/min，确定从发动机的输出轴传递到水泵的转矩 T，单位为 N·m。

图 8-45

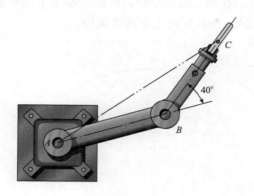

图 8-46

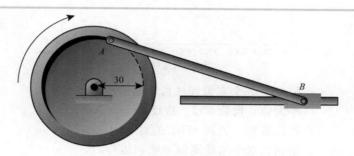

8.8　一辆小汽车的发动机在转速为 2100r/min 时可以产生 260N·m 的转矩。确定发动机的功率输出，单位分别用 kW 和 hp。

8.9　用于船用推进器的一种柴油发动机可以最多产生 900hp 的功率和 5300N·m 的转矩。计算该输出所需的发动机的速度，单位为 r/min。

8.10　用于公路建设的一种柴油发动机在 1800r/min 的转速下可以产生 350hp 的功率。计算在这个速度下发动机产生的转矩，单位为 N·m。

8.11　一个儿童通过施加一个与平台相切的力来拖动旋转木马（图 8-47）。要保持转速始终为 40r/min，儿童必须施加恒定的 90N 的力，以抵消轴承和平台上摩擦力的减速作用。计算出儿童旋转木马时施加的功率，以 hp 为单位。平台的直径是 2.4m。

图 8-47

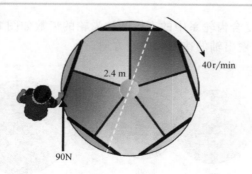

8.12　在全节气门操作的情况下，测量了 2.5L 的汽车发动机在一个

速度范围内所产生的扭矩（图 8-48）。把这个扭矩图作为发动机速度的函数，画出另外一张图，以显示发动机的功率输出（单位为 hp）是如何随着速度（单位为 r/min）的变化而变化的。

图 8-48

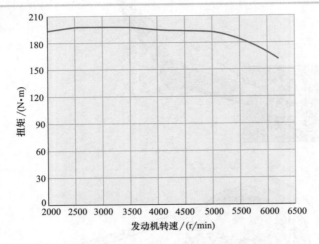

8.13   一个直齿圆柱齿轮副的规格如下：

小齿轮：齿数 = 32，直径 = 8cm；

输出齿轮：齿数 = 96，直径 = 19.2cm；

请确认这个齿轮副能否顺利运行。

8.14   输入小齿轮的半径是 3.8cm，输出齿轮的半径是 11.4cm。计算齿轮副的速度比和转矩比。

8.15   齿轮副的转矩比是 0.75。小齿轮有 36 个齿，径节为 8。确定输出齿轮的齿数及两个齿轮的半径各为多少。

8.16   假设你正在设计一个由 3 个直齿圆柱齿轮组成的齿轮系，包括一个输入齿轮、一个惰轮和一个输出齿轮。齿轮系的径节为 6。输入齿轮的直径必须是惰轮直径的 2 倍，是输出齿轮直径的 3 倍。整个齿轮系要放到一个高度不超过 40cm、长度不超过 60cm 的长方形空间中。计算每个齿轮的齿数和直径。

8.17   简单齿轮系中螺旋齿轮的齿数已经标出来（图 8-49）。中间齿轮的转速是 125r/min，并驱动两根输出轴。确定每根轴的速度和转动方向。

8.18   复合齿轮系中的直齿圆柱齿轮的齿数如图 8-50 所示。

1）确定输出轴的速度和旋转方向。

图 8-49

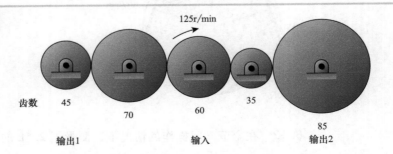

齿数   45   70   60   35   85

输出1   输入   输出2

图 8-50

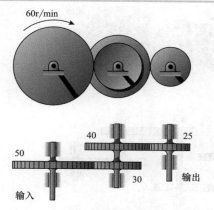

2）如果齿轮系要传递 4hp 的功率，计算施加到输入轴和输出轴的转矩。

8.19 当记录头 C 读写数据时，计算机磁性硬盘的磁片绕着它的中心轴转动（图 8-51）。这个记录头由一个手臂定位在一个特定的数据轨道上方，并绕着点 B 上的轴承旋转。当执行器发动机 A 在一个有限的角度范围内转动时，其半径为 6mm 的小齿轮就沿着弧形段（以点 B 为圆心，以 52mm 为半径）旋转。在轨道对轨道的寻找操作中，如果执行器发动机在一个很小的运动范围内以 3000deg/s 的速度旋转，计算读/写头的速度。

图 8-51

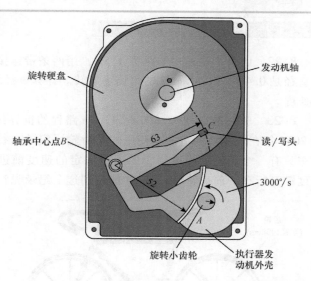

8.20 对于复合齿轮系，找出计算速度比和转矩比的公式，用图 8-52中标出的齿数来表示。

8.21 一台铣床的电动齿条和小齿轮系统，小齿轮有 50 个齿，节圆半径是 20mm（图 8-53）。在一定的范围内，发动机以 800r/min 的速度转动。

1）确定齿条的水平速度。

2）如果发动机施加的是最高转矩 14N·m，确定齿条上产生的拉力及传递到铣床上的拉力。

图 8-52

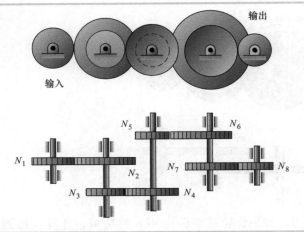

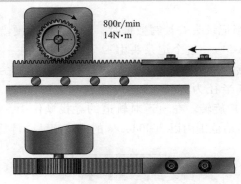

图 8-53

8.22 两个齿轮的中心距为 1.5m，用两条带连接。稍小的那个齿轮的直径是 0.4m，以 50rad/s 的角速度旋转。计算直径为 1.1m 的大齿轮的角速度。

8.23 骑标准自行车（图 8-54）1h 路程的世界纪录是 49.70km，它是 2005 年在俄罗斯创造的。使用的是齿轮固定的自行车，也就是说，自行车只有一个齿轮。假设骑车的人以恒定的速度前进，则他要用多大的速度踏自行车的前齿轮/齿轮链才能达到这个纪录呢？

图 8-54

后轮
（半径为34cm）

后轮/齿轮链
（13齿，半径为2.8cm）

前轮/齿轮链
（54齿，半径为11.6cm）

8.24 发动机用一个 V 带连接到输出轴上，并以 3000r/min 的速度转动。输出轴以 1000r/min 的速度驱动一个独立的传输带。发动机和输出轴的中心距不小于 30cm，同时不大于 60cm。轴之间的间隙至少为 10cm。发动机和输出轴的直径应为多少？

8.25

1）直接检查你自己或朋友或家人的变速自行车的齿轮链，并数出它们的齿数。确定（输入）踏板曲柄和（输出）后轮的速度比。制作一张表，说明链传动装置的前面和后面选择不同的齿轮链时，速度比如何变化。在表格中列出每个速度设置下的速度比。

2）当自行车的速度为 24km/h 时，确定在一个链条驱动装置的速度设置下，齿轮链的转速和链条的速度。在计算中需显示出各种量值的单位怎样转换，以得到量纲一致的结果。

8.26　估计一下你的汽车（或亲戚朋友的汽车）在几个不同的传动设置下，（输入）发动机和（输出）驱动轮的速度比。需要知道发动机的速度（从转速计上读取）、车轮的速度（从速度计上读取）和轮子的外径。在计算中需显示出各种量值的单位要怎样转换，以得到量纲一致的结果。

8.27　在一个双速齿轮箱（图 8-55）中，下部轴有花键，当操作者移动换挡拨叉时可以水平滑动。设计好传动，并决定每个齿轮的齿数，以产生大约为 0.8 的速度比（第一个齿轮）和 1.2 的速度比（第二个齿轮）。选择只有偶数齿数（40~80）的齿轮。注意：齿轮的大小是有限制的，这样，轴中心的位置与第一个和第二个齿轮的位置一致。

图 8-55

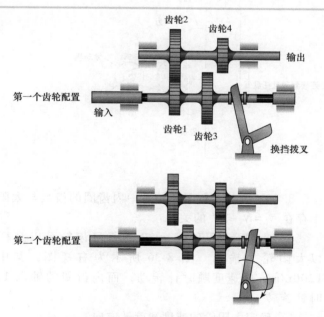

8.28　赛格威个人运输车中动力传送系统的齿轮系用的是螺旋齿轮，以降低噪声和振动（图 8-56）。车轮的直径是 48cm，最高速度为 20km/h。

1）每个齿轮组的齿数比是非整数，这样，每转动一圈，齿的啮合点都是不同的，以减少磨损并延长动力传送系统的寿命。那么，每个啮合点上的速度比是多少？

2）整个齿轮系的速度比是多少？

3）发动机轴最大的速度是多少，单位为 r/min。

图 8-56

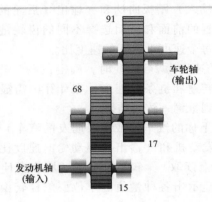

车轮轴
（输出）

68

91

17

15

发动机轴
（输入）

8.29　图 8-57 所示机构用于操作桌面蓝光播放器中夹持磁盘的加载/卸载托盘，使用的是尼龙直齿圆柱齿轮、齿条和带传动。与齿条啮合的齿轮的模数是 2.5mm。齿轮的齿数如图所示，两个轴的直径分别为 7mm 和 17mm。齿条与夹持磁盘的托盘连接在一起。当托盘以 0.1m/s 的速度转动时，发动机的速度应该是多少？

图 8-57

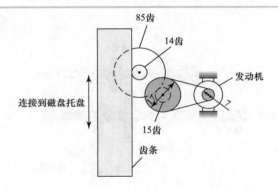

85齿

14齿

发动机

连接到磁盘托盘

15齿

齿条

8.30　为什么行星齿轮系中内齿圈的齿数与太阳轮和行星齿轮的大小存在 $N_r = N_s + 2N_p$ 的关系？

8.31　$N_s = 48$ 和 $N_p = 30$ 的行星齿轮系以系杆和内齿圈为输入，以太阳轮为输出。图 8-36 所示为右视图，其中，空心系杆轴以 1200r/min 的速度顺时针转动，而内齿圈的轴以 1000r/min 的速度逆时针旋转。

1）确定太阳轮的速度和旋转方向。

2）当系杆以 2400r/min 的速度逆时针转动时，重新计算问题 1）。

8.32　滚动轴承（4.6 节）与平衡行星齿轮系的布局相似（图 8-58）。滚子、分离器、内圈和外圈的旋转分别与行星齿轮系中的行星齿轮、系杆、太阳轮和内齿圈的旋转类似。图中直线滚子轴承的外圈是靠一个枕垫支承的。内圈则支承着轴以 1800r/min 的速度旋转。内圈和外圈的半径为 $R_i = 16mm$ 和 $R_o = 22mm$。单位为 ms 时,滚子 1 多长时间才能绕着轴旋转一圈,并回到轴承的最顶部?滚子的旋转方向是顺时针的还是逆时针的?

图 8-58

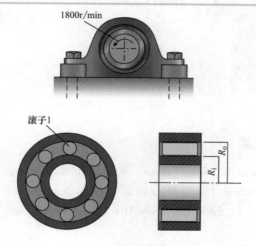

1800r/min

滚子1

R_o

R_i

8.33 行星齿轮系中的内齿圈与图 8-38 所示相似,它有 60 个齿,并以 120r/min 的速度顺时针旋转。行星齿轮和太阳轮的大小是一样的。太阳轮以 150r/min 的速度顺时针转动。计算出系杆的速度和旋转方向。

8.34

1)行星齿轮系的太阳轮轴用一个制动器夹住而静止不动(图8-59)。找出内齿圈轴转速和系杆转速之间的关系。这些轴是朝着相同的方向还是相反的方向转动呢?

2)当静止的是内齿圈轴时,重做问题 1)计算。

3)当静止的是系杆轴时,重做问题 1)计算。

图 8-59

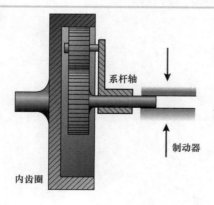

系杆轴

制动器

内齿圈

8.35 在一个用于汽车自动动力传送系统的行星齿轮系结构中,太阳轮和系杆的轴是连在一起的,并以相同的速度 ω_0 转动(图 8-60)。用齿轮系的齿数比 n,确定这个结构中内齿圈轴的速度。

图 8-60

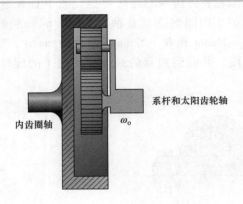

内齿圈轴   系杆和太阳齿轮轴
                ω_o

参考文献

［1］ Drexler K E. *Nanosystems*：*Molecular Machinery*，*Manufacturing*，*and Computation*［M］. Hoboken，NJ：Wiley Interscience，1992.

［2］ Lang G F. S&V Geometry 101［J］. *Sound and Vibration*，1999，33（5）.

［3］ Norton R L. *Design of Machinery*：*An Introduction to tbe Synthesis and Analysis of Mechanisms and Machines*［M］. 3rd ed. New York：McGraw-Hill，2004.

［4］ Wilson C E，Sadler J P. *Kinematics and Dynamics of Machinery*［M］. 3rd ed. Upper Saddle River，NJ：Prentice Hall，2003.

◎附录 A　希腊字母表

名　称	大　写	小　写
Alpha	A	α
Beta	B	β
Gamma	Γ	γ
Delta	Δ	δ
Epsilon	E	ε
Zeta	Z	ζ
Eta	H	η
Theta	Θ	θ
Iota	I	ι
Kappa	K	κ
Lambda	Λ	λ
Mu	M	μ
Nu	N	ν
Xi	Ξ	ξ
Omicron	O	o
Pi	Π	π
Rho	P	ρ
Sigma	Σ	σ
Tau	T	τ
Upsilon	Υ	υ
Phi	Φ	ϕ
Chi	X	χ
Psi	Ψ	ψ
Omega	Ω	ω

⊙附录 B　三角函数一览

1. 度和弧度

角度的大小可以用度或者弧度来表示，绕着一个圆旋转一周对应 360°或者 2π 弧度（rad）。同样地，半圆对应 180°或 πrad。可以通过下述公式在弧度和度之间进行变换

$$1° = 1.7453×10^{-2} \text{rad} \qquad (B-1)$$
$$1\text{rad} = 57.296° \qquad (B-2)$$

2. 直角三角形

直角是 90°或者 π/2rad。如图 B-1 所示，直角三角形由一个直角和两个锐角组成。锐角是小于 90°的角。该图中，三角形的两个锐角分别用小写希腊字母 ϕ 和 θ 表示。因为三角形三个内角的和是 180°，所以两个锐角的关系如下

$$\phi+\theta = 90° \qquad (B-3)$$

三角形中，组成直角的两条边分别用 x 和 y 表示，另外一条更长的边称为直角三角形的斜边，其长度为 z。直角三角形的斜边和两个邻边组成锐角。三条边的关系如勾股定理所示

$$x^2+y^2 = z^2 \qquad (B-4)$$

如果直角三角形中的两个边长已知，则第三条边的边长可以由式（B-4）算出。

图 **B-1**

直角三角形

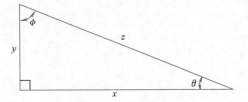

直角三角形中的边长和角度的关系也可以用三角函数 sin、cos 和 tan 等表示，每个函数定义为两个边长的比值。图 B-1 中角度 θ 的 sin、cos 和 tan 值用邻边 x、对边 y 和斜边 z 的比值表示如下

$$\sin\theta = \frac{y}{z} \qquad \frac{对边边长}{斜边边长} \qquad (B-5)$$

$$\cos\theta = \frac{x}{z} \qquad \frac{斜边边长}{斜边边长} \qquad (B-6)$$

$$\tan\theta = \frac{y}{x} \qquad \frac{对边边长}{邻边边长} \qquad (B-7)$$

相似地，三角形中另一个锐角 ϕ 的三角函数公式如下

$$\sin\phi = \frac{x}{z} \qquad (B-8)$$

$$\cos\phi = \frac{y}{z} \qquad (\text{B-9})$$

$$\tan\phi = \frac{x}{y} \qquad (\text{B-10})$$

根据上述定义，可以看出这些函数的一些特性，如 $\sin45° = \cos45° = \frac{\sqrt{2}}{2}$，$\tan45° = 1$。一些角度的 sin、cos 和 tan 值见表 B-1。

表 B-1
一些角度的 sin、cos 和 tan 值

	0°	30°	45°	60°	90°
sin	0	0.5	$\frac{\sqrt{2}}{2}$	$\frac{\sqrt{3}}{2}$	1
cos	1	$\frac{\sqrt{3}}{2}$	$\frac{\sqrt{2}}{2}$	0.5	0
tan	0	$\frac{\sqrt{3}}{3}$	1	$\sqrt{3}$	∞

3. 特性

任意角的 sin 和 cos 值符合下述关系

$$\sin^2\theta + \cos^2\theta = 1 \qquad (\text{B-11})$$

该表达式可以通过直角三角形的勾股定理和式（B-5）、式（B-6）推导出来。当两个角度 θ_1 和 θ_2 组合在一起时，它们的和与差的 sin 和 cos 值可以由下式计算

$$\sin(\theta_1 \pm \theta_2) = \sin\theta_1\cos\theta_2 \pm \cos\theta_1\sin\theta_2 \qquad (\text{B-12})$$

$$\cos(\theta_1 \pm \theta_2) = \cos\theta_1\cos\theta_2 \mp \sin\theta_1\sin\theta_2 \qquad (\text{B-13})$$

特别地，当 $\theta_1 = \theta_2$ 时，用上述公式可以推导出双倍角的相关公式

$$\sin2\theta = 2\sin\theta\cos\theta \qquad (\text{B-14})$$

$$\cos2\theta = \cos^2\theta - \sin^2\theta \qquad (\text{B-15})$$

4. 斜三角形

简单地说，斜三角形就是不是直角三角形的任意三角形。因此，斜三角形中不含有直角。有两种类型的斜三角形：锐角三角形和钝角三角形。在锐角三角形中，三个角都不超过 90°；在钝角三角形中，有一个角大于 90°，而另外两个角都小于 90°。三角形中三个角的总和都是 180°。

有两个三角定理可以用于确定斜三角形中的一个未知边长或角度，即正弦定理和斜弦定理。正弦定理是基于三角形的边长和其对角正弦的比值。即三角形中，三个边长与其对角正弦之比都是一样的。根据图 B-2 中的边长和角度符号，正弦定理表示为

$$\frac{a}{\sin A} = \frac{b}{\sin B} = \frac{c}{\sin C} \qquad (\text{B-16})$$

当已知三角形中的两个边长和它们所包含的角时，可以使用余弦

定理计算第三条边的边长

$$c^2 = a^2 + b^2 - 2ab\cos C \tag{B-17}$$

当 $C = 90°$ 时，公式简式化为 $c^2 = a^2 + b^2$，这与勾股定理的表述一致。

图 B-2

斜三角形

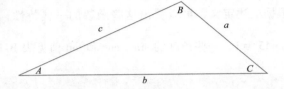

机械中使用的主要单位、物理属性和国际标准前缀见表 B-2~B-4。

表 B-2

机械中使用的主要单位

物理量	国际单位制（SI）			美国通用单位制（USCS）		
	单位	符号	表达式	单位	符号	表达式
（角）加速度	弧度/秒^2		rad/s^2	弧度/秒^2		rad/s^2
（直线）加速度	米/秒^2		m/s^2	英尺/秒^2		ft/s^2
面积	平方米		m^2	平方英尺		ft^2
（质量）密度（比质量）	千克/米^3		kg/m^3	斯勒格/英尺^3		slug/ft^3
（重量）密度（比重量）	牛顿/米^3		N/m^3	磅/英尺^3	pcf	lb/ft^3
能量,功	焦耳	J	N·m	尺磅		ft-lb
力	牛顿	N	kg·m/s^2	磅	lb	（基本单位）
线分布力（力密度）	牛顿/米		N/m	磅/英尺		lb/ft
频率	赫兹	Hz	s^{-1}	赫兹	Hz	s^{-1}
长度	米	m	（基本单位）	英尺	ft	（基本单位）
质量	千克	kg	（基本单位）	斯勒格		lb-s^2/ft
力矩,转矩	牛米		N·m	磅英尺		lb-ft
惯性矩（面积）	四次方米		m^4	四次方英尺		in^4.
惯性矩（质量）	千克平方米		kg·m^2	斯勒格平方英尺		slug-ft^2
功率	瓦特	W	J/s(N·m/s)	尺磅/秒		ft-lb/s
压强	帕斯卡	Pa	N/m^2	磅/英尺^2	psf	lb/ft^2
断面系数	立方米		m^3	立方英寸		in^3.
应力	帕斯卡	Pa	N/m^2	磅/英寸^2	psi	lb/in^2.
时间	秒	s	（基本单位）	秒	s	（基本单位）
（角）速率	弧度/秒		rad/s	弧度/秒		rad/s
（直线）速率	米/秒		m/s	英尺/秒	fps	ft/s
（液体）体积	公升	L	10^{-3}m^3	加仑	gal.	231in^3.
（固体）体积	立方米		m^3	立方英尺	cf	ft^3

表 B-3	属　性	国际标准	美国通用标准
几种物理属性	（蒸馏）水 　重量密度 　质量密度	9.81kN/m³ 1000kg/m³	62.4lb/ft³ 1.94slugs/ft³
	海水 　重量密度 　质量密度	10.0kN/m³ 1020kg/m³	63.8lb/ft³ 1.98slugs/ft³
	铝（结构合金） 　重量密度 　质量密度	28kN/m³ 2800kg/m³	175lb/ft³ 5.4slugs/ft³
	钢铁 　重量密度 　质量密度	77.0kN/m³ 7850kg/m³	490lb/ft³ 15.2slugs/ft³
	钢筋混凝土 　重量密度 　质量密度	24kN/m³ 2400kg/m³	150lb/ft³ 4.7slugs/ft³
	大气压强（海平面） 　推荐值 　国际标准值	101kPa 101.325kPa	14.7psi 14.6959psi
	重力加速度（海平面，大约纬度 45°） 　推荐值 　国际标准值	9.81m/s² 9.80665m/s²	32.2ft/s² 32.1740ft/s²

表 B-4	前　缀	符　号	倍增因数	
国际标准前缀	兆	T	$10^{12} =$	1000000000000
	十亿	G	$10^{9} =$	1000000000
	百万	M	$10^{6} =$	1000000
	千	k	$10^{3} =$	1000
	百	h	$10^{2} =$	100
	十	da	$10^{1} =$	10
	十分之一	d	$10^{-1} =$	0.1
	百分之一	c	$10^{-2} =$	0.01
	千分之一	m	$10^{-3} =$	0.001
	微	μ	$10^{-6} =$	0.000001
	纳	n	$10^{-9} =$	0.000000001
	兆分之一（皮）	p	$10^{-12} =$	0.000000000001